"十三五"普通高等教育本科部委级规划教材

生态纺织服装 绿色设计

SHENGTAI FANGZHI FUZHUANG
LVSE SHEJI

潘璠 │ 编著

U0241383

国家一级出版社　中国纺织出版社　全国百佳图书出版单位

内 容 提 要

本书从生态纺织服装绿色设计产生的历史背景和国际及国内生态纺织服装产业发展的需求入手，系统地介绍了生态纺织服装的绿色设计原则、方法及其关键技术要求，并分别对生态纺织服装的绿色设计实例进行剖析。

本书在编写过程中结合教学和研究实践，力求做到理论联系实际、图文结合、通俗易懂，具有较强的理论性、专业性、实用性。本书可以作为高校服装设计专业和服装工程类专业的教学参考用书，也可以作为纺织服装产业设计、管理、市场和技术人员的培训教材或参考用书。

图书在版编目（CIP）数据

生态纺织服装绿色设计 / 潘璠编著 . -- 北京：中国纺织出版社，2017.6

"十三五"普通高等教育本科部委级规划教材

ISBN 978-7-5180-3255-6

Ⅰ. ①生⋯　Ⅱ. ①潘⋯　Ⅲ. ①生态纺织品—服装设计—高等学校—教材　Ⅳ. ① TS941.2

中国版本图书馆 CIP 数据核字（2017）第 021028 号

策划编辑：孙成成　　责任编辑：孙成成　　责任校对：寇晨晨
责任印制：王艳丽

中国纺织出版社出版发行
地址：北京市朝阳区百子湾东里A407号楼　邮政编码：100124
销售电话：010 — 67004422　传真：010 — 87155801
http://www.c-textilep.com
E-mail:faxing@c-textilep.com
中国纺织出版社天猫旗舰店
官方微博http://weibo.com/2119887771
北京通天印刷有限责任公司印刷　　各地新华书店经销
2017 年 6 月第 1 版第 1 次印刷
开本：787×1092　1/16　印张：16
字数：322千字　定价：48.00元

前　言

随着世界经济的高速发展，由于对地球资源近乎掠夺性的开采和毫无节制的消耗，造成了地球环境和生态的严重破坏，这种状态已严重威胁着人类的生存环境、身体健康和生活质量。

20世纪80年代，随着全球产业结构的调整和人类追求健康、自然、和谐的生活理念的兴起，在全世界范围掀起了一股"生态经济"和"绿色消费"的浪潮。人们开始更加冷静地去反思整个工业化经济的发展历程，寻求在更深层次上探究经济与环境和谐并可持续发展的措施及方法。

绿色设计就是在这样背景下产生的一种产品设计的新理念，这种新的设计理念在纺织服装产品设计中得到广泛而深入的研究和应用。自20世纪90年代开始，很多国家在绿色设计的设计方法、技术研究、法规与标准化、应用与推广等领域做了大量工作，特别在生态纺织服装产业领域已形成一个完整的标准化技术体系。

纺织服装产业兴起的"生态学"现象，反映了人类对工业化社会的反思和"返璞归真"、"回归自然"等新的消费理念。纺织服装的设计也必须通过对自然物态的重新审视，以寻求纺织服装产品的实用性、安全性、环保性、可回收性的设计原则，来满足市场对生态纺织服装产品的消费需求。

在传统的纺织服装产品设计中，设计师主要根据产品功能、色彩、材料、成本等指标因素进行设计，设计的原则是纺织品和服装要满足消费者或市场对产品的实用性、美观性、经济性的要求，但对产品的健康、安全、生态、环保等性能则考虑得略显不足。

生态纺织服装的绿色设计，要求在设计过程中充分考虑到产品生命周期中的全过程，从而实现在产品生命周期中，满足资源消耗低、能源损耗少、对环境污染和人体健康负面影响小等生态环保的要求，在"产品—消费者—社会—环境"之间建立起自然、和谐的发展机制。

生态纺织服装的绿色设计是一个内涵丰富的系统工程，它至少包含以下几方面的内容：绿色生态时尚潮流的把握；服装原辅料的选择及生产过程；储存包装和市场营销；消费者或市场绿色消费理念的满足和政策法规的规定；纺织品和服装废弃后回收利用等环节的设计。

生态纺织服装产业的发展关系到我国纺织服装产业发展的全局。我国是世界纺织服装生产、消费、出口的第一大国，纺织服装的出口量占全球市场总量的25%以上。

目前，我国纺织服装产业总体上还处于以牺牲资源和环境为代价换取发展的粗放型经营模式，由于缺少核心技术和节能环保的关键技术，产品在国际市场上受到"绿色技术壁垒"和"绿色贸易壁垒"的双重压力，呈现出疲软状态。

因此，我国生态纺织服装产业必须走自主创新和生态经济发展的道路，发展绿色生态纺织品技术创新是首要的，而绿色设计是促进我国生态纺织服装产业快速发展的有效途径。

我国的服装设计师，承载着满足人们对生态及环保服装的需求、促进纺织服装产业结构调整、发展纺织服装科学技术文化以及促进社会文明发展的任务。在生态经济环境下，服装设计师要主动去适应国家生态经济发展的需求。

随着世界绿色经济的浪潮以及现代高新技术的发展，纺织服装行业在服装面料生产、染织工艺改进、加工工艺的进步、设计理念的创新、消费理念的更新等方面都发生了巨大变化。这种社会经济发展的迫切需求，要求我们在服装设计和生产实践中，必须主动去适应这种绿色经济发展的需求，以绿色设计为先导，吸收国际先进的纺织服装产业绿色设计研究成果，把国际生态纺织品技术标准和绿色设计方法融入设计实践中，进而促进我国生态纺织服装绿色设计的发展。

本书系统地介绍了生态纺织服装的绿色设计原则、方法及其关键技术要求，并分别对生态纺织服装的绿色设计实例进行剖析。全书共分为九章，第一章，介绍生态纺织服装绿色设计产生的背景；第二章，讲解生态纺织品和低碳服装；第三章，介绍生态纺织服装的绿色设计和设计基本原则；第四章，学习生态纺织服装的绿色设计方法；第五章，阐述生态纺织服装生命周期绿色设计的关键环节；第六章，介绍生态纺织服装的技术标准体系；第七章，介绍生态纺织服装的绿色设计评价；第八章，剖析我国生态纺织服装绿色设计的发展途径和对策；第九章，进行服装绿色设计应用研究实例分析。为加强读者对各章内容的深入了解，在各章中均列出相应的思考题供读者参考。

本书参考并引用了大量国内外文献、世界著名服装设计师的经典设计作品，同时引用了部分西安美术学院服装系学生的毕业设计作品。在本书出版之际，谨向支持本书编写工作的同仁表示衷心的感谢！

由于生态纺织服装的绿色设计尚在发展之中，加之作者的理论水平和所掌握的资料有限，书中难免存在缺点和错漏之处，望请各位专家和读者批评指正！

本书项目为教育部人文社会科学研究青年基金项目（项目编号：13YJC760064），在该书编著过程中得到教育部项目基金和学院领导的大力支持，在此致谢！

潘　璠
2016 年 11 月 6 日于西安美术学院

目 录

第一章

生态纺织服装
绿色设计产生的背景

自第一次工业革命以来，由于社会和经济的发展，人类对资源大规模、无节制的开发和利用，创造了当代的工业文明。同时，世界也由于这种发展模式付出了资源耗损、环境污染、气候恶化、健康威胁等一系列全球性问题。

随着全球环境的日益恶化，人们对生态环境问题越来越重视。近年来对环境的深入研究和科学实践证明，环境和资源、人口两大要素存在着密切的内在联系。特别是资源，它不仅涉及对人类有限资源的合理利用，而且又是产生环境问题的主要根源。如何能最有效地利用资源而又最低限度地产生废弃物，是当前世界生态环境研究中的重要课题。

纺织服装业是关系到人类生存状态的民生产业，产品直接为人类穿用，对生态环境和人类健康都会产生直接的影响。现代科学技术的发展，为纺织服装业提供了大量品种繁多的化学纤维、印染剂、整理剂等化学品，同时也产生出大量对生态环境造成污染和损害人体健康的有毒、有害物质。因此，人类对纺织服装产品的生态环境和产品的安全性也必然会越来越受到重视。

纺织服装业是资源消耗大、污染严重的产业，是我国污染的主要来源之一。据统计，2010 年，我国纺织业废水排放量为 24.55 亿吨，在重点统计的 30 个污染行业中排第三位，占我国 30 个重点行业废水排放总量的 11.6%。

目前，我国纺织服装业总体上还处于以资源和环境为代价换取发展的传统经济粗放发展的模式中，生产技术仍停留在粗加工和低附加值阶段。因此，我国纺织服装业在经济全球化的环境下，必须加快产业结构调整，走自主创新和低碳经济发展的道路。发展生态纺织服装产业，技术创新是首要的，而绿色设计技术的研究、开发、推广应用和管理体系的构建是促进我国生态纺织服装产业可持续发展的重要途径。

第一节　环境污染和资源枯竭的加剧

制造业（包括纺织服装产业）是造福人类财富的主体产业，其功能是通过制造系统将可利用的资源（包括能源）通过制造过程，转化为可供人们使用或利用的工业品和消费品。制造业在将资源转化为产品的过程及产品在使用过程和处理过程中，同时产生废弃物。废弃物是制造业对环境的主要污染源。据统计，造成全球污染的70%以上的排放物来自消费类产品，每年约产生55亿吨无害废物和7亿吨有害废物，另有大量的污水排放和废气排放。

20世纪50年代以后，由于现代工业的高速发展，对自然资源不合理的开发利用，带来范围更大、更为严重的环境污染和对自然环境的破坏。全球范围内产生了空气污染、水污染、温室效应及资源枯竭等发展中的问题，这些问题已经成为严重威胁人类生存和社会发展的重要因素。

纺织服装产业是我国国民经济的重要支柱产业，我国是世界纺织服装生产、消费和出口的第一大国，同时也是一个大量消耗资源和污染环境的行业。因此，纺织服装业的生态环保水平是一个受到社会关注的重大民生问题。

纺织服装行业作为工业生产的一个重要部门，是一个很庞大的产业链条，从原料的种植、纤维合成、染整制造、加工生产、包装储运、市场营销、消费使用、废弃物处理等方面都有可能产生或使用、接触对人体或环境有毒、有害的化学物质，同时排放大量废水、废气、废弃物。

以上可以看出，纺织服装产品在整个生命周期的各个环节中都将对生态环境和人类的安全及身体健康产生很大影响。例如，在原料、辅料的采集过程中所造成的资源消耗和环境污染，加工生产过程高能耗、高排放的废水、废气、废渣、废弃物等对环境的污染，都加速了环境污染和资源枯竭的进程。

纺织服装业对生态环境的影响归纳起来主要表现为以下几个方面。

一、温室气体排放效应

从纺织品和服装在产品生命周期方面来看，从原料的种植、合成、加工生产、消费、废弃物回收的全过程中，会排放二氧化碳、硫氧化物、氮氧化物、一氧化碳等有害气体及吸附有棉纤维、化学纤维、有害金属、有机物和无机物等的颗粒物尘埃。这些气体排放物和颗粒物不仅有害人体健康，而且会对生态环境和建筑物、机械设备、生活用品等造成腐蚀和污染，同时也是形成全球温室效应的重要原因之一。

二、工业废水污染

我国纺织服装业的水污染相当严重，纺织服装业每年产生25亿吨废水和其他污染物。

　　无论从化学需氧量还是从氨氮等主要污染指标来看，纺织服装业都是全国当前最大的污染源之一。其中，染整废水排放量占整个废水排放量的80%，化纤生产废水排放量占12%左右，其他纺织服装工序生产废水排放量占8%左右。纺织服装生产大省浙江、江苏、山东、广东、福建五省，染整业废水排放量占全国同行业废水排放量的90%。

　　大量携带有毒、有害物质的工业废水排入江河湖海，渗入土地，污染了农田，破坏了生态平衡，使部分地区的饮用水资源受到严重污染，作物减产，海洋生物受到濒临灭绝的威胁，损害了人类的身体健康和安居的生活环境。

三、有毒有害化学物质污染

　　纺织服装业的发展与大量化学物质的使用密切相关，全球生产的化学品约有25%用于纺织服装业。

　　这些化学物质的随意使用和排放，造成大气、土壤、水体、作物的污染，或者吸附存在于纺织服装产品上，所产生的有毒、有害物质对生态系统和人体健康产生了严重的危害。国际绿色环保组织曾对世界50个知名运动品牌的运动服进行检测，结果发现有三分之二的服装残留有害物质"环境激素NPE"，引起业界的高度关注。

　　在纺织服装产品中残留的大都是化学环境毒素，它对人体健康和环境的污染很大，是引发许多慢性病的元凶之一。在纺织工业中常用的化学物质有千余种，其中很多化合物对各种生物体具有较大的危害性，有的是立即发生作用，有的则是通过长期作用在动植物和人的生活中，造成各种慢性的不良影响和危害。

　　从纺织服装对人体健康的影响来看，化学环境毒素主要通过皮肤侵入人体，也有少量是通过呼吸道吸入人体。化学性环境毒素侵入人体后，随着时间的推移将会在人的某些组织器官形成富集的作用，这一问题已引起高度重视。

（一）可分解芳香胺染料的危害
　　纺织服装产品中可分解芳香胺的偶氮染料在与皮肤的长期接触过程中，会从纺织服装产品转移到皮肤上，从而被皮肤吸收，在皮肤代谢分泌物的作用下发生分解还原释放出有致癌性的芳香胺，成为人体病变的诱发因素，具有潜在的致癌致敏性。

（二）纺织服装中残留的农药毒性
　　在天然纤维的生长过程和化学纤维的制造过程中，所产生的重金属和有毒、有害物质对人体健康有害，必须采取有效措施进行防控。

　　由于施用农药和化肥及其他化学助剂，天然纤维上也会残留一些毒性，重金属一旦被人体吸收，在人体器官组织中积累到一定程度就会危及人体健康。例如，重金属镍可导致肺癌，锑可引起慢性中毒，铬可导致血液疾病，钴可导致皮肤病和心脏病等。

　　在合成纤维的生产过程中所用的化学助剂如果洗涤得不干净，往往会在纤维上残留一些单体，其中许多单体会对人体健康造成威胁。例如，在锦纶上残留的内酰胺单体可引起皮肤干燥、皮炎，腈纶上残留的丙烯腈单体会引起心悸、胸闷等中毒症状。

（三）纺织服装产品加工生产过程中的产成品残留毒性

在由纺织纤维加工成纺织服装产品的过程中，也会产生和残留一些有毒、有害物质，特别是在浆纱、退浆、漂白、染色、印花和后整理工序都会使用到大量的化学助剂和各种印染剂、免烫服装整理剂、加工使用的黏合剂等，都会产生和残留一些不利于人体健康的有毒、有害物质。

研究表明，在纺织服装业广泛使用的整理剂甲醛，对人体健康的危害是相当严重的，被称为"贴身杀手"。甲醛主要侵害人的神经系统，对皮肤和黏膜也有较强的刺激作用，长期穿用甲醛含量超标的服装，会引起呼吸道、消化系统、神经系统等疾病，严重时可诱发癌症。

第二节　突破绿色壁垒的有效途径

由于 WTO 有关技术壁垒的协议承认贸易技术壁垒（TBT）的合理性和必要性，允许各国根据自身特点制定与别国不同的技术标准。

这使经济发达国家利用此法律制定了众多的技术法规、技术标准、质量认证标准等技术手段来限制其他国家产品进口。

随着科学技术的发展，新技术、新材料、新能源不断涌现，并不断被纳入到新的技术法规和新的标准中去，技术创新也使检测设备、方法、技术手段更加先进，一些经济发达国家对进口的纺织服装产品的标准要求越来越高，贸易技术壁垒已经成为中国纺织服装产品进入国际市场最主要的贸易障碍之一。

在生态经济和"以人为本"的原则来维护环境和人类健康和谐发展的大前提下，绿色贸易壁垒的产生、存在和发展有其合理性、合法性。但要突破这个壁垒，对我国的纺织服装产业是一个严峻的考验，纺织服装业的绿色技术创新和节能环保技术的发展是突破绿色贸易壁垒、实现可持续发展的保证。

我国对纺织服装产业明确提出了"发展结构优化、技术先进、绿色环保、附加值高、吸纳就业能力强的现代纺织工业体系，为实现纺织工业强国创造更加坚实的基础"的行业发展目标。

一、绿色壁垒的概念

绿色环保、节能减排是我国纺织服装业"十三五"期间的重要任务，它不仅关系到我国纺织服装产业的结构调整，同时也将对我国纺织服装业的经济走向产生深远的影响。

在我国生态纺织服装产业发展过程中面临两项必须克服的壁垒，即"绿色技术壁垒"（Green Technical Barriers）和"绿色碳关税壁垒"（Green Tariff Barriers），两者简称为"绿色壁垒"（Green Barriers）。

所谓"绿色技术壁垒"是指在国际贸易中，发达国家以保护本国的生态环境、有限资源、人体健康为由，进口国政府通过立法、环保公约、法律、法规、标准、标志等法律、法规文件，对进口纺织品和服装产品制定的严格的准入制原则和技术标准。它具有表面上的公正性和形式上的合法性，但实质上是一种非关税贸易壁垒，从客观上限制了环保发展水平较低的发展中国家产品的进口，达到贸易保护的目的。

"绿色碳关税壁垒"是指欧美等经济发达国家对进口高能耗的产品征收高额的二氧化碳排放关税。

二、绿色技术壁垒的主要内容

（一）严格的绿色技术标准

欧盟、美国、日本等经济发达国家的生态纺织服装的认定标准，多以标准、条例、决议、指令等法律性文件作为生态纺织服装的强制性标准执行，而与生态纺织品服装质量相关的建议和意见虽然不具备法律效力，但在商业贸易中也会起到比较强的制约作用。

虽然世界许多国家都制定了生态纺织品标准，但在世界影响比较大、有权威性的生态纺织品标准还主要是欧盟的生态纺织品标准。

欧盟颁布的生态纺织品标准主要包含以下内容：欧洲议会和欧盟理事会共同发布的1907/2006/EC法令《化学品注册、评估、授权和限制（REACH）》法规、生态纺织品标准Oeko-Tex Standard 100《生态纺织品》标准、生态纺织品检验标准Oeko-Tex Standard 200、共同体纺织品生态标签生态标准2002/3/EC、关于环境保护法规47/1999/EC、农药残留最大允许值2002/374/EC、消费者保护法规34/1999/EC等法律文件。

美国也相应制定了一系列有关生态纺织品绿色标志的法规和条例，如纤维产品鉴定法案条例和法规16 CFR 303、纺织服装和零销布保养标签16 CFR 423、易燃性织物法案16 CFR 1608等相关法规。

（二）绿色生态标志

绿色生态标志，国际标准化组织（ISO）统称为"环境标志"（Environmental Labeling），国内俗称"碳标签"。

发展中国家纺织服装产品要进入发达国家的市场，必须首先提出申请，经批准后获得"环境标志"后方可进入。

目前，经济发达国家出现了多种"绿色生态标志"，虽然叫法不同，但本质是一样的，如欧盟的"环境标志"、Oeko-Tex Standard 100标志；德国的"蓝天使标志"；日本的"生态标签"；加拿大的"环境选择标志"等。

（三）绿色包装制度

"绿色包装"是指包装要节省资源的耗损、减少废弃物、用后易于回收再利用、易于再生或易于自然降解、不污染环境的包装。

按上述"绿色包装"的原则，西方经济发达国家也相应出台了多种有关"绿色包装"的法令和法规，如美国规定了"废弃物减量、重复利用、焚化、填埋5项优先级指标"、德国有"包装废弃物处理法令"、英国有"包装材料重新使用计划"、日本有"回收计划"等。按"绿色包装"的要求，对不符合"绿色包装"要求的产品限制进口。

（四）绿色补贴

"绿色补贴"是一种新型的绿色壁垒。"绿色补贴"是指发展中国家的大部分企业没有能力承担治理环境污染的费用，政府给予一定的治理环保污染的补贴。经济发达国家认为这种补贴方式违反了"关贸总协议"和"世界贸易组织"的规定，因而限制其产品进口。

三、面对绿色壁垒，挑战和机遇并存

我国的纺织服装产业是受到绿色壁垒冲击最大的行业之一。

我国是世界上纺织服装生产、消费、出口的第一大国，纺织服装出口占全球市场的25%以上，其中，天然纤维产量占全世界纤维总产量的25%以上，化学纤维占世界总产量的50%左右，其他纤维如苎麻、蚕丝、羊绒产量占世界总产量的80%左右。

我国纺织服装产品，从上游产品纱、布，到下游产品的服装、纺织用品均居世界第一位。同时，我国纺织服装的出口额占国家整个出口总额的25%左右，是我国第一大宗出口商品。

由于我国是世界上最大的发展中国家，对生态环境保护方面尚处于发展中阶段，纺织服装业的环保安全建设和节能减排技术仍处于开创阶段，纺织服装业绿色生态产业技术水准和清洁化生产的能力整体上比较低，绿色设计技术还处于不断完善的过程中。

因此，我国生产的纺织品和服装产品，相对于发达国家制定的较高的生态环境标准和技术标准还有较大的差距，对我国纺织和服装的出口贸易产生了较大冲击，特别是对纺织服装业的中小企业的冲击更为明显。由于这些中小企业基础薄弱、技术落后、缺乏自主创新能力和市场竞争力，产品被"绿色壁垒"拒之门外，企业难以为继，极易在激烈的市场竞争中被淘汰。

然而，"绿色壁垒"在给纺织服装业带来挑战的同时，也给产业带来了发展的机遇。"绿色壁垒"一方面制约了纺织服装业的出口增长速度，另一方面也使我国纺织服装业的生态环保意识不断加强。我国企业认识到，企业经济的发展必须和生态保护相结合，为满足人民群众对绿色生态纺织服装日益增长的消费需求和积极扩大国际纺织服装市场的份额，国内企业必须加快与国际接轨的步伐。

从国家政策法规和标准方面，我国已加快对环境保护法规及相关纺织服装产品生态技术标准的制定和完善，特别是对填补现有空白的生态环保法律、法规的制定，力争与国际水平同步。

从企业发展角度来看，必须加大产业结构调整的力度，不断提高企业自主创新能力，严格按照国际绿色生态标准，从原料到产成品和消费回收等各环节做到生态化、清洁化生产，使我国出口产品达到国际标准。

第三节　国家绿色产业政策的政策导向

自20世纪80年代以来，全世界掀起一场空前浩大的绿色生态革命。这种绿色生态革命对世界的政治经济和人类的生活方式、消费理念都产生了巨大的冲击作用，构建低碳经

济社会、建立可持续发展的模式成为世界的共识。

1992 年，联合国在巴西里约热内卢召开的世界环境与发展会议上发表了《21 世纪工程》宣言，提出了世界可持续发展的战略框架。

同年，我国政府颁布了《中国 21 世纪工程》，明确指出"地球所面临最严重的问题之一，就是不适当的消费和生产模式，导致环境恶化、贫困加剧和各国发展失调，要达到合理发展，一定要提高生产效率和改变消费，以最高限度利用资源和最低限度地产生废弃物，走可持续发展战略"。1996 年，我国又制定了《中国跨世纪绿色工程计划》，把绿色生态技术纳入到国民经济的战略地位，为生态纺织服装的绿色设计提供了有力的支撑。2006 年，国家制定了《国家中长期科学和技术发展规划纲要（2006—2020）》，已将科技的重点向民生科技转移，同时也确定了绿色生态技术为民生科技服务的重要作用。

中共中央十六大报告《全面建设小康社会，开创中国特色社会主义事业新局面》中提出"可持续发展能力不断增强，生态环境得到改善，资源利用率显著提高，促进人与自然和谐发展，推动整个社会主义社会走上生产发展、生活富裕、生态良好的文明发展之路"；十八大报告进一步强调"加强社会建设，必须保障和改善民生为重点，提高人民物质和文化水平，是改革开放和社会主义建设的根本目的，要多谋民生之利"，党和国家为新时期关乎民生利益的生态纺织服装的绿色设计指明了发展方向。

中共中央习近平总书记强调指出："要以对人民群众、对子孙后代高度负责的态度和责任，真正下决心把环境污染治理好、把生态环境建设好"，提出"要正确处理好经济发展同生态环境保护的关系，更加自觉地推动绿色发展、循环发展、低碳发展，决不以牺牲环境为代价去换取一时的经济增长"。

我国在生态纺织服装的生产实践中，通过节能减排、加强污染治理、不断引进绿色清洁化技术等措施，初步形成了以生态纺织服装产品为主体的多项生态纺织品标准，推动了我国生态纺织服装产业的规范化、科学化、标准化、国际化的步伐。

第四节　日益增长的绿色消费需求

在全球"绿色浪潮"的影响下，关注生态环境保护、节约能源、减少污染和绿色消费的理念已为我国人民普遍接受，倡导绿色消费和使用绿色产品，已成为一种新的生活方式和消费时尚。

绿色消费是一种节约能源、资源和保护生态环境的消费模式。国家在 1999 年就启动了以"开辟绿色通道、培育绿色市场、提倡绿色消费"为主要内容的"三绿工程"。随着人们对生态纺织服装的需求不断增加，生态纺织服装业已进入高速发展期。

首先，世界众多知名品牌纷纷抢滩中国生态服饰产品市场，国内的纺织和服装产业也在生态环保原辅料开发、成品设计、清洁化生产、市场开拓等方面积极扩展市场，在女装、男装、童装、运动装、职业装、婴幼儿服装、家纺产品、产业用纺织品等众多领域都呈现良好的发展态势。我国是有 13 亿多人口的大国，市场发展潜力巨大，生态纺织服装消费已成为一种刚性需求。

国内的需求也将进一步拉动生态纺织服装业的发展，企业应积极抓住机遇，充分利用一切有利条件，提高绿色产品创新能力、发展绿色技术、开发绿色产品，不断满足广大消费者日益增长的消费需求。

第五节 国内外生态纺织服装绿色设计发展现状

一、国外研究与应用现状

20世纪80年代，美国和欧洲一些工业发达国家由于最早享受到工业现代化带来的财富，同时也是最早受到环境污染带来的惩罚的。

美国、欧盟等国相继制定了一系列维护生态平衡和环境保护的法律法规，对工业污染进行严格的监管，纺织服装业是污染的大户，同时也是重要的监控对象。

为了维系本国纺织服装产业的发展，同时满足对环境保护的要求，西方经济发达国家除采用进口纺织品配额和提高关税等措施以外，还利用所具有的高新技术和先进的检测手段研究污染物与环境及人体健康的关系。

1987年，联合国环境与发展委员会发表了《我们共同的未来》发展报告，正式向全世界提出了实施"绿色工程"的任务。绿色纺织服装产品是"绿色工程"的重要内容之一，又称为生态纺织品。

为了寻求从根本上解决纺织服装产业环境污染的有效措施，20世纪90年代，随着全球产业结构调整和人类对环境认识的深化，人们从更深层次上去探寻纺织服装业与人类社会可持续发展的关系和建立起协调发展的机制，"绿色设计"的概念应运而生，并已成为目前纺织服装设计的发展方向。

1989年，奥地利纺织研究院威廉·赫佐格（Wilhelm Herzog）教授建立了一整套检测纺织品上所含有害物质含量的标准《奥地利纺织标准ÖTN》，该标准首次规定了纺织品有害物质的测试规范和极限值。至1991年底，奥地利已有10家公司通过了"ÖTN100"的认证。1991年11月，奥地利纺织研究院与德国海恩斯坦研究院合作，并将"ÖTN100"标准修改转变为Oeko-Tex Standard 100《生态纺织品》标准。

1992年4月，Oeko-Tex Standard 100《生态纺织品》标准正式出版。1993年11月至1994年4月，在原奥地利纺织研究院、德国海恩斯坦研究院、苏黎世纺织测试研究院联合成立的国际纺织品生态研究与检测协会（International Association for Research and Testing in the Field of Textile Ecology，简称Oeko-Tex Association）的基础上，比利时、丹麦、瑞典、挪威、葡萄牙、西班牙、英国、意大利等国加入了该协会。1995年10月，颁布了关于纺织品生产生态学的Oeko-Tex Standard 100《生态纺织品标准》。1997年2月，Oeko-Tex Standard 100《生态纺织品标准》修订版问世，把纺织品划分为婴儿、直接接触皮肤、不直接接触皮肤、装饰材料四大类。

可以说，1992 年颁布的 Oeko-Tex Standard 100 标准是生态纺织品正式诞生的标志。目前，Oeko-Tex Standard 100 标准是世界各国公认的、权威的生态纺织品标准。

另一部具有重要影响力和权威性的是 2006 年 12 月 18 日，欧洲议会和欧盟理事会共同发布第 1907/2006/EC 法令，公布关于《化学品注册、评估、授权和限制（REACH）法规》。

在《化学品注册、评估、授权和限制（REACH）法规》中有一重要的指令 76/769/EEC 指令，可以说该指令的大部分重大修订都直接或间接地影响着生态纺织品的每一个发展进程。根据该指令，有 132 种化学物质被列入优先控制范围，包括杀虫剂、农药、有机氯化合物、有机锡化合物、多氯联苯衍生物、某些重金属、稠环芳烃化合物及某些有机溶剂等，这些物质被规定不得存在于最终产品中。

二、国内研究与应用现状

近几年来，根据世界纺织服装产业发展的需要并结合本国国情，我国研究和制定了关于我国生态纺织品的技术法规、标准、标志、检测方法等文件，并紧紧跟踪和参照欧盟等国家和地区的相关法律、法规及标准，力求与国际先进水平同步发展。

20 世纪 90 年代，Oeko-Tex Standard 100 标准引起了我国政府的高度重视，国家质检总局、纺织标准化委员会分别组织有关部门开展针对该标准的深入研究工作，并取得了长足进步。由参照该标准制定的生态纺织品标准，逐步发展到依据 Oeko-Tex Standard 100 标准的检测项目和限量标准参数制定我国的相关产品标准，并根据该标准的逐年修订来更新我国的标准内容，不断完善和提升我国的标准，保持与国际先进水平同步发展。例如，我国 2010 年 1 月 1 日批准实施的 GB/T 18885—2009《生态纺织品技术要求》标准，就是参照欧盟 Oeko-Tex Standard 100《生态纺织品标准》2008 年版的相关内容所制定的标准。

此外，我国在生态纺织品的限量技术标准及检测方法、国家强制性标准制定、评价体系、环境标志产品认证等领域都取得了重大突破。

根据国际生态纺织品发展要求和具体国情，我国自 2002 年陆续制定了几部生态纺织品的标准，具体有：GB/T 18885—2009《生态纺织品技术要求》、GB/T 22282—2008《纺织纤维中有毒有害物质限量》、SN/T 1622—2005《进出口生态纺织品检测技术要求》、HJ/T 307—2006《环境标志产品技术要求生态纺织品》，上述标准基本上都是产品推荐性标准。2011 年 1 月 14 日，国家质检总局、国家标准化委员会颁布了国家强制性标准 GB 18401—2010《国家纺织品基本安全技术规范》。

上述五个标准基本构成了我国生态纺织品标准的主体，相关标准内容和检测方法均参照欧盟标准的相关要求，涵盖了生态纺织品原料和服装面料及产成品。

从这些标准和方法的建立可知，我国已初步建立了生态纺织品的标准体系。在该体系中，对生态纺织品中对环境污染和危害人体健康的有毒、有害物质等均有较为先进和完善的检验方法和标准。

对生态纺织品的绿色评价和绿色设计方法，目前国际、国内都还没有一个统一的通用方法，现行标准和限量标准主要是从环境识别角度及研究纺织服装产品对人体健康角度进行识别。而绿色设计要求对纺织服装产品生命周期的各个阶段——原料、加工生产、包装

图1-1 工业污染使气候变暖

运输、消费使用、废弃回收全过程进行设计，对产品的绿色性要求不仅要考虑环境要求，同时要考虑生态性要求，在这方面我国与国际先进水平尚有较大差距。

随着我国纺织服装产业科学技术的迅速发展和企业环保意识的增强，资源和环境保护工作已成为企业提高市场竞争力和可持续发展的核心内涵，绿色设计也越来越受到重视，很多研究机构、高校乃至企业都积极加入到绿色设计研究的行列中（图1-1～图1-5）。

图1-2 雾霾严重危害了人体健康

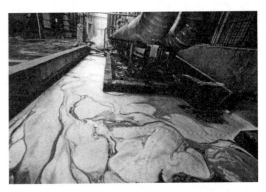

图1-3 纺织业污水排放污染了江河湖海

图1-4 工业排放对土地污染危及作物生长

图1-5 大气污染危及人类生存环境

思考题

1. 纺织服装业对生态环境的影响因素有哪些？
2. "绿色壁垒"的内涵及对我国纺织服装产业发展的影响？
3. 我国绿色产业政策导向及对绿色服装设计的需求分析？
4. 国内外生态纺织服装绿色设计发展现状比较分析及发展对策探讨？

第二章

生态纺织品和低碳服装

　　"生态纺织品"是采用对环境无害或少害的原料和生产过程，所生产的对人体健康无害或少害的纺织品，按产品（包括生产过程各阶段的中间产品）的最终用途，分成四大类：婴幼儿用品、直接接触皮肤用品、非直接接触皮肤用品、装饰材料。"生态纺织服装"是采用生态环保的原辅料，通过绿色设计、清洁化加工生产、绿色包装、绿色消费的一种节能、低耗、减污的环境友好型纺织服装产品，这是"生态纺织服装"区别于一般服装产品的主要特征。

　　本章"生态纺织服装"部分，是从生态纺织服装的基本概念出发，重点论述生态纺织服装的生态学内涵、属性、生态纺织服装的分类和质量要求等内容。

　　"低碳服装"，是从服装科学角度来分析，在服装产品的整个生命周期中，从原辅料选择、生产加工、消费使用、回收处理等环节均要符合相关的质量标准和生态环保标准，并在生产和消费过程中二氧化碳排放低的服装产品。

　　本章"低碳服装"部分，重点论述低碳服装的概念、内涵、设计和评价方法及国内外低碳服装的发展概况。

第一节　生态纺织品的概念和内涵

一、生态纺织品

20 世纪 80 年代后期，为适应全球环保战略和"绿色浪潮"的消费时尚，欧洲的一些发达国家，借助一些高灵敏度、高精度的仪器设备研究纺织服装污染物与人体疾病的相互因果关系，使人们对环境污染和人体健康的关系引起了广泛的关注和重视。

联合国环境与发展委员会于 1987 年发表了名为《我们共同的未来》的报告，正式向全世界提出了"绿色工程"的概念和任务。绿色纺织品是"绿色工程"的内容之一，又称为"生态纺织品"，泛称"生态纺织服装"。1992 年颁布的第一部生态纺织品标准 Oeko-Tex Standard 100 标准是生态纺织品诞生的标志。

广义上讲，生态纺织品（Ecological Textiles）是一种绿色产品（Green Product）或称为环境意识产品（Environmental Conscious Product，ECP），也可以说"生态纺织品"是采用对环境无害或少害的原料和生产过程，所生产的对人体健康无害或少害的纺织品。

目前，世界上对生态纺织品的认定存在两种观点：

一种观点是以欧盟"Eco-label"为代表的"全生态纺织品"概念，认为生态纺织品在生命周期全过程中，从纤维原料种植或生产未受到污染，其生产加工和消费过程不会对环境和人体产生危害，纺织服装产品在使用后所产生的废弃物可回收再利用或自然条件下降解。

另一种观点是以国际纺织品生态学研究与检测协会为代表的"有限生态纺织品"概念，认为生态纺织品的最终目标是在使用过程中不会对环境和人体健康造成危害，但对纺织服装产品上的有害物质应进行合理范围的限定，以不影响人体健康为限度原则，同时建立相应的纺织服装品质的质量控制体系和方法。

"全生态纺织品"是一种理想化的生态纺织品概念，但是在目前科技水平下很难完全达到"全生态"的要求；"有限生态纺织品"是在现有科学技术水平下可以实现的生态纺织品要求。随着经济发展、科技进步，"有限生态纺织品"的限量标准及监控手段会得到逐步提高，进而向"全生态纺织品"方向发展。

生态纺织品必须符合以下几方面要求：

（1）在生态纺织品的生命周期中，符合特定的生态环境要求，对人体健康无害，对生态环境无损害或损害很小；

（2）从面料到产成品的整个生产加工产业链中，不存在对人体产生危害的污染，服装面料、辅料及配件不能含有对人体产生有害的物质，或这种物质不得超过相关产品所规定的限度；

（3）在穿着或使用过程中，纺织品或服装产品不能含有可能对人体健康有害的分解物质，或这类中间体物质不得超过相关产品所规定的限度；

（4）在使用或穿用以后的纺织品或服装产品废弃物处理不得对环境造成污染；

（5）纺织品或服装产品必须经过法定部门检验，具有相应的环保标志。

二、生态纺织品的内涵

在生态纺织服装的原料获取、生产加工、储存消费、回收利用的过程中，都应有利于对资源的有效利用，对生态环境无害或危害最小，不产生环境污染或污染很小，不对人体健康或安全产生危害。因此，生态纺织品应具备以下内涵：

1. 友好的环境属性

要求企业在生产过程中，利用符合环保要求的清洁化的生产工艺，确保消费者在使用产品时不产生对环境的污染或将污染程度最小化，废弃物处理过程中产生的废弃物少或可被重复利用。

2. 节省的资源属性

要求在产品设计中，在满足服饰功能的前提下，避免使用对人体健康有害的原料、辅料、配件，款式结构倡导简约和服饰的可搭配性，有明确且科学的原辅料消耗指标、生产经营管理经济学指标以及信息资源费用指标计划。

3. 节约的能源属性

要求在生态纺织服装生命周期中，能源消耗低，倡导节能减排新技术和新能源的应用，包括生产过程中能源类型和清洁化程度、再生能源的利用程度、能源利用效率、废弃物处理能耗等能源属性。

4. 健康的生命属性

要求不含有对人体有毒有害成分，在产品生命周期全过程中对人体健康无损害，对动植物、微生物等危害程度小或无害。

5. 绿色的经济属性

要求了解产品绿色设计费用、生产成本费用、使用费用、废弃物回收利用处理费用等费用指标。

可以说，"生态纺织服装"是一种采用生态环保的原辅料，通过绿色设计、清洁化加工生产、绿色包装、绿色消费的节能、低耗、减污的环境友好型纺织服装产品。这是"生态纺织服装"区别于一般纺织服装产品的主要特征。

"生态纺织服装"的生态学评价，体现在生态纺织服装产品生命周期的全过程中，包括生态纺织服装生命周期的设计、原辅料获取、生产加工、消费使用外，还包括废弃物的回收、再利用和废弃物处理环节，是一个包括产品生命周期各环节的闭环控制系统。这也是"生态纺织服装"和一般纺织服装产品开环式生命周期的重大区别。

第二节　生态纺织品的类别

一、生态纺织品分类

按照国家质量监督检验检疫总局和中国国家标准化管理委员会 2009 年 6 月 11 日发布、2010 年 1 月 1 日实施的国家标准 GB/T 18885—2009《生态纺织品技术要求》第四部分产品分类的内容要求，按产品（包括生产过程各阶段的中间产品）的最终用途，生态纺织品可分成四大类。

1. 婴幼儿用品

年龄在 36 个月及以下婴幼儿使用的产品。

2. 直接接触皮肤用品

在穿着或使用时，其大部分面积与人体皮肤直接接触的产品（如衬衫、内衣、毛巾、床单等）；

3. 非直接接触皮肤用品

在穿着或使用时，不直接接触皮肤或小部分面积与人体皮肤直接接触的产品（如外衣等）；

4. 装饰材料

用于装饰的产品（如桌布、墙布、窗帘、地毯等）。

不同的纺织材料的加工工艺和使用的染化料各不相同，对人体所带来的潜在风险也有所不同。除此之外，由于最终产品的用途不同，对人体的危害程度在很大程度上与使用状况相关，因此根据用途对产品进行分类并规定不同的要求也是极具必要性与合理性的。

目前，国际上现有一些法规、标准或标签都是按产品的用途进行分类的，并规定了不同的控制标准。虽然其中的分类方法各不相同，但绝大部分是按照产品与皮肤的接触程度不同进行分类的，并把婴幼儿产品单独列出，采用了更为严格的控制标准。

二、关于分类的说明

鉴于《生态纺织品技术要求》具有强制执行的法规属性，为防止歧义和理解上的偏差，该规范对部分术语进行了明确的定义。

（一）纺织产品（Textile Products）

以天然纤维和化学纤维为主要原料，经过纺、织、染等加工工艺或再经缝制、复合等工艺制成的产品。从定义上看，除服装外，纺织产品还涉及从纱线开始的各种后序的产品和制品。

（二）基本安全技术要求（General Safety Specification）

基本安全技术要求是为保证纺织品对人体健康无害而提出的最基本的要求。这是一个相对的概念，由于纺织产品上所可能涉及的有害物质种类繁多，对人体造成的危害也各不相同，作为适用范围较广的基本技术规范，从法律、技术、经济发展程度、可执行程度等各方面看，"求全"不是该规范的基本出发点。严格来讲，产品满足规范要求并不意味着对人体的绝对安全。

（三）婴幼儿用品（Products for Babies）

年龄在 36 个月及以下婴幼儿使用的纺织产品，这项规定与其他许多国家通行的"36个月及以下"的标准一致。在标准的执行中，对婴幼儿纺织用品的判定依据将是产品的特点、型号或规格，以及在产品使用说明、产品广告或销售时明示使用对象为婴幼儿产品。

（四）直接接触皮肤的产品（Products with Direct Contact to Skin）和非直接接触皮肤的产品（Products without Direct Contact to Skin）

纺织服装产品在穿着或使用时，产品的大部分面积与皮肤接触，或者穿着使用时，小部分面积与皮肤接触。由于没有量化的标准，对这两个定义的把握有一定难度。通常情况下，直接与皮肤接触的产品通常是内衣类或其他大面积与皮肤接触的产品；而非直接接触皮肤的产品通常是外套或很少与皮肤接触的产品。但对服饰的搭配而言，这种分类并没有严格的界限，还是应从实际情况出发，做出灵活的判断。

第三节　生态纺织服装产品的质量要求

一、质量和技术标准

（一）欧盟生态纺织品标准 Oeko-Tex Standard 100《生态纺织品》标准

欧盟的 Oeko-Tex Standard100《生态纺织品》标准是世界上公认的、影响最广泛的生态纺织品标准。该标准 1992 年由德国的海恩斯坦研究院和维也纳—奥地利纺织品研究所联合制定，1999 年由国际生态纺织品研究和检验协会（Oeko-Tex Association）发布。Oeko-Tex Standard 100 标准为纺织服装产品提供了生态安全保证，满足了消费者对绿色生态健康的消费需求。

该标准自 1999 年以来，对影响人体健康的有毒、有害物质进行了多次的更新和补充。2015 年 1 月，国际环保纺织协会公布了 Oeko-Tex Standard 100 标准最新版本的生态纺织品检测标准及限量值，于 2015 年 4 月 1 日起生效。

（二）欧盟 Eco-Label 生态标志

欧盟于 1992 年通过第 EEC880/92 号条例，出台了"生态标志"体系，2000 年对条例进行了进一步补充和修改，于 2005 年对生态标志体系进行了完善并发布了新的生态纺织品标准，之后每三年修改、补充一次。

（三）欧盟 REACH 法规

2006 年 12 月 18 日，欧洲议会和欧盟理事会共同颁布了 1907/2006/EC 法令《化学品注册、评估、授权和限制（REACH）法规》，决定建立欧洲化学品管理局，确定修订 1999/45/EC，分步废止第 793/93/EC、2000/21/EC 等指令。2008 年 12 月 19 日，欧洲化学品管理局正式公布在"REACH"法规的注册要求，已经有 65000 家企业提出 150000 种物质清单。后经历年的补充、更新，有关"REACH"法规立法的各项后续工作仍在继续进行中。

（四）其他与生态纺织品有关的国外法规

1. 美国《2008 消费品安全改进法令》

与其他国家和地区相比，欧盟在有关生态纺织品的环境、生态安全和消费者健康问题上所确定的标准要超前一些，美国在有关生态纺织品的安全性立法方面则相对滞后一些。

随着全球经济一体化进程的加快，绿色消费的浪潮开始冲击美国等发达国家，美国鞋类和服饰协会（AAFA）及时推出了有害物质限制清单（RSL）。2008 年 8 月 14 日，美国颁布了《2008 消费品安全改进法案》（简称 CPSIA）。

美国推出"CPSIA"，其显著的特点是在全美建立统一的强制性国家标准，进而完善产品的生产、销售和使用等各个环节的安全保证机制，同时将自愿执行的 ASTMF-963 标准转化为强制性标准。

2. 日本法规 112《含有害物质家庭用品控制法》

日本早在 20 世纪 70 年代就曾颁布了有关家庭用品有害物质的控制法规；1973 年 10 月 21 日，通过了 112 号法规——《含有害物质家庭用品控制法》，该法规涉及 11 个方面，共 12 条。此后，该法规以法律和政令的形式几经修改，内容也不断得到补充和完善，最新一次修改的政令为 2004 年 3 月 17 日的第 40 号政令。

日本法规 112《含有害物质家庭用品控制法》中，对应的纺织服装用品有：纤维产品的尿布、罩衣、内衣、睡衣、手套、袜子、中衣、外套、帽子、铺盖、地毯、家用毛线等，控制的有害物质包括三苯基锡、三丁基锡、狄氏剂、甲醛、甲醇、有机汞化合物等。

3. 其他国家法规

其他一些国家也根据世界绿色产品的发展需要分别制定了相应的法律法规。例如，挪威的《限制使用危害健康和环境的化学品和其他产品法规》、加拿大的《有害控制产品管理法》等。

（五）我国的生态纺织品标准

我国从 2002 年开始，根据国内纺织服装产业发展的需要，陆续制定了几部生态纺织品标准。其中，国家标准 GB/T 18885—2009《生态纺织品技术要求》，其产品分类和技术要求参照了 Oeko-Tex Standard 100 标准的相关内容，对范围、规范引用文件、术语和定义、产品分类和要求、实验方法、取样、判定规则等项做了规定。该标准的推出具有促进我国生态纺织品发展的重要意义，但因相关项目的检测方法和标准尚属空白，服装企业整体技术水平对贯彻该标准仍有一定难度，所以仅作为推荐性标准。

考虑到我国目前纺织服装业的发展现状及标准实施的可行性，国家标准化部门将这些技术要求中最关键、最迫切的内容转化成了一个国家强制性标准 GB 18401—2010《国家纺织产品基本安全技术规范》，该标准仅对纺织产品的基本安全性能提出要求，其他要求按相关标准执行，并对甲醛含量、pH 值、染色牢度、异味、可分解致癌芳香胺染料等五项有毒有害物质提出限量指标和检测方法标准。

此外，国家和行业主管部门也相应颁布了一些国家或行业标准，这些标准的内容基本上是参照国际生态纺织品的相关标准，并结合国内纺织科技水平而制定的，其标准范围基本涵盖了纺织原辅料、服装面料和产成品的内容，但在整体水平上与世界发达国家还有较大差距。

二、生态纺织服装的生态性

生态纺织服装的生态性评价是一个复杂的系统工程，它必须从产品整个生命周期产业链的各个环节去综合分析评价产品的生态性。

一般把生态纺织服装的生态级别分为：全生态纺织品、生态纺织品、次生态纺织品、劣生态纺织品四个级别。

（一）全生态纺织品服装

产品的各项生态性能指标均优于国际或国家关于生态纺织品服装的各项法规和技术标准要求，并达到各项标准的极限值，可评为全生态纺织品服装产品。

（二）生态纺织品服装

产品的各项生态性能指标均达到国际或国家关于生态纺织品服装的各项法规和技术标准要求及各项标准的极限值，可评为生态纺织品服装。

（三）次生态纺织品服装

产品的各项生态性能指标，达到国际或国家生态纺织品服装的各项法规和技术标准及各项标准的极限值的 95% 以上，并且不存在严重危害人体健康和污染环境条款项，可评为次生态纺织品服装。

（四）劣生态纺织品服装

产品的各项生态性能指标，接近国际或国家生态纺织品服装的各项法规和技术标准及各项标准极限值 90%，但不存在严重危害人体健康和污染环境条款项，可评为劣生态纺织品服装。

这种评价还是以相关法规和技术标准为评价依据的定性评价。随着科学技术的发展，评价体系和评价标准将会更加科学和准确。

第四节　低碳服装

2003 年，英国政府在发布的《能源白皮书》中首次提出了发展"低碳经济"的理念，并迅速引起世界各国的广泛关注。

"低碳经济"是一种以低能耗、低排放、低污染为基础的经济发展模式，其实质是调整能源结构、提高能源的利用效率、利用节能减排技术，通过技术创新和制度创新及人类生存发展观念创新，引导生产模式、生活方式和价值观念的深刻变革。

随着低碳经济的发展，纺织服装业掀起了追求健康、安全、舒适的绿色低碳生活理念的高潮，"低碳服装"就是这种生活理念和追求绿色生活方式的物化表达。

一、低碳服装的概念和内涵

（一）低碳服装

低碳服装是一个很宽泛的生态环保服装的概念，泛指在服装生产和消费全过程中产生碳排放总量较低的服装，它包括选用可循环利用的服装材料、提高服装利用率、降低服装碳排放总量的方法等。

从科学角度来看，低碳服装是在服装的整个生命周期中，从原辅料选择、生产加工、消费使用、回收处理等环节均要符合相关的质量标准和生态环保标准，并在生产和消费过程中二氧化碳排放低的服装。

（二）碳足迹

低碳经济的起点是统计碳源和"碳足迹"（Carbon Footprint），服装产品"碳足迹"可以定义为：服装产品从原材料获取、加工生产、储存运输、消费使用、废弃回收的产品生命周期过程中的温室气体排放总量。

"碳足迹"通常用产生二氧化碳的吨数来表示。通过对服装产品碳足迹的分析，企业可以明确在产品的整个生命周期过程中的碳排放源及排放比重，从而制定绿色生态化设计方案。此外，服装产品的碳足迹核算也为计算环境成本和环境绩效提供了依据。

（三）碳标签

产品"碳标签"是将产品生命周期的温室气体排放总量用量化的指数标示出来，以标签的形式告之消费者产品的碳排放信息。

消费者可根据产品"碳标签"所标示的碳排放量，选择低排放的产品，达到刺激低碳产品生产、鼓励低碳消费的目的。

碳足迹的计算准则是以生命周期的评估法为主，碳标签所标注的信息有：二氧化碳当量、碳减排量、低碳标示、碳中合产品标示、产品碳等级、制造商碳等级标示等。

生态纺织服装绿色设计

服装"碳标签"，是将服装产品在整个生命周期过程中所产生的二氧化碳气体排放总量，用量化的数据和标签的形式，向公众和消费者告之产品的碳排放信息的商业性标志。

在国际上，欧盟、美国、日本等工业发达国家为减少温室气体排放，推广服装原辅料、成衣生产和消费过程中的节能减排新技术，扩大绿色环保原辅料和新型能源的应用领域，并要求企业把服装生产和消费过程中产生的二氧化碳排放量用"碳标签"量化的形式进行标志。

（四）碳关税

碳关税是指对高能耗产品的进口征收碳排放关税，这一概念首先由法国提出，希望欧盟国家对未遵守《京都议定书》的国家征收商品进口税。

2009年6月，美国国会通过《美国清洁能源安全法案》，规定从2020年起开始实施碳关税，对从包括中国在内的没有实施碳减排限额的国家进口的高能耗产品征收二氧化碳排放关税。

这些国家为维护本国产业利益，多以法律的形式颁布了产品的碳排放法规和标准，对没有达到这些国家标准的其他国家产品禁止进口或征收高额的惩罚性碳关税。

二、低碳服装的绿色设计

从低碳服装的定义和碳足迹分析来看，产品生命周期的绿色设计方法和生命周期的评价方法，构成了低碳服装绿色设计的主要技术路线。

在低碳服装的设计和制造过程中，低碳服装除满足服装的功能性、实用性、审美性的设计要求外，还要坚持生态环保原则，即减少污染、再生利用、节约能源、回收再利用、环保采购，并真正把生态环保原则落实到低碳服装产品生命周期的各环节中去，如图2-1所示，按照低碳服装生命周期各环节，建立低碳服装的绿色技术路线。

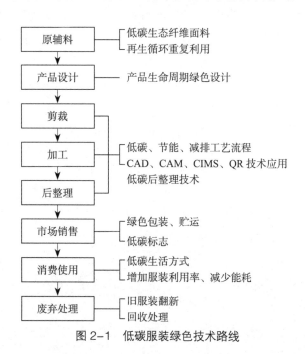

图2-1 低碳服装绿色技术路线

三、国内外低碳服装的发展

（一）国际低碳服装发展概况

低碳经济的特征是以减少温室气体排放为目标，建立在节能减排、低能耗、低污染基础上的经济发展体系。落实到纺织服装产业体系，主要是节能减排、低碳新材料、低碳新技术、环保新设备的应用与发展。

在国际上，欧盟、美国、日本等工业发达国家为减少温室气体排放，推广服装在原辅料、成衣生产和消费过程中的节能减排新技术，绿色环保原辅料和新型能源的应用，并要求把服装在生产和消费过程中可能产生的二氧化碳排放量用"碳标签"量化的形式进行标志。

产品"碳标签"认证起源于英国，2007 年，英国政府成立了碳信托公司，鼓励企业使用"碳标签"。2009 年 4 月，日本标准协会公布了碳足迹标准，鼓励本国企业在产品包装上标注产品生命周期各阶段的碳足迹。此后，法国、美国、加拿大、瑞士、中国台湾等国家和地区都已推广和使用"碳标签"。

2011 年 11 月，法国在欧盟会议上提出，从 2010 年起将对环保立法不如欧盟严格的国家的进口产品征收碳关税。

对发展中国家来说，受到经济发达国家强制加注体现产品整个生命周期导致温室气体排放的碳标签要求，对达不到要求的产品设限，客观上形成了技术贸易壁垒。

目前，在国内外现有的碳标签中，尚无针对纺织服装的碳标签。纺织服装行业虽然不属于高碳行业，但作为世界第一纺织服装生产、消费、出口大国，一旦纺织服装行业实行碳标签认证和征收碳关税，我国的纺织服装业势必面临严峻挑战。当前，世界纺织服装业掀起了绿色环保低碳风潮，这一发展趋势也势必将对我国低碳服装产业产生重大的影响，低碳环保已成为影响产业发展的重要因素。

各国"碳标签"的认证机构有政府、非营利组织、企业，查验机构有执行单位查验或委托第三方查验等多种形式。所以，现阶段各认证机构或公司自主认证采取的方法都不同，关于低碳认证的程序和方法尚未形成统一的标准。

目前，在纺织服装行业，通过低碳认证的公司（产品）主要是一些经济实力雄厚、节能环保技术先进的大公司，如英国 Continental Clothing 公司、美国 Anvil Knitwear 公司、中国香港晶苑集团等。世界主要国家和地区碳标签，见表 2-1 所示。

表 2-1　世界主要国家和地区的碳标签

国家地区	名称	出台年份	负责机构	机构性质	标志	计算方法	标签信息	评估查验机构
德国	Product Carbon Footprint	2008	WWF Oko-Institut PIK THEMAI	非营利	CO2 Fußabdruck BERECHNET www.pcf-projekt.de	LCA	衡量、评价产品碳足迹	—

国家地区	名称	出台年份	负责机构	机构性质	标志	计算方法	标签信息	评估查验机构
美国	Climate Conscious Carbon Label	2007	The Climate Conservancy	非营利		Climate Conscious Methodology（based on process LCA）	分级宣告产品达到相应标准	Climate Conservancy
法国	Grouper Casino Indices Carbone	2008	Grouper Casino	营利		Bilan Carbon	产品 CO_2e	—
英国	Carbon Trust Reduction Label	2007	Carbon Trust Carbon Label Company	非营利		LCA	产品 CO_2，并列出降低碳排放计划	Carbon Trust Carbon Label Company
日本	Japan（CO2LOW）	2008	经济产业省（METI）	政府组织		LCA	CO_2e	第三方
韩国	Cool（CO2Low）Label	2008	Korea Eco-Products Institute	非营利		LCA	CO_2e	Korea Eco Products Institute
加拿大	Carbon Counted	2008	Carbon. Counted	非营利		LCA	产品 CO_2e	第三方
美国	Carbon free Label	2007	Carbon Fund	非营利		LCA	碳中合产品	第三方

国家地区	名称	出台年份	负责机构	机构性质	标志	计算方法	标签信息	评估查验机构
中国台湾	碳标签	2009	环境保护署	官方组织		LCA	CO_2e	—

（二）国际低碳产品认证制度发展概况

纺织服装业进行低碳认证，除要求在产品生命周期中节能减排，同时要求产品对生态环境和人体健康的影响指标要符合相关标准。

目前，对纺织服装产业的低碳认证主要包括对单一服装产品和制造商两类认证。通过低碳服装认证的产品比较单一，绝大部分是有机棉、回收棉类产品，因为这类产品从种植到产成品生产过程的"碳足迹"有规范准则可依，可保证"碳足迹"计算的可靠性。制造商认证，主要是以厂房和生产技术条件为认证对象，通过加强企业经营管理措施及采用节能减排新技术、新设备、新能源来通过企业低碳认证。

对纺织服装产品而言，低碳和环保是两个既相对独立而又相互关联的概念。低碳服装除要求在产品生命周期中要节能减排、节约资源、降低二氧化碳排放以外，同时要求对生态环境和人体健康符合相关生态技术标准要求。

1. 英国

2006年起，英国碳信托（Carbon Trust）开展了"碳削减标志计划（Carbon Reduction Label Scheme）"，成为开创低碳产品认证的先锋，试点计算了几十种产品的碳足迹。2007年5月，英国环境、食品和乡村事务部（Defra）公布了基于碳信托试点项目的自愿性计划，建议商家在商品标签上注明该产品在生产、运输和配送等过程中所产生的碳排放量，以告知消费者该商品对全球变暖的影响程度，当时就有一百二十多家商家表示愿意加入。随后，英国环境、食品和乡村事务部与碳信托和英国标准协会（BSI）合作制定了一个计算产品碳排放的评价规范，即PAS 2050标准草案。2008年10月，英国PAS 2050标准正式发布，它是一个开放性的碳排放量计算测量标准，其开放性提高了PAS 2050的接受程度和英国碳削减标志的市场权威性。目前，很多国家或私人企业所进行的产品碳排放评估活动在不同程度上参考了该标准。英国还致力于为PAS 2050标准争取国际发展空间，在世界范围内以技术支持和技术合作的形式增强英国标准和碳标志的影响力，还积极参与国际标准化组织的低碳产品标准的制定工作。

2. 美国

美国加利福尼亚州在2008年通过了"2009年碳标志法令"（The Carbon Labeling Act of 2009），通过立法确定要建立碳标志制度，该法令已在2009年的年中生效。加州原属于斯坦福大学的气候保护机构（Climate Conservancy）响应该法令，建立了气候意识标志

（Climate Conscious Label）。该计划使用生命周期分析方法，通过认证的产品将根据其碳排放低于基准线的程度，分别授予银、金、白金三个级别的标志。

3. 日本

2008 年 6 月，日本内阁通过"建设低碳社会"的决议，尝试把"碳足迹产品体系"引入日本。该决议公布后，日本经济贸易产业省（METI）成立了碳足迹系统国际标准化国内委员会，以响应国际标准化组织（ISO）开发碳足迹国际标准的行动，并向社会公布了由 METI 建立和协调的试点计划。该计划由日本产品环境管理协会（JEMAI）实施，借助其Ⅲ型环境标志的研究基础，开展产品碳足迹的相关研究。日本还紧密关注国际标准化组织关于碳标志国际标准的制定工作，并将其低碳产品认证的工作计划依据国际标准化组织的工作动向进行调整。目前已发布了日本"技术规范（TS Q0010 产品碳足迹评估和贴标基本规范）"草案，很快将修订第 1 版 TS Q0010，引入更详细的要求来开发产品种类规则（PCR）文件。

4. 韩国

2008 年初，韩国有 10 家公司提供产品参加由政府支持的碳标志试点计划。韩国低碳产品认证由承担Ⅲ型 EDP 项目的韩国生态产品研究院（KOECO）负责。2008 年 8 月，有意向参加试点认证的公司进行相关培训，并在 10 月进行试点认证的申请，2009 年 1 ~ 11 月，韩国全面启动 Cool Label 计划。

韩国低碳产品认证计划中设计了两种类型的碳标志：

其一为"温室气体排放量标志"，在标志上显示产品的碳足迹。

第二种为"低碳"标志，对获得"温室气体排放"标志的产品达到国家有关碳足迹的最低消减目标时，可获得"低碳"标志。今后，在积累了一定行业数据之后，韩国会逐渐开展第二类"低碳标志"认证。

（三）我国低碳产品认证的建立和发展

我国对低碳产品的认证尚处于起步阶段，借鉴国际经验，按照全面考虑环境保护和低碳经济协同发展关系，按着轻、重、缓、急顺序，在我国已颁布的环境标志和环保政策法规框架内开展低碳产品认证工作。

2013 年 3 月 19 日，我国颁布了《低碳产品认证管理暂行办法》，办法对低碳产品的概念进行了重新界定，"低碳产品是指与同类产品或者功能相同的产品相比，碳排放量值符合低碳评价标准或技术规范要求的产品"。办法规定，在我国建立统一的低碳产品认证制度、低碳产品目录、认证标准、技术规范、认证规则，实行统一的认证证书和认证标志。

目前，在纺织服装产品低碳认证方面，因为在产品生命周期中，各个阶段的碳足迹涉及的不确定因素多，彼此之间边界相互影响，加工中涉及诸多变量，所以碳足迹数据难以精确计算。制造商碳认证，对所收集的数据具有全面性、真实性、准确性、规范性及复杂、长周期、高投入的特点，中小型企业很难承担。

国际上关于低碳产品项目仅计算了产品生命周期过程中的碳排放，并根据相应的碳足迹数据标示"碳标签"，但对纺织服装而言，低碳和生态环保是两个相对独立的概念，纺织服装除要求在产品生命周期中节能减排、低排放，同时要求对生态环境和人体健康要符合相关生态技术要求。

中国环境标志低碳产品的认证，是把低碳和环境有机结合起来的一整套认证评价体系，它以综合性的环境行为指标为基础，低碳指标为特色，服务于国家低碳经济发展。

思考题

1. 生态纺织品的概念及服装生态性的基本生态环境属性要求？

2. 分析生态纺织服装分类的依据？试对日常服装的种类举例说明。

3. 简述我国和欧盟、美国、日本等国的主要服装生态标准？

4. 低碳服装的概念？分析碳足迹、碳标签、碳关税的内涵及国际低碳认证对我国服装产业发展的影响？

5. 举例说明一件生态纺织品服装在原料选择、生产加工、消费使用、废弃处理的过程中应考虑哪些生态环境因素？

第三章

生态纺织服装的绿色设计和设计基本原则

生态纺织服装的绿色设计，是建立在生态纺织品技术标准要求原则下，实现生态纺织服装产品绿色生态化要求所进行的生态纺织服装的产品设计。它要求在产品的整个生命周期内，在保证产品的功能性、审美性、质量、成本等因素的同时，要满足产品的环境属性、生态属性、可回收性、重复利用性等生态纺织服装设计要素，设计出舒适、美观、安全、环保的生态纺织服装。

生态纺织服装绿色设计的内涵包括设计理念和方法创新、产品生命周期系统设计的整体性、产品创新的动态化和创造性设计人才等四部分主体内容。

本章将对生态纺织服装绿色设计的概念、特点和绿色设计的基本原则进行分析讨论。

第一节 绿色设计的定义

绿色设计是指产品在满足基本功能的基础上，同时具有优异的节能、环保、节约资源等特性，为实现这种目标所开展的设计活动即为绿色设计。

绿色设计（Green Design，GD），通常也称为生态设计（Ecological Design，ED）、环境设计（Design for Environment，DFE）、生命周期设计（Life Cycle Design，LCD）等。

生态纺织服装的绿色设计，是建立在生态纺织品技术要求原则下所进行的生态纺织服装的产品设计。绿色设计要求在产品的整个生命周期内，要充分考虑到生态纺织服装的生态属性，在保证产品的功能性、审美性、质量、成本等因素的同时，要满足产品的环境属性、生态属性、可回收性、重复利用性等生态纺织服装设计要素。通过设计师运用生态环保理念、美学规律和科学的设计程序，设计出舒适、美观、安全、环保的生态纺织服装。

生态纺织服装的绿色设计，是实现生态纺织服装产品绿色生态化要求的设计，其目的是克服传统纺织服装设计的不足，使所设计的生态纺织服装不仅要符合生态纺织品的技术要求，同时能满足消费者对绿色生态纺织服装的消费需求。

第二节 绿色设计的内涵

生态纺织服装绿色设计的内涵包括设计理念和方法创新、产品生命周期系统设计的整体性、产品创新的动态化设计和创新型的设计人才四部分主体内容。

一、设计理念和方法创新

（一）设计理念的创新性

生态纺织服装绿色设计理念的构建，是设计理念创新和纺织服装科技创新相结合的过程，也是纺织服装业的科学技术和服饰艺术发展水平的综合反映。

生态纺织服装设计，这种从原辅料、生产、销售、消费、回收利用整个产品生命周期全过程实现生态化、精细化、清洁化的绿色设计模式，是我国纺织服装业界必须面对的新课题。

在生态纺织服装绿色设计过程中，我们必须把新材料、新工艺和节能减排新技术与纺织服装的设计密切结合起来，并用生态环保的设计理念和创新的艺术技巧去开拓生态纺织服装市场。

（二）绿色设计是针对产品生命周期的设计

绿色设计是把生态纺织服装产品的整个生命周期中的绿色程度作为设计目标。在设计过程中，要充分考虑到生态纺织服装从原辅料获取、加工生产、销售贮运、消费使用、废弃回收等过程中对生态环境的各种影响。

（三）绿色设计体现了多学科交叉融合的特点

绿色设计是产品整个生命周期的设计，所以设计是"系统设计"的概念，体现了"系统设计、清洁制造、生命周期过程、多学科交叉融合"的特点。

资源、环境、人口是现代人类社会面临的三大问题，绿色设计是充分考虑到这三大问题的现代产品设计模式。从生态纺织品的观点来看，绿色设计是一个充分考虑到纺织服装业的资源、环境和人体健康的系统工程设计。

当前，世界的纺织服装业正在实施可持续发展战略，绿色设计实质上是可持续发展战略在纺织服装业中的具体体现。

（四）绿色设计的经济和社会效益特征

21世纪是生态经济的时代，绿色设计的实施要求纺织服装企业既要考虑企业的经济效益，同时要考虑社会效益。在现代经济条件下，企业环境效益是关系到企业可持续发展的基本条件，绿色设计是纺织服装业实现企业经济效益和社会效益协同发展的重要途径。

二、产品生命周期系统设计的整体性

生态纺织服装的绿色设计是一项系统工程，构成产品生命周期各环节的子系统都把产品的生态环保程度作为设计目标，其中某一生态环节的缺失，都将对整个生命周期系统产生影响。

该系统由四个基本环节组成：

（一）原辅料的生态化

在生态纺织服装原辅材料选择设计阶段，无论利用的是天然纤维材料或者合成纤维材料，设计师都应对设计产品所用的原辅料的生产过程对生态环境的影响进行分析评价，因为选用不同的原辅料对生态环境的影响有很大区别。

即使产品所用的是天然纺织纤维原料，如棉、毛、丝、麻等，纤维在种植或生长过程中普遍施用农药、化肥等农业助剂，天然纤维不可避免地受到农药残留或土壤中重金属离子的污染，这些有毒、有害物质会对环境和人体健康产生危害。

化学合成纤维，大部分是利用不可再生资源，如石油、天然气、煤等生产的，必然会消耗大量的自然资源并对生态环境造成一定的破坏。所以，应更多地考虑利用可降解的合成纤维，积极开发利用不污染或少污染的生态性纺织纤维。

在服装加工生产中，所采用辅料、各种黏合剂、纽扣、金属扣件、拉链等都可能含有对人体健康有害的物质，在绿色设计中均应做出生态学评价。

在纺织服装的绿色设计中，所选用的原辅料的自身生产过程应满足低能耗、低排放、低污染、低成本、易回收、不产生有毒、有害物质并符合相关的质量标准和生态标准。

（二）生产加工清洁化

在生产加工阶段，应对生产生态纺织服装的生产加工工艺过程对生态环境的影响和资源的消耗进行分析评价。因为在纺织服装生产加工环节，特别是印染、漂洗、整理等工序采用的染料、化学助剂和其他化学药品，都有可能在纺织服装产品上残留对人体健康有危害的有毒、有害物质，同时在这些工序中也将会产生噪声污染及大量废气、废水，严重污染环境。

绿色设计要求在纺织服装生产加工阶段，不产生对环境污染和人体健康有害的因素，减少废弃物的排放量、降低环境污染、降低生产成本、合理利用资源。因此，在生态纺织服装的生产加工工序，采用清洁化生产技术是发展生态纺织服装业的重要技术措施。

（三）消费过程绿色化

消费过程，包括绿色包装设计、消费对生态环境的影响程度、废弃物回收利用等环节对环境的影响和资源消耗进行评价。同时，在纺织服装产品的使用和消费阶段，要对产品消费过程中各种排放物对环境的影响和资源的消耗做出评价，从而判断产品设计的合理性。

在绿色设计中，产品的适应性、可靠性和服务性是设计的重要内容，纺织服装的可搭配性设计与模块化设计是延长服装使用寿命、增强服装功能的有力措施。

服装废弃后，并不意味着所有的废弃服装都是废品，其中部分废弃服装可以搭配其他服装，或清洗消毒后经结构改造得到再利用，也可经回收后重新利用。

在产品设计时就要考虑到产品的回收利用率、回收工艺和回收经济性，这样才能在产品废弃后处理阶段对环境影响和资源的消耗进行评价，为绿色设计方案提供依据。

（四）评价标准科学化

生态纺织服装的绿色设计是一个渐进的过程，在绿色设计的过程中要不断对设计进行分析和评价。

随着世界各国生态纺织品标准的不断完善，绿色设计中的分析与评价越来越有针对性，无论是内贸或外贸，生态纺织服装的绿色设计与绿色认证都受到了政府和企业的高度重视。

科学的绿色设计评价体系应包括以下三个方面。

1. 建立生态纺织服装参考标准

建立的标准应符合国家或行业的相关标准要求，依据设计数据和参照标准比较分析确定环境影响因素权重，进而制定相应的参考标准，使生态纺织服装产品生命周期各环节的生态环境评价均有相关的技术标准和严格可控的检验方法，为产品的评价提供可靠的依据。

2. 具有判断产品完善能力

在绿色设计评估后，应能识别产品在功能性、审美性、技术性、经济性和环境协调性方面存在的问题，并判别对其改善的可能性。

3. 设计方案的比较研究

在概念设计时利用绿色设计评估方法对备选方案进行预评估，实现绿色设计方案初选。在产品详细设计过程中进行绿色评估，应及时发现设计中存在的生态性能欠缺并对设计进行相应的修改。

三、产品创新的动态化设计

生态纺织品服装的绿色设计是一个从简单到复杂、从部分到整体、从局部创新到产品创新的动态设计过程。

生态纺织服装绿色设计可分为四个阶段，第一阶段为产品性能提高，第二阶段为产品再设计，第三阶段为产品功能提高创新，第四阶段为产品系统创新。

这种动态设计过程要求设计者在生态纺织服装生命周期中，关注产品在各环节中的生态环保性能价值的实现，最终达到产品的总价值目标，而这种价值体系就是人与自然的和谐统一。

汉斯·梵·维尼（Hans Van Weenie）教授将绿色设计分为三个层次：第一层次为治理技术和产品设计，如"可回收性设计"（DFRC：Design For Recycling）、"为再使用而设计"（DFRU：Design For Reuse）、"可拆卸设计"（DFD：Design For Disassembly）等，其目标是减少、简化或取消产品废弃后处理过程和费用；第二层次为清洁预防技术与产品的设计，如"为预防而设计"（DFPP：Design For Pollution Preservation）、"为环境而设计"（DFE：Design For Environment）等，目标的设置目的是减少生命周期各阶段的污染；第三层次是为价值而设计，目标是可以提高产品的总价值。

四、创新型的设计人才是绿色设计的主体

生态环保和节能减排是我国纺织服装产业"十三五"期间的重要任务，它不仅关系到我国纺织服装产业的结构调整、产业技术发展方向和服装市场消费时尚的流行趋势，同时也将对我国纺织服装业的技术走向产生深远的影响。

我国生态服装产业发展过程面临两个必须克服的问题，即"绿色技术壁垒"和"绿色碳关税壁垒"，创新型的服装设计人才是攻克"壁垒"、抢占纺织服装产业制高点的主力军。

现代高新技术的发展，使纺织服装行业在面料生产、染织工艺改进、加工工艺的进步、设计理念和方法创新、消费时尚的更新等领域都发生了巨大变化。

这要求服装设计师要从过去由单纯创意的范畴向作为引领绿色生态服装潮流的引导者和创造者的角色转变，服装设计师必须主动去适应这种社会和经济发展的需求。

生态纺织服装设计是把绿色环保生活方式的文化内涵与生态环保时尚相融合，去体现人们崇尚自然、追求健康、安全舒适的生活理念的物化表达。

这种绿色低碳生活方式、审美理念、消费趋势赋予了设计师新的使命和挑战。设计师是绿色设计的主体，他们必须是掌握绿色设计知识和设计技能的创造性人才，才能满足生态纺织服装产业发展的需求。

第三节　绿色设计的特点

生态纺织服装的绿色设计的主要特点包括以下几个方面。

一、拓展了服装的文化内涵

服装绿色设计是一种文化形态的设计，是生态环境科学和艺术相互结合，自然科学和社会科学相融合的绿色设计新学科。

服装绿色设计要求把生态、安全、健康、环保的设计理念贯穿到生态纺织服装设计的全过程，具有鲜明的时代文化特征。

二、扩大了服装产品的生命周期

传统的纺织服装产品的生命周期是"从产品生产开始到消费使用为止"，产品的设计是一种开环的串行设计过程。绿色设计则是将纺织服装产品的生命周期扩大为"产品生产前的原辅料获取—生产加工过程—消费使用—回收处理"。这要求产品的设计是一种从整体优化的角度进行的闭环生命周期设计。不仅如此，这些过程在设计时要被并行考虑。设计过程对产品提出了更高的生态要求，也赋予了设计人员更大的社会责任。

三、有利于生态环境的保护和改善

绿色设计有利于纺织服装业的生态环境保护和改善，纺织服装业的发展已严重受制于生态环境的污染，绿色设计是一种从源头上解决纺织服装业环境污染的有效措施。

四、减少资源消耗，促进新资源开发

绿色设计立足于节能减排、降低消耗、重视资源的利用和再生，因而减少了对材料资源和能源的需求，从而达到保护资源、促进合理使用的目的。

由于服装绿色设计具有促进绿色消费的作用，绿色消费必将加大对新型纺织服装材料的市场需求，也必定会加快对更多生态环保性能优良的纺织新材料和新产品的开发生产。

第四节 生态纺织服装绿色设计与传统设计的关联性

传统的纺织服装设计是绿色设计的基础。纺织服装的功能性、审美性、质量品质、经济性是任何纺织服装产品设计的基础，绿色设计是在传统设计基础上的补充和完善，也是随着现代科学技术发展和生态消费理念兴起的新的设计方法。只有把生态环境设计理念和设计技术融入传统设计中，才能使所设计的纺织服装产品满足市场的消费需求。

但是，纺织服装的绿色设计在设计策划、设计目标、设计本质、设计方式、设计内容等方面与传统纺织服装设计有很大的不同。纺织服装的绿色设计与传统服装设计相比，无论是所涉及的知识领域、方法，还是过程等方面都比传统服装设计要复杂得多。

生态纺织服装的绿色设计涉及服装设计、纺织材料学、化学化工、生态学、环境科学、管理科学、信息科学等诸多学科的知识内容，具有明显的多学科交叉的特征。所以，仅靠单一学科的知识和经验的传统设计方法难以实现真正的生态纺织服装绿色设计。

可以说生态纺织服装的绿色设计综合了服装设计、生态环保、并行工程、生命周期设计等多种设计要素，是实现集产品功能、质量、审美和生态绿色属性为一体的设计系统。如表3–1所示，传统服装设计与纺织服装绿色设计的比较。

表3–1 传统纺织服装设计与纺织服装绿色设计的比较

比较因素	传统纺织服装设计	纺织服装绿色设计
相似性	功能、审美、质量、经济	功能、审美、质量、经济
设计依据	依据市场需求，综合考虑功能、审美、质量、成本因素设计	依据生态技术指标，综合考虑环境效益和功能、审美、质量、成本因素设计
设计内容	以材料、色彩、款式为设计要素，进行产品款式结构和色彩设计	要求在产品生命周期各环节设计中，均要考虑到生态环保特性和相关生态技术限量标准进行设计
设计方式	串行开环设计	生命周期整体优化闭环设计
设计人才	基本不考虑产品的生态环境因素和产品加工生产环境及回收处理等环节	要求设计人员在产品生命周期中，均要考虑资源、能耗、污染、回收利用等生态环境因素
产品生命周期	产品—使用，线型生命周期	原料—产品加工—消费—回收利用，闭环产品生命周期
产品	传统纺织服装产品	生态纺织服装产品，绿色标志产品

由表3–1可以看出，在产品设计的创意策划阶段，生态纺织服装的绿色设计就要把涉及产品生命周期的生态环境、有毒有害物质限定、加工生产环境、废弃物处理等生态环境因素进行评价，与保证产品的功能性、审美性、质量和成本因素等综合考虑作为产品的设

计目标，并要求在设计中把可能出现的生态问题采用绿色设计的技术手段和措施使产品达到预期的生态纺织服装的技术标准要求。

第五节　生态纺织服装绿色设计的基本原则

生态纺织服装绿色设计是一门综合性的、集科学技术和造型艺术于一体的多学科交融的新学科。目前，这一学科的理论研究和设计实践都还在发展和完善过程中，特别是我国纺织服装产业对绿色设计工作尚处于起步阶段。

因此，生态纺织服装绿色设计方法和设计准则，需要学习和参考世界经济发达国家的经验或其他行业绿色设计所遵循的基本原则作为参考，进而研究和设定生态纺织服装的绿色设计原则。

绿色设计的基本原则就是为了保证所设计的生态纺织服装产品的"生态环保性"所必须遵循的设计原则。

纺织服装的绿色设计缺乏设计所必需的知识、数据和方法，另一方面因绿色设计涉及产品的整个生命周期，具体的实施过程非常复杂。因此，目前比较有效的方法就是依据生态纺织品的标准要求，按产品生命周期过程系统地归纳和总结与绿色设计有关的准则，进而指导生态纺织服装的绿色设计。

一、绿色设计的基本原则

随着对绿色设计的关注，许多专家、学者对绿色设计的基本原则进行了研究，1993年，费克尔（Fiksel）教授对产品绿色设计原则的内涵进行了研究，指出产品绿色设计原则是一种有系统地在产品生命周期中考虑环境与人体健康的议题。

同年，希尔（Hill）经对产品环境性能研究，提出了在产品绿色设计中应考虑的八项原则：

（1）产品生产过程中应避免产生有害废弃物；

（2）产品生产过程中应尽量使用清洁的方法和技术；

（3）应减少消费者使用产品排放对环境有害的化学物质；

（4）应尽量减少产品生产过程中对能源的消耗；

（5）产品设计应选择使用无害且可回收再利用的物质；

（6）应使用回收再利用物质；

（7）产品设计应考虑产品是否容易拆卸；

（8）考虑产品废弃后可否回收与重复利用。

根据对绿色设计原则的内涵要求，生态纺织服装产品的绿色设计原则包括以下四个方面：

一要满足生态纺织服装产品的功能性、实用性、审美性等服装设计要求；二要重视服装产品的生态性、环境属性、可回收利用属性的设计；三要坚持五项原则：即减少污染、节约能源、回收利用、再生利用、环保采购；四是针对生态纺织服装产品，从初始原辅料选择阶段到产成品完成，直至消费使用和回收利用，在产品生命周期全过程中均采用闭环控制系统并行设计方法。

生态纺织服装绿色设计的过程，实际上是实现产品功能、经济效益和生态效益平衡的过程。产品的绿色设计就是要提供一种加快经济和生态和谐发展的技术手段，促进企业实现创新发展。

根据生态纺织服装产品在产品生命周期中不同阶段的要求，将绿色设计的设计原则归纳如下。

（一）设计策划创意构思阶段

（1）需要树立生态环保意识，采取立体性思维模式，用全方位、创新的视觉语言去构思产品。

（2）用系统的观念审视产品生命周期中各环节的生态相关性，并用绿色设计语言进行充分的表达。

（3）了解生态纺织服装的相关技术标准、法令、法规，并在设计中得以贯彻和实施。

（4）要兼顾产品功能性、实用性、审美性、经济性和生态性的协调统一。

（二）原辅料选择设计阶段

（1）选择适合产品使用方式的生态性原料和辅料。

（2）原辅料不得含有超过限量的有毒、有害物质。

（3）尽量使用可降解、可再生、可回收利用的原辅料。

（4）节约原辅料用量，避免浪费资源。

（三）产品生产加工设计阶段

（1）选择清洁化生产加工工艺。

（2）减少生产加工过程中的废料和废弃物。

（3）降低在生产加工过程中废水、废气、有毒有害气体排放和噪声污染。

（4）尽量采用节能减排新技术、新能源。

（四）产品包装设计阶段

（1）使用天然或无毒、易分解、可回收利用的生态性包装材料。

（2）包装设计结构简单、实用，避免过度包装。

（3）包装设计要考虑包装对环境的影响和消费者的安全。

（五）产品消费设计阶段

（1）增加消费者对产品的实用性、审美性、经济性、生态性的满意度。

（2）确保产品对消费者身体健康的安全性。

（3）尽量减少消费过程的污染排放。

（六）产品废弃物处理设计阶段

（1）建立完善的废弃物回收系统和处理系统。

（2）尽量促使资源回收利用。

（3）选择不对生态环境造成污染的废弃物处理方式。

（七）与生态纺织服装相关的法律法规

（1）国际贸易产品应遵循有关的生态纺织品法律法规和相关标准。

（2）企业应尽量获得生态环保认证，产品应获得生态标志认证。

（3）国内市场产品应符合国内相关产品的质量标准和生态标准。

二、绿色设计基本原则的应用

生态纺织服装的绿色设计过程，也是正确、合理地利用绿色设计原则的过程。按设计程序要求，首先要明确产品的绿色生态属性，在此基础上确定设计目标，根据设计目标确定所选择的绿色设计原则和实现的措施。

由于绿色设计原则关系之间的复杂性和关联性，所以要合理地确定设计目标和选择适宜的解决方案，在生态纺织服装绿色原则应用过程中应注意以下问题：

（1）生态纺织服装的绿色设计原则不仅适用于生态纺织品，也适用于现有纺织服装产品的设计；

（2）对于生态纺织品的某具体产品，并不是每一条设计原则都必须得到满足，设计者应根据产品的特点和市场的具体要求，对绿色设计原则进行取舍；

（3）在绿色设计过程中，有些原则可能发生矛盾或冲突，设计者在原则之间进行协调处理是绿色设计原则应用的关键；

（4）不同生态纺织服装对绿色设计原则的侧重点不同，如婴幼儿服饰对原辅料的有毒、有害物质的限度要求比成人的外用服装高很多，又如，在牛仔服的生产加工过程中，绿色设计更应关注污水排放对生态环境的污染。

思考题

1. 生态纺织服装绿色设计的定义及内涵？

2. 何为服装生命周期的绿色设计？生态纺织服装绿色设计系统由哪几项基本环节组成？

3. 举例说明生态纺织服装绿色设计与传统服装设计的相同性及差异性。

4. 生态纺织服装绿色设计的基本原则是什么？怎样在产品设计实践中灵活运用这些原则？

5. 详细说明和分析服装设计师在生态纺织服装绿色设计中的主导作用？为什么说创新型服装设计人才是生态纺织服装绿色设计的主体？

第四章

生态纺织服装的
绿色设计方法

由于生态纺织服装绿色设计具有多学科融合的特点，而且目前服装绿色设计的设计实践经验和专业知识还比较缺乏，特别是缺少生态纺织方面的系统数据和资料。因此，生态纺织服装绿色设计可行的方法是在传统服装设计的基础上，依据生态纺织品技术标准要求，按产品生命周期的设计理念考虑产品生命周期的各个环节，包括服装的创意设计、结构设计、色彩设计、工艺设计、包装设计、消费设计、废弃物回收利用等环节，以保证生态纺织服装的生态环保的绿色属性。

本章将对生态纺织服装绿色设计的设计程序、策略、绿色设计方法等进行分析讨论。

第一节　生态纺织服装的绿色设计程序

第一步，根据需求确定设计方案。生态纺织服装的绿色设计源于市场对生态纺织品的需求，将市场需求和生态环境需求转化为绿色设计需求，规划出生态纺织服装产品的总体绿色设计方案。

第二步，总体方案确定后，按生态纺织服装产品的功能性、审美性、生态性、经济性要求进行产品生命周期中各环节的详细设计，得到产品设计方案。

第三步，通过对所设计的产品进行功能性、审美性、技术性、生态性、经济性、环境影响等综合评估，确定设计方案的可行性（图4-1）。

目前，研究和应用比较多的绿色设计方法主要有生命周期设计法、并行工程设计法和模块化设计法等。

生态纺织服装的绿色设计是一个复杂的过程，仅靠单一的方法将难以实现，只有确立系统化解决方案即根据生态纺织服装在生命周期的不同环节采取最优化的设计策略，以实现产品最优化设计。

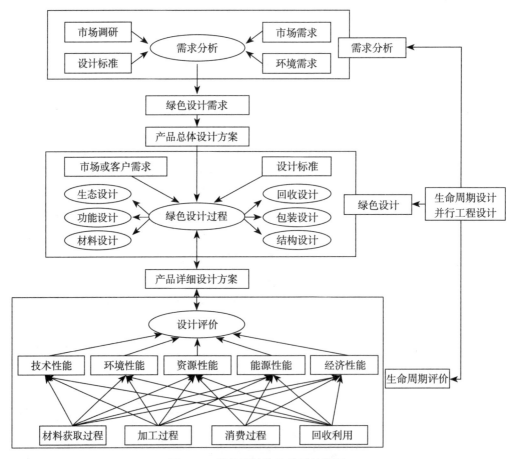

图4-1　绿色设计方法体系结构图

生态纺织服装绿色设计

第二节 生态纺织服装的绿色设计策略

生态纺织服装的绿色设计策略应围绕产品本身和其生命周期各环节来设定，可以概括为以下几个方面。

一、产品设计观念创新

（一）以市场需求规划产品设计方案

产品设计的依据源于市场的需求。根据不同的市场需求，在生态纺织服装产品的策划创意阶段应有明确的产品市场定位，并以此去策划设计方案。

（二）结构设计减量化

生态纺织服装减量化设计，包括自然、流畅、简洁的设计风格和简约化设计的服装结构。这种减量化设计是用非物质化的服装文化创意来减少对物质材料的使用，减少加工生产中废弃物的产生和消费过程中对能源的消耗。

消费者对纺织服装的需求，首先要满足产品所提供的功能，同时要满足生态环保性能的要求。在满足消费需求前提下，用创意设计提供的减量化设计是绿色设计的重要设计思路之一。

（三）模块化搭配设计

服装可搭配性设计可以提高服装产品的可更新性。设计要在服装式样变化、功能调整、宜人性等方面提高消费者对服装产品的长期吸引力，延长产品的使用寿命。

二、优化利用原辅料

（一）选用生态原辅料

选用生态原辅料是生态纺织服装绿色设计中的重要工作，首先应按产品的设计要求选用清洁化原料、可再生材料或可循环再利用的原辅料。设计师应对原辅料在生产过程中的生态环境有充分的了解。

（二）减少原辅料的使用量

绿色设计应致力于原辅料用量的最小化和资源利用率的最大化。产品使用原辅料减少，产生的废弃料也将相应减少，这样在储运包装等环节对环境的影响就会减少，进而达到降低能耗和节约成本的目的。

三、产品生产过程清洁化

（一）采用并行设计的思维

在生态纺织服装产品设计时应考虑到产品的生产加工工艺和加工生产部件与生态及环境的关系及标准要求，要求工艺生产环境友好、对加工生产过程的资源和能源消耗少、三废排放少。

（二）简化生产工艺环节

在产品生产过程中，工艺环节越多，对能源的消耗越大，废弃物和污染物的排放也会越多。减少生产工艺环节是提高能源利用效率和减少排放的有力措施。

（三）尽量使用清洁能源

推行节能管理方案，减少生产设备能耗，尽量采用清洁能源，如太阳能、风能、水能、天然气等。

（四）减少生产过程中化学助剂的应用

生产过程中，减少对各种化学试剂、印染剂、整理剂、添加剂等化学助剂的使用。在生态纺织服装产品的生产过程中，各种化学品的应用是主要的污染源，减少使用或采用新工艺代替化学品，是控制污染的主要措施。

四、降低产品消费使用过程中的能耗和污染

（一）减少在产品消费使用阶段的能耗

在产品设计过程中应考虑减少消费者在产品使用期内对能源、水、洗涤剂等的消耗。据研究，纺织服装产品在生命周期中的能耗的 70% 来源于消费使用环节。

（二）减少消费过程中废弃物的产生

产品设计应考虑到消费者在产品使用过程中对环境产生影响的各种事项，并以简单、准确、清晰的标示告之，如产品状况、可回收性、洗涤保养方法、禁用消耗品等。

五、回收处理系统优化

（一）提高产品的重复利用率

绿色设计必须考虑到产品弃用后的回收处理问题，所以在设计中应考虑产品的可回收性、再生性和重复利用性。

（二）废弃物处理措施设定

如果再利用和循环利用都无法实现，可采用焚烧回收热能的措施。

第三节　生命周期设计方法

一、生命周期设计的概念

生命周期设计方法是指从生态纺织服装产品的策划创意阶段就要考虑产品生命周期的各个环节，包括创意设计、结构设计、色彩设计、工艺设计、包装设计、消费设计及废弃物处理等环节，以保证生态纺织服装的绿色属性要求。

产品生命周期的各个环节可用产品生命周期设计轮图来描述（图4-2）。

由图4-2可以看出，生态纺织服装产品的生命周期包括以下环节：创意策划、设计开发、生产加工、经营销售、消费使用及废弃物的回收处理。

在设计过程中，依据生态纺织品的技术标准和评价方法来评价产品的技术指标和生态性能指标，而评价函数指标必须包括图4-2中外圈所示的企业策略、功能性及审美性、可加工性、生态属性、劳动保护、资源有效利用、生命周期成本等产品的基本属性。

产品生命周期的设计过程可以用三个层次来表达：设计层、评价层、综合层（图4-3）。

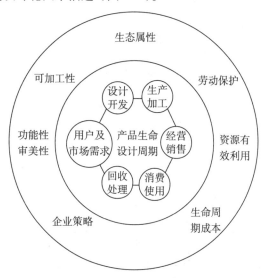

图4-2　产品生命周期设计轮图

图4-3　生命周期设计基本组成的三个层次

产品市场的用户及市场需求、设计开发、生产加工、经营销售、消费使用、回收处理六个阶段组成了产品的生命周期维，而设计层、评价层、综合层则组成了设计过程维。

在生态纺织服装生命周期设计过程中，要综合研究和全面优化产品的功能性能（F）、生产效率（T）、质量指标（Q）、经济性（G）、生态环保性（E）、资源能源利用率（R）等设计目标，求得最佳平衡点。

生态纺织服装绿色设计的主要目的可以归结为三个方面。

（一）预见性设计

在设计阶段，尽可能预测到在产品生命周期中各环节可能出现的问题，并在设计阶段予以解决或预先设计好解决问题的途径和方法。

（二）经济成本预算

在设计阶段应对产品生命周期中各环节的所有费用进行经济预算，包括资源消耗和环境代价进行整体经济规划，以便对产品进行成本控制和提高企业经济效益及产品市场竞争力。

（三）资源和环境分析预测评估

在产品设计阶段对产品生命周期中各环节的资源和环境影响做出预测和评估，以便采取积极有效的措施合理利用资源、保护环境，提高产品的生态性能，从而促进企业可持续发展。

二、生命周期设计的策略

生态纺织服装绿色生命周期的设计任务就是力图在产品的整个生命周期中达到功能性更完善、保证产品对人体健康的安全、资源能源优化利用、减少或消除对生态环境的污染等目的。产品生命周期的设计策略包括以下三个方面。

（一）产品的设计面向生命周期的全过程

从生态纺织服装创意设计阶段就应考虑从原辅料采集直至产品废弃处理全过程的所有活动。

（二）生态环境的需求

产品对生态环境的需求应在产品设计创意阶段进行，而不是在生态纺织服装已成型的末端处理。设计初期就要综合考虑功能、审美、生态、环境、成本等设计要素，对影响因素进行综合平衡后再做出合理的设计决策。

（三）实现多学科跨专业的联合开发设计

由于生态纺织服装生命周期设计的各个阶段涉及多学科、多种专业知识和技能，以及不同的研究对象，特别是随着现代科学技术的发展，生态纺织服装绿色设计涉及的专业和知识领域更加广泛和深入，因此，实现多学科、跨专业的合作是完成绿色生态纺织服装设计的有效措施。

三、生命周期设计步骤及过程

生态纺织服装产品生命周期设计步骤及过程如图 4-4 所示。

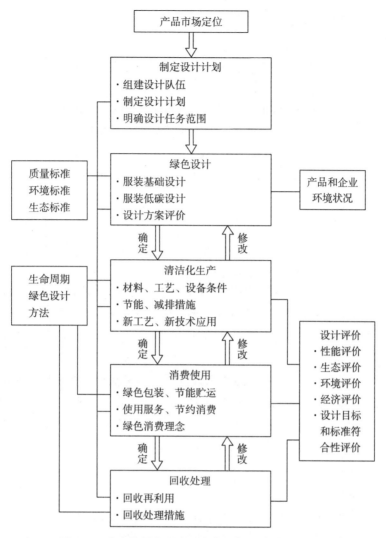

图 4-4 生态纺织服装产品生命周期设计过程示意图

（一）设计目标的确定

在进行生态纺织服装产品生命周期设计时，首先应对产品的市场需求进行分析，在此基础上明确产品的设计目标。在上述分析研究中，除分析产品的功能和审美需求外，更应侧重于产品的生态需求、环境要求、技术标准及政策法规等方面的要求。

（二）计划和组织实施

产品的绿色设计是一个系统设计，所以对设计边界的确定、技术保证、信息收集和设计计划的实施必须有强有力的保证措施。

（三）环境现状评价

对产品环境状况进行分析，可以找到改进产品系统性能的机会，也为企业制定长期或阶段性目标提供设计依据。环境现状评价可以通过生命周期清单分析、环境审计报告或检测报告来完成。

（四）需求分析

1. 环境要求

在环境方面，要求最大限度地减少资源和能源消耗，最大限度地减少废弃物产生，减少健康安全风险。

一般来说，设计所采用的标准优于现行产品的生态环境标准是有益的。在生态标准中，有的是以某种限度值为界限加以控制的，如对生态纺织品的甲醛（游离）含量要求。具体体现为：婴幼儿用品 ≤ 20mg/kg；内衣 ≤ 75mg/kg；外衣 ≤ 300mg/kg。但是，某些生态学指标是在禁止使用的范围，如可分解芳香胺染料、致癌致敏染料等有害染料在生态纺织品中均在禁用范畴。

在产品需求分析确定后，即可对产品生命周期中的各环节设计进行协调，从而达到产品的优化设计。

2. 功能要求

生态纺织服装的功能性要求，除满足实用功能、审美功能以外，还须考虑生态功能。产品的功能性要求，决定了产品的性能和实现产品性能的技术和设备水平，以及技术创新和设备等生产条件的改善，是完善产品功能性、提高产品性能、降低环境影响的有效途径。

3. 成本要求

产品在满足服用功能和环保功能要求外，还必须保证产品在价格上的市场竞争力。在产品设计阶段，具有能准确地反映产品环境成本与效益的成本核算体系，对于基于绿色设计的生态纺织服装产品是很重要的，有了完整的产品生命周期成本核算（Life Cycle Costing），许多环境影响低的设计就会显示出经济效益。

4. 文化要求

服装是一种文化的表达。消费者对生态纺织服装的款式、色彩、质地等的需求决定了产品的竞争力。同时，产品设计必须满足消费者在文化方面的要求。

可见，设计出舒适、安全、美观大方、环境友好的纺织服装产品对设计师是一种挑战。

5. 标准和法规要求

我国和世界许多国家对生态纺织服装都制定了相应的法规、技术要求、质量标准和认证制度等法律文件。法规和标准的要求是设计要求的重要内容，也是绿色设计中必须遵循的设计依据。

根据上面的五项要求，设计师应根据生态纺织服装要求的重要性明确以下几点。

（1）以上五点是必须达到的设计要求，即在设计中必须满足的设计要求。

（2）以上五点要求的满足可提高产品的性能和市场竞争力，可帮助设计师寻找更佳的设计方案。

（3）对于辅助性要求，在不影响主功能的基础上，其设计的要求取决于消费者的需求。

（五）设计对策选择

由于绿色设计的复杂性，在生态纺织服装的整个生命周期设计中，仅仅采用一种对策不可能达到改善环境性能的要求，更不可能满足生态环境、法律法规、产品性能等多项要求。因此，设计人员需要采取一系列的对策来满足这些要求。

生态纺织服装绿色设计

（六）设计方案评价

对绿色设计方案的选择，必须从环境、技术、经济和社会四个方面进行综合评价，一般采用的是生命周期评价法（Life Cycle Assessment，LCA）。

第四节　并行绿色设计方法

一、并行绿色设计的概念

（一）并行工程的概念

并行工程（Concurrent Engineering，CE）是一种现代产品开发设计中的系统的开发模式。它以集成、并行的方式设计产品和相关过程，力求使产品设计人员在设计初期就考虑到产品生命周期全过程的所有因素，包括功能、质量、生态、环保、经济、市场需求等，最终达到产品设计的最优化。

（二）并行绿色设计方法

为了实现生态纺织服装的高质量、低成本、节省资源、降低能耗、安全环保的绿色设计目标，并行工程设计方法与绿色设计方法的有机融合是实施绿色设计目标绿色化、集成化、并行化的重要技术支撑，这种融合的优势主要表现在以下五个方面。

1. 人员的整合集成

根据产品设计的需要组成由设计、工艺、生态环境、市场、用户代表等相关人员组成的"绿色设计协同工作小组"，采用协同、交叉、并行的方式开展工作。

2. 信息资源集成

把产品生命周期中的各种相关信息资源集成，建立产品信息模型和产品信息库管理系统。

3. 产业链过程集成

把产品生命周期中各环节的设计过程转化为统一的系统考虑，从产品创意设计初期就可进行协调，同步设计，重点关注生态纺织服装产品的生态环保性。

4. 设计目标的统一集成

在生态纺织服装的绿色设计中，综合地考虑产品的功能性、实用性、审美性、生态性、经济性和环境属性等产品特征，使产品既符合生态纺织服装的功能性和生态性要求，又符合原料获取、生产加工、使用消费、废弃处理等方面的环保要求。

5. 设计方法多样化集成

生态纺织服装的绿色设计比一般的服装设计要复杂，所涉及的内容更丰富，如产品的款式设计、色彩设计、材料生态性评价、生产加工的环境评价、绿色消费设计、废弃回收设计、产品生态性评价等。

由于产品生命周期各阶段设计过程都是交叉并行的，因此，必须建立一个保证绿色设计系统运行的支持环境（图4-5）。

二、并行绿色设计流程

并行绿色设计与传统纺织服装设计相比，实现了产品生命周期各环节的信息交流与反馈，在每一环节的设计中都能从产品整体优化的角度进行设计，从而避免了产品各环节设计的反复修改。

并行绿色设计将产品生命周期中的全产业链过程打造成一个从创意策划开始到产品回收处理过程的闭循环设计系统，满足了生态纺织服装绿色设计全过程对绿色环保特性的要求（图4-6）。

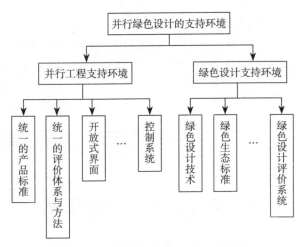

图4-5　并行绿色设计的支持环境

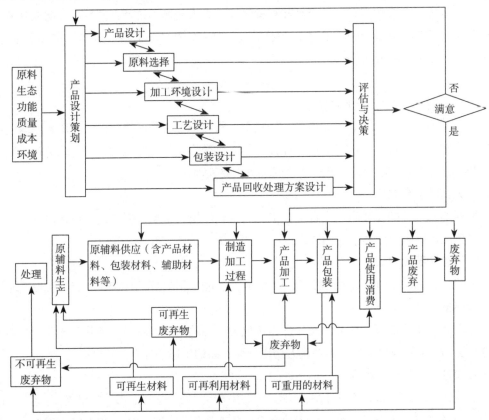

图4-6　并行绿色设计的设计流程图

思考题

1. 结合绿色服装设计程序图，编制某种服装产品绿色设计程序方案。

2. 绿色服装设计的策略应关注哪些方面？

3. 制定某种服装产品生命周期绿色设计的工艺流程，并对各环节的需求分析进行说明。

4. 简述服装并行绿色设计的概念及设计流程。

第五章

生态纺织服装生命周期
绿色设计的关键环节

　　生态纺织服装的绿色设计是一个涉及产品生命周期中各环节的设计过程，需要多学科、多专业的密切配合来解决许多关键技术。

　　本章将对生态纺织服装的创意设计、原辅料选择设计、款式结构设计、加工生产设计、绿色包装设计、回收设计等关键环节进行分析，并结合相关产品设计实例说明关键技术的具体应用。

第一节　生态纺织服装绿色设计的创意策划

一、设计创意理念创新

服装作为一种社会文化现象必将受到现代绿色生态的新观念、新思潮的冲击，使服装的传统意识和原有的社会功能随着时代的发展而不断地增添新的文化内涵。因此，生态纺织服装设计理念的创新和绿色消费观念的变化，将被共同纳入到绿色设计的变革中去。

科学技术的快速发展和现代绿色生活方式，给生态纺织服装的无限发展提供了机遇和挑战。从传统纺织服装设计的形式美法则和绿色设计的自然生态美相融合创新的关系来看，正是这种创新的驱动才使绿色服装设计有了更广阔的发展空间。它不仅满足了消费者对绿色产品的消费需求，同时提升了绿色设计所肩负的突破绿色技术壁垒的社会责任感，进而促进了纺织服装产业的可持续发展。

进入 20 世纪 90 年代以来，受到世界"生态环境革命"的冲击，绿色消费已成为一种世界范围内的新时尚。受此影响，服装界也兴起了"绿色生态"、"返璞归真"、"回归自然"的时尚潮流。服装设计开始用生态、环保、休闲、健康的设计语言来表达服装的真谛，并通过对自然状态的重新塑造来表述以人为本的设计本质和生态和谐的美感。

（一）设计创新促进纺织服装产业可持续发展

纺织服装产业是仅次于农业对生态资源消耗最大的产业。据统计，除产生大量有毒、有害的废水、废气排放外，我国纺织业每年消耗的棉、毛、麻、化纤等各类纺织纤维原料达 3500 万吨以上，同时在生产环节产生的纺织边角料和家庭废弃的纺织品及废旧服装超过 2000 万吨，而其中仅有约 5% 得到循环再利用，其他均作为垃圾被废弃，对生态环境造成极大的破坏。这种采用传统粗放式生产方式的纺织服装产业生产模式，不仅消耗了大量的资源，而且其产品所携带的有毒、有害物质对人体的健康也造成了损害。

绿色服装设计以维护人类健康和生存环境为目的，因此，要考虑到资源、能源的合理开发利用和可持续发展。

绿色服装设计实际是从生态纺织服装原辅材料获取选择环节开始的，设计要求这些绿色生态纺织原材料要具有对人类的身体健康和生存环境无害或危害性极小、资源利用率高、能源消耗低的特点。

生态纺织服装的生产过程，应实施环保型的清洁化生产，通过对生态纺织服装的生命周期的全过程控制来提高企业的管理水平、设计能力、创新能力、降低消耗、节省能源、减少污染排放，从而全面提升和保证生态纺织服装的质量，消除或减少对生态环境和人体健康所造成的负面影响。

生态纺织服装绿色设计，不仅是我国纺织服装业应对国际上"绿色壁垒"和产业可持续发展的迫切需求，也是我国人民生态环保意识加强、对生态环保服装的要求越来越高的必然结果。

（二）理念创新是发展绿色设计的根本

生态纺织服装绿色设计的发展是以理念创新和技术创新为驱动力的。人类的绿色生态环保理念和对绿色时尚的追求也是随着经济和科学技术的不断发展和社会文化艺术的实践而逐渐形成和发展的，这使纺织服装和人的关系就更为直接和密切。绿色纺织服装的设计能充分反映这种社会意向和社会功能。

生态纺织服装绿色设计是在遵循服装整体功能和造型设计规律的基础上，要充分重视人类的生存环境和纺织服装深层次意义上的生态和环保理念与服装艺术造型及审美功能的创新结合，并把这种理念贯彻到产品生命周期的各个环节中去。

绿色服装设计缘于绿色消费，同时绿色服装设计也应起到纺织服装绿色化的先导和引领作用。绿色服装设计的先导作用表现在，首先应把先进的节能减排技术、新材料、新工艺和纺织服装设计密切结合起来，并用生态环保的设计理念和艺术表现力去开拓生态纺织服装的未来，引领作用要求服装设计师要用创新的理念、创新的模式、创新的艺术手段，引领消费者建立低碳消费时尚和绿色环保的生活方式。

生态纺织服装绿色设计不仅是主导 21 世纪服装设计的主流，同时也是纺织服装产业的一场革命，对人类社会文化的影响是巨大和深远的。

二、设计风格的多元化发展

现代生态纺织服装绿色设计创意思维的核心是更着重于消费者对纺织服装产品生态环保、健康安全的心理感受及与环境的协调发展，使生态纺织服装精神和物质的需求更加融合。这种协调和融合就是强调生态纺织服装绿色设计的现代感，是生态纺织服装绿色设计的依据和出发点。

在现代化的社会生活中，人们充分地享受到了经济高速发展所带来的极为丰富的物质生活，同时也深深地感受到了由于地球资源的过度消费引起的大气变暖、空气污染、生活环境恶化、生态破坏等给人类所带来的惩戒。

同样，人们对服装的风格、款式、质地的追求，也不仅仅是满足于对服饰华丽外在效果的需求，而是倾向于追求服装的舒适、生态、安全、健康、美观和自然以及与绿色社会生活大环境相适应，能充分、和谐地展现出生态纺织服装的高雅风格和艺术美感。

简约单纯、舒适自然、功能灵动是目前生态纺织服装设计风格发展的主流，设计风格更多地倡导回归自然的环保主义主题，有以下几种重要的表现形式。

（一）极简主义设计风格

1. 极简主义

极简主义（Minimalism），又称简约主义，是一种在 20 世纪 80 年代起源于西方国家的设计风格和流派。20 世纪 80 年代，西方经济高速发展，社会消费呈现奢华景象，服装的

图5-1　吉尔·桑德设计作品

图5-2　卡尔文·克莱恩极简风格设计作品

设计风格以繁复为主，而简约主义是对这种过度复古、奢华风格的叛逆。

极简主义设计是运用单纯、简练的设计语言来表达服装的设计，表现在简约的服装结构、节约的原辅料、简洁明快的造型、洁净的表面处理，追求利用最低的生产成本和更先进的生产技术去获得更卓越的功能，使服装的设计技巧和审美理念得到进一步升华。

极简主义设计遵循"简单中见丰富、纯粹中见典雅"，以否定、减少、净化的思维模式，以减法为设计手段，实现简洁而不简单的设计效果。

极简主义更注重服装的功能性，删除繁复的装饰细节，以精练、简洁的设计语言表达出设计概念。

服装界中极简主义设计风格的代表设计师有德国设计师吉尔·桑德（Jil Sander），意大利设计师乔治·阿玛尼（Giorgio Armani），美国设计师唐纳·凯伦（Donna Karan）、卡尔文·克莱恩（Calvin Klein）等。

吉尔·桑德是极简主义风格服装设计师的杰出代表，她在继承德国传统、简洁、纯朴理念基础上，追求服装结构最本真的表达，以极简的设计语言演绎现代时尚，其作品设计的简约、材料选择的精细、色彩的纯净、制作工艺的精致成为极简主义风格服装设计的经典范例（图5-1）。

美国服装设计师卡尔文·克莱恩崇尚更加自由实用的极简主义风格。简约的时尚风格更加突出了简洁、冷艳的服装个性，产生一种品位独特的时尚感，在整体的简约设计中表达出典雅的风格和休闲的气息（图5-2）。

2.极简主义服装设计风格解析

（1）风格：极简主义服装设计风格和理念与人们追求生态、环保的生活理念是一致的，在款式结构上以人体美为最好的廓型，在保证服装功能性基础上保留了服装最基本的结构本质，用减量化设计手段、简洁的线条、纯净的色彩、精致的剪裁和最精练的设计语言来表达出设计的生态美学理念。

（2）款式结构：极简主义风格的服装在造型上重视人体与廓型的协调，强调保留服装基本结构的本质，尤其关注肩线的表达，所以服装廓型多为长方形、圆筒形、帐篷形等。款式以服装的基本款式为主，通过对服装细节的精心设计和构思使服装具有设计的美感。

（3）色彩：单纯的色彩风格是极简主义的主要色彩特征，尤其是黑、白、灰等色系是极简主义风格服装的主体色调。此外，蓝色、咖啡色、红色、绿色等明度较低的色彩在此类风格服装中也应用广泛。

（4）材料：极简主义风格服装设计虽然要求款式简洁，但对服装材料的材质要求很高，一般更注重面料的肌理和平面结构的质感。常用的生态面料有天然面料中的棉、毛、丝、麻或混纺面料等。

（5）极简主义风格服装设计说明：

设计实例①——极简主义风格服装设计效果图，该组作品充分表达出极简主义风格服装"简约而不简单"的重要文化内涵，在简洁、单纯的表面下，需要设计师对服装设计整体观念的把握和控制，使服装设计中的每一个环节都渗透着更加精巧、准确的结构，并通过对服装面料材质的严格选择、精准的剪裁、单纯的色彩搭配、精细的加工等程序来表达极简主义风格的设计概念。本组极简主义风格服装设计效果图，以服装常见的基本款为主，在裙、上衣、裤、大衣基础上进行款式结构的精心构思。整体设计简洁、流畅，舍弃繁琐的细节处理，注重在领、肩、胸、腰、下摆部位的造型变化，使作品的整体设计达到简而美的升华（图5-3）。

图 5-3　极简主义风格服装设计效果图

设计实例②——极简风格少女裙装，在该款裙装设计中，总体设计风格简洁明快、富有青春的活力，服装廓型强调人与廓型的协调和统一，注重肩线、腰线和下摆线的表达，线条简洁、流畅，在领、袖、下摆处精心构思，通过少量的细节设计使服装具有设计的美感，色彩青春、素雅，体现了极简主义简洁、活泼、年轻化的设计理念（图5-4）。

设计实例③——棉麻休闲抹胸裙，裙装是采用富有质感的棉麻混合面料，采用H型的简单造型、设计干练清爽、线条流畅自然。胸线和腰线将视觉分成上下两部分，呈现和谐的比例。小翻领的设计小巧而精致，别具创意，使服装整体上产生平衡感。整体设计充分利用面料肌理的变化，朴实的本白、铁灰色调是极简主义风格色彩的体现，使服装在整体的简约设计中呈现时尚休闲气息（图5-5）。

设计实例④——极简风格女式套装，该款服装采用了极简风格的两件式套装形式，修身长裤搭配简约、窄肩、无袖上衣，整体上呈现出自然的状态。生态的天丝（Tencel）面料、精确的剪裁、细致的加工、单纯的色调，使服装充分展现出现代女性的自信（图5-6）。

设计实例⑤——极简风格女套裙，该款服装的造型设计强调人体与廓型的协调，采用减量化的设计理念，更加注重服装的功能性。设计摒弃了繁复的细节和装饰，结构简洁、单纯，利用天然面料本身的特质和黑、白、灰三种色彩的精心设计构思，体现了极简主义风格服装的现代设计意识（图5-7）。

图5-4　极简风格少女裙装
（吴迪设计）

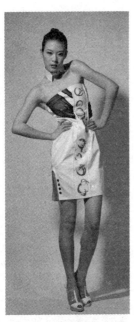

图5-5　棉麻休闲抹胸裙
（孙畅设计）

图5-6　极简风格女式套装
（黄忆娜设计）

图5-7　极简风格女套裙
（谢思亮设计）

（二）环保主义设计风格

1. 环保主义

环保主义（Environmentalism）设计风格始于20世纪90年代，世界能源危机和生态环境的恶化使人们对造成资源枯竭和环境污染的过度消费行为进行反思。世界"绿色浪潮"的兴起使生态环保意识渗透到服装文化领域，绿色环保的生活时尚、新型生态材料的开发、资源的回收利用成为服饰文化的新潮流。

环保主义风格体现在服装设计理念上，要求服装设计师在考虑服装功能性和审美性的同时，更要关注服装与人类的生存环境密切相关的环保性能、资源的消耗、能源利用、污染控制等问题，使服装设计与环境保护融为一体，实现服装功能性、审美性、生态性、环保性相结合。

所以，节约资源、降低能耗、减少污染、促进生态系统良性循环的环保主义设计理念是实现人与环境和谐发展的重要措施。

环保主义设计倡导"减少主义"，追求用最低限度的素材来发挥最大的效益。自20世纪90年代起，各国都十分重视资源的开发和利用，美国、欧盟、日本等国都相继开发出许多新型的纤维原料，并且利用现代生物技术培育出生态彩色棉花、生态羊毛及各种有利于人体健康、对生态环境影响小的可再生或可回收利用的新型纤维。

环保主义设计风格的代表设计师有，法国的帕克·拉邦纳（Paco Rabanne）、日本的川久保玲、山本耀司、三宅一生等。

川久保玲以概念、睿智、功能的设计路线享誉于世界服装界。她提出了对"极大主义"过度消费的批判，其作品在积极吸收一些艺术设计元素的同时，运用单纯、简练的设计语言，强调节约、废物利用，未完成的半成品在其作品中大量出现。她认为，服装"接近社会，更个性、更独特，因为这是个性的表达"。川久保玲利用日本传统技艺，在造型、构图、面料等方面进行创新，使作品折射着日本的禅寂理念（图5-8）。

图5-8 川久保玲服装设计作品

帕克·拉邦纳在服装设计的面料选择上倡导选用生态环保、可回收再利用的绿色材料来诠释时尚。随着纺织科技的发展，各种新型生态纺织材料在服装设计中得到更广泛的应用，环保主义风格成为生态经济下新的时尚潮流（图5-9）。

2. 环保主义服装风格解析

（1）风格：回归休闲、健康、安全的绿色生活时尚，简约的消费理念、节约资源、减少生态环境污染是环保服饰文化的主要文化特征。

相对于传统设计，环保主义服装设计要求服装在满足人类对服装的基本功能需求外，要同时更加重视服装的环保性能。

图5-9　帕克·拉邦纳环保主义风格作品

环保主义服装设计风格追求简约、简洁和生态环境的和谐，实现以人为本的设计理念，考虑服装的生态环保，体现人性化设计，使着装者舒适、安全、美观。

（2）款式结构：在款式结构设计方面，追求简约和减量化设计原则，注重服装的可搭配性和回收再利用性，整体设计上要协调统一，局部装饰设计要格外谨慎、含蓄。

（3）色彩：在用色方面，多采用来源于自然界中的纯净色彩，常用白色、绿色、天然纤维色等天然素材的本色为主要色彩特征。

（4）材料：环保风格服装对服装材料的生态性有严格要求，一般可采用符合生态环境标准的天然纤维或合成纤维面料。

随着科学技术的发展，一些新型绿色环保纤维面料也得到广泛应用，推动了生态环保服装的进一步发展。

（5）环保风格设计说明：

设计实例①——环保风格服装设计效果图，该组服装设计在服装款式结构、材料选择、色彩设计中均融入了生态环保、健康舒适的设计理念。设计采用自然舒畅的款式、生态天然的面料、朴素典雅的色彩，追求一种宁静、纯朴、自然的美感，表达出人们在紧张、快速的现代生活节奏中，渴望在生活中追求单纯、平静的情感（图5-10）。

设计实例②——生态时尚晚礼服设计，服装设计师追求的目标是利用最低限度的设计素材发挥更大的设计效果。该款服装是直接使用新的环保生态棉面料去诠释时尚，结构设计简洁、明快，用概括、提炼的设计语言表达服装的美感和绿色的环保意识（图5-11）。

设计实例③——生态环保女裙装，该款服装上衣采用可降解的天丝纤维设计，裙装利用环保可回收再利用的麻赛尔纤维制作，突出地表达出设计者对环保服装有利身体健康和资源可再生利用的环保设计理念（图5-12）。

设计实例④——环保风格天然丝女装，该款服装线条简洁流畅，结构舒展大方，轻柔典雅是设计师表达的重点。在面料选材上，纯净飘逸的天然丝绸、悠然素雅的图案，突显出服装"返璞归真"的休闲时尚感，以肩部的造型和别致的裙身设计为重点，同时具有结构上的微妙变化，使服装的整体感加强、结构清晰，富有女性的魅力（图5-13）。

设计实例⑤——生态面料连衣裙，这款女装连衣裙设计，特地采用了柔软的生态面料，塑造的款式结构随意而自然，用淡雅的绿色调和精准的剪裁，展现出女性优雅的个性和对绿色生活态度的追求（图5-14）。

图 5-10　环保风格服装设计效果图

图 5-11　生态时尚晚礼服

图 5-12　生态环保
女裙装（周欣设计）

图 5-13　环保风格天然
丝女装（吕丽设计）

图 5-14　生态面料
连衣裙（肖涛设计）

（三）自然主义设计风格

1. 自然主义

20世纪末至今，回归自然和返璞归真一直是服装界的主要设计潮流之一。由于工业的污染和人类生态环境的破坏，唤起了人们环保意识和对大自然的眷恋，并通过对自然物态的重新塑造来表达对回归自然的真情。

自然主义风格的服装设计，是通过对自然创作素材的巧妙处理和造型艺术的表现来突出服装的自然特征。它强调人与自然的和谐，充分表现出人体的自然属性和大自然协调的宁静之美。

在设计创意方面，运用自然界的植物、花卉、树木、湖泊、山川、海洋、天空、民间、原始的自然色彩，创造出清新自然、朴素和谐的时尚风格。

自然主义设计风格的代表设计师有日本的川久保玲和三宅一生等。

三宅一生随性、实用的设计风格，丰富的想象力和创造力对服装界产生了重要影响，并创造了"一生褶"、"一块布"的创意理念。"一生褶"技术不仅降低了服装的生产成本，而且为服装外形设计提供了更大的选择余地。"一块布"之意，是以软管或针织布为原料，把剪裁线印刷其上，让消费者根据自己的喜好自行剪裁。三宅一生此举杜绝了面料浪费，鼓励消费者参与到设计中来，更符合现代消费者个性化的需求（图5-15）。

图5-15　三宅一生服装设计作品

华伦天奴（Valentino）是全球高级定制和高级成衣的顶级品牌。该品牌2014年春装设计作品展现出服装的自然主义风格，设计充满人性和细致，贴身的线条配精细的加工、过膝长裙，突出女性身材的优美，晚礼服的长裤充分显现了女性妩媚的味道（图5-16）。

2. 自然主义服装设计风格解析

（1）风格：自然主义服装设计风格的审美倾向和设计理念具有强烈的推崇传统文化和民族艺术的风格，用服装设计的设计语言表达出对自然

图5-16　华伦天奴2014年春装设计作品

情调的期盼和原始风格的渴望。大自然和传统文化中至真、至善、至美的情感和来自自然界的创作灵感，都是自然主义服装设计创作的源泉。自然主义风格服装，强调人与自然的高度协调，充分表达出人体的自然属性和大自然恬静之美。

21世纪，自然主义服装设计风格一个重要的表现是色彩和装饰纹样大多从大自然中获取创作灵感，土地、草原、森林、天空、海洋、冰川、麦田等色彩的提取是自然主义风格的重要内涵。无论在整体设计创意、色彩选择设计、细节设计、个性塑造等设计环节，设计师在设计理念上更为关注对自然和生命的热爱和赞美。

（2）款式结构：从大自然中汲取创作灵感，使自然风格的款式构成丰富多彩，造型千变万化。例如，以自然界生物廓型为设计灵感的喇叭裤、蝙蝠袖、荷叶领、孔雀裙等时尚服装，都是设计师对自然元素充分吸收后再对服装款式结构设计的精彩演绎。

（3）色彩：大自然浑然天成的色彩是自然主义风格服装色彩设计最直接的灵感来源，设计师从绚丽多彩的大自然中汲取创作元素，从自然界和非自然界的客观观察入手，去发现各种服装的新奇色彩，如天空色、海洋色、动植物色等。

（4）材料：天然纤维材料是自然风格服装最常用的服装材料，设计师用天然纤维面料，以形式美的创意构思，设计出突出服装的自然特征和强调人与自然和谐之感的服装作品。

此外，一批新型纺织材料如基因彩棉、牛奶蛋白、新型合成纤维等在自然风格的服装中也得到广泛应用。

（5）自然风格设计说明：

设计实例①——自然主义服装设计风格效果图，设计者力图体现自然主义服装设计风格的本质特征，健康、大方而自然，在随性的修饰中表达出一种自然天成的魅力。简洁宽松的无领裙装、民族化的长袖套裙、朴素大方的晚礼服造型都体现了这种自然的风格。构成自然风格的服装面料追求天然、生态的材质，薄棉、真丝、丝绒、绸缎及新型生态纤维等，在色彩上多以大自然的色彩来表达自然、空灵的色调，色相多选用类似色（图5-17）。

设计实例②——青春浪漫女裙，该款裙装设计造型上采用青春、活泼、灵动的设计语言，色彩上以大自然中的白、绿、紫、蓝的花卉颜色为主色调，使用同色调的精致人造花装饰，使服装在整体上充满青春的活力（图5-18）。

图5-17　自然主义服装设计风格效果图　　　图5-18　青春浪漫女裙（白雪设计）

设计实例③——自然主义服装设计风格女长裙，服装在廓型、色彩、面料、质感和细部设计上，都融入了清新、自然、和谐的设计理念。色彩采用类似自然的中性驼色色调，利用金棕色花样装饰，表达出服装的纯净、自然的美感（图5-19）。

设计实例④——自然清新女装，该款服装具有浓郁的大自然清新气息，体现出闲适、舒畅的休闲感。服装造型和款式以流畅、自然、舒展为主，色彩设计强调绿色天然色调，纹样运用也采用了自然花卉图案，材料选择生态天然蚕丝衣料，使服装整体上呈现高雅、脱俗的浪漫气质（图5-20）。

实例设计⑤——自然风格素雅女套裙，采用了紧身剪裁、简洁单纯的结构设计，注重服装与人体的协调统一关系。上衣以自然花卉为设计元素与落肩袖的精妙造型，衣裙以拼接荷叶边下摆为变奏，完美地构建出裙装整体的清新、素雅形象（图5-21）。

图5-19　自然主义服装设计　　　　图5-20　自然清新女装　　　　图5-21　自然风格素雅
　　风格女长裙（梁曾华设计）　　　　　（黄琪设计）　　　　　　女套裙（卢婷设计）

（四）解构主义设计风格

1. 解构主义

解构主义（Deconstruction）于20世纪90年代在服装界掀起热潮，全新的设计思维冲击着服装设计的传统模式。

著名服装学者凯洛林·里诺兹·米尔布克对解构主义设计做了全面的解释，"解构主义时装最显著的特点是，在身体与服装之间保留空间。他们的服装应用了多样化的方法，配合多样化的创意，顺着身体的曲线设计，但并不是穿着者的第二层皮肤，大部分面料是依附于穿着者身上的"。

解构主义在服装造型上打破原有格局并不断创造新形式，对服装的结构、材料和图案进行重新解构和组合，利用不对称的剪裁与宽松无结构的处理，将服装与人体合二为一，进而演绎出风格鲜明、色彩独特、变化多样的服装形象，为服装的发展注入了新的活力。

解构主义设计理念和设计手法为生态纺织服装设计提供了更广阔的设计空间，比利时著名设计师马丁·马吉拉（Martin Margiela）对旧服装进行重新设计，使过时或废弃服装重新获得新的神奇。这种环保理念的生态设计模式，成为一种新的绿色消费时尚。

解构主义风格的代表设计师有比利时的马丁·马吉拉，日本的川久保玲、山本耀司等人（图5-22、图5-23）。

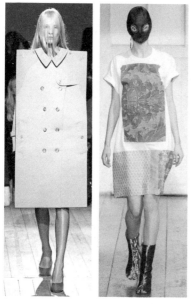

图 5-22 马丁·马吉拉设计作品   图 5-23 山本耀司设计作品

2. 解构主义服装风格解析

（1）风格：解构主义设计在设计中体现的是一种对传统观念和结构的否定，以新创造性思维对设计的形式和内容进行再创造，从而创造出一种新的服装架构和表达形式。

"简单的结构，复杂的空间"是结构主义设计的核心内涵。日本著名的结构主义服装设计师三宅一生对解构主义服装设计做了这样的解释："掰开、揉碎、再组合"，所以三宅一生的服装设计作品在形成惊人奇特结构的同时，又具有寻常宽泛、雍容的内涵。

解构主义服装放弃了对传统审美理念和传统结构的单一追求，拒绝公认的轮廓和曲线的造型原理，通过改变服装结构中各部分的独立性、关联性，形成无序的结构状态。

（2）款式造型：解构主义的款式结构设计，主要是通过对服装结构的重组和再造来塑造形体。在分解和重组过程中，把原有的服装裁剪结构分解，对服装款式、面料、色彩进行改造，加入新的设计元素使之重新组合，通过省道、分割线、打褶、拼接、翻折、伸展、折叠、再造等手法，构建全新的款式和造型。

（3）色彩：解构主义服装的色彩设计，常用黑色作为主色调，通过色彩的细微差异来表现服装的丰富层次感，用白、灰、藏青、青、褐等色作为点缀，更能突出服装的审美特征。

（4）材料：材料是解构主义风格服装设计的关键要素和实现设计理念的载体。面料的二次设计和再造是在原面料的基础上进行再设计和再处理，使料的肌理、织物结构、色彩、纹理、几何形状等在局部或整体上产生新的感官效果。

（5）解构主义风格设计说明：

设计实例①——解构主义风格服装设计效果图，注重"简单的规律，复杂的空间"的设计理念，强调服装设计的整体性和具有自我调整严谨结构的造型，使服装设计呈现别具特色的审美效果，创造出一种全新的服饰风格和特质，如夸张的肩部造型、领部结构的曲线变化、袖子的立体化塑造、裙身宽松不对称的剪裁等，都突破了服装的常规结构，创造出一个新的服装形象（图5-24）。

图 5-24　解构主义风格服装设计效果图

　　设计实例②——解构主义风格男装设计，强调造型的立体感、层次感和秩序感。设计以上衣的体积感变化为中心，展开领、袖、腿部设计，表达出服装形体与空间之美（图5-25）。

　　设计实例③——腿部造型结构设计，裤装设计更注重对三维空间效果的表达，造型富于外观形态上的变化、具有夸张而富于变化的形式美，裤装利用建筑式结构设计置于腿侧，从而达到鲜明、醒目的设计目的（图5-26）。

图 5-25　解构主义风格男装设计　　　　图 5-26　腿部造型结构设计（李磊设计）

　　设计实例④——解构主义风格女裙设计，在结构设计上注重对肩部结构的解构，利用面料的再处理，使其产生一种异常灵动的设计效果，呈现出一种非常规的服装外形和结构（图5-27）。

设计实例⑤——肩、袖部位解构造型设计，服装结构宽松肥大，在女装设计中融入了男性设计的理念，呈现出中性化的优雅。衣袖夸大的波浪式结构和夸张的披肩造型，裤装和裙装黑、白无形色的应用，使服装形成强烈的视觉冲击效果，但一切又都表现得自然和随意（图 5-28）。

图 5-27　解构主义风格女裙设计（李城设计）　　图 5-28　肩、袖部位解构造型设计（刘晓设计）

第二节　生态纺织服装绿色设计的材料选择

一、生态纺织服装绿色设计的材料选择原则

生态纺织服装材料包括服装的面料和辅料，在构成生态纺织服装材料中，除面料以外的其他材料均为辅料。

辅料中包括：里料、衬料、垫料、填充料、缝纫线、纽扣、拉链、钩环、绳带、商标、使用明示牌及号型尺码带等。

生态纺织服装材料的选择，就是根据不同产品的要求，从大量备选的原料和辅料中选择符合产品性能要求和生态要求的材料。

生态纺织服装原辅料的选择，通常是在产品设计初期决定的。原辅料的选择基本上决定了产品的性能、成本、生态、环境等核心要素。所以，生态纺织服装原辅料的选择将对产品的绿色设计产生重要的影响。

在传统的纺织服装设计中对原辅料的选择，主要侧重于服装材料的功能性、装饰性、耐用性、经济性等相关性能，很少考虑到材料的生态性、环保性、安全性以及产品与环境的和谐性。

在选择材料的方法上，传统的纺织服装选择的方法有：依据设计经验的选择法、试选法、筛选法、价值分析法等。一般的情况下，这些传统的选择方法都可以满足设计的要求，但是对于采用绿色设计的生态纺织服装产品的设计还必须进一步完善，在材料选择过程中还应考虑以下五种因素：

（1）原辅料使用后废弃的回收处理问题；

（2）生态纺织服装材料对生态技术标准要求；

（3）加工生产过程对生态环境的影响；

（4）原辅料生产过程的生态环境；

（5）原料和辅料的生态指标要求的细化分类。

生态纺织服装绿色设计的材料选择的原则是根据产品的特点，将产品的功能属性、生态环境属性、经济属性相结合，综合考虑原辅料的基本性（使用性、工艺性）、经济性和生态性三大要素进行材料选择。

二、生态纺织服装绿色设计的材料选择方法

生态纺织服装绿色设计的材料选择就是在产品设计时应尽可能选择生态性符合产品要求的生态纺织材料。生态纺织服装的原辅料必须严格要求，如果没有符合生态纺织服装要求的材料作为基础，产品的性能就无法得到保证。

生态纺织材料的性能由基本的物理性能（织物组织结构、强度、耐用性）、化学性能（理化性能、稳定性能）和生态环境性能（生态环保性、安全健康性）及审美性（外观、色彩）组成。生态纺织服装的属性是通过产品生命周期的评价，使产品对生态环境的影响降到最低，如图 5-29 所示，绿色材料属性及其对设计过程的影响。

生态纺织服装的材料属性的选择设计，对产品在加工生产过程中的生态环境影响有密切的相关性。这些影响因素包括：生态安全、低能耗、低排放、回收再生性、产品功能性等。因此，生态纺织服装的材料选择是产品设计的最基本的要素之一。

为了使产品在绿色设计中，更有针对性地选择生态纺织服装产

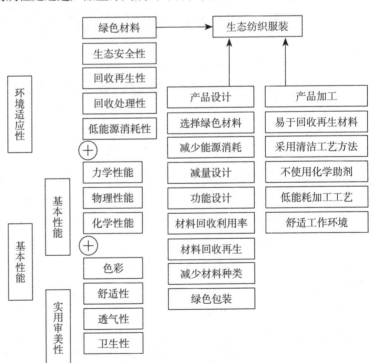

图 5-29　绿色材料属性及其对设计过程的影响

生态纺织服装绿色设计

品的原辅料，一般在设计前即对产品需求材料进行调研，并根据"生态纺织品技术要求"的标准确定选择范围和制定生态纺织品材料指南，指导材料的选择工作。

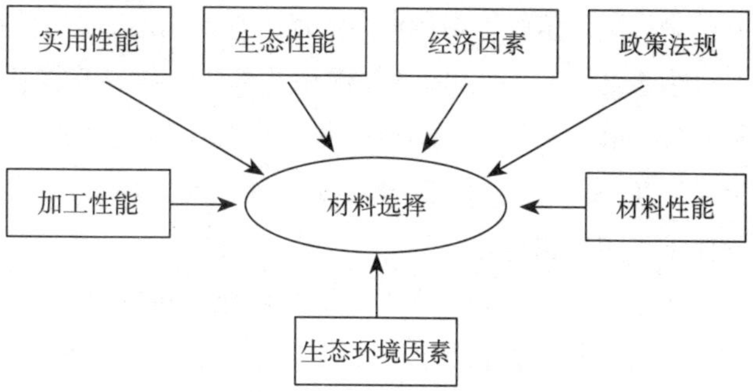

图 5-30　影响材料选择的因素

（一）影响材料选择的因素

如图 5-30 所示，为了使生态纺织服装产品的材料在自然环境和社会环境中适于穿着和加工，并对加工生产过程中有良好的加工性能和使用性能，所以对选择的影响因素的研究是极为必要的。准确地了解这些因素，就能按生态纺织服装产品的不同要求合理地选择服装材料。

1. 材料的实用性能

材料的实用性能主要包括织物的结构特征、强度、形态稳定性、物理化学性能、外观性能、保健和卫生性能、感官性能、耐用性能等材料的物理和化学性能。这些性能使产品适于穿着和加工制作。

2. 材料的生态性能

材料的生态性能主要包括材料的生态性、安全性和材料生产自身的环境因素等。无论是选择天然纤维材料，还是选择合成纤维材料，都可能在材料上带有对人体健康有危害的有毒有害物质。为保证产品的生态性和安全性，材料的生态性能必须符合相关国家或地区所制定的生态纺织品材料标准。

材料生产自身的环境因素，也是绿色设计中重要的选择条件。生态纺织服装绿色设计，是一个产品生命周期的系统设计过程，包括原材料获取环节，所以该环节的环境因素将对绿色设计全过程产生重要影响。

3. 经济影响因素

经济影响因素包括材料的生产成本、运储费用、消费使用费用、回收处理费用等因素。经济因素是影响材料选择的重要判断因素和选择依据，也是企业经济效益的重要指标。

4. 有毒有害物质监控

因为绿色设计更多的要考虑到材料在产品生命周期中对生态环境的影响和资源的利用，因此传统纺织服装对材料的选择标准已无法满足选材的需要，而是必须立足于生态纺织品的法律法规和标准要求。在材料选择上，应在传统材料选择标准的基础上，同时监控以下内容：禁用偶氮染料；致敏染料；致癌染料；杀虫剂；可萃取重金属；游离甲醛含量；pH值；含氯酚；含氯有机载体；六价铬；多氯联苯衍生物；有机锡化物；镉含量；镍标准释放量；邻苯二甲酸酯类 PVC 增塑剂；阻燃剂；抗微生物整理；色牢度；气味；消耗氧气层的化学物质等。

此外，还有一些化学品和原辅料有可能被某些国家的生态纺织品标准列入监控范围内：如酚类聚氧乙烯非离子表面活性剂（APED）；卤代脂肪族化合物；含氯漂白剂；二甲基甲酰胺；多种有机单体；石棉材料；部分芳香胺及其盐类等。这些监控的指标或标准要求，有的是以限量值标准指标作为产品的控制措施，有的则是以禁用的措施加以监控。

生态纺织品是近20年来出现的新生事物，我国在有关生态纺织品的立法、标准建立、检验方法和检测手段研究等方面与国外发达国家相比还有较大差距。特别是近年来，国际上关于生态纺织品的立法非常快，涉及的监控领域和范围不断扩展，检测的精度和技术手段要求也越来越高。

我国在生态纺织品立法方面虽然紧跟国际发展动态，但在相关的检测仪器设备和测试方法上与国际最新发展仍有一定差距。目前，在检测项目上还有一部分采用的是通用技术或内部协商的检测方法来进行。在前面介绍对生态纺织服装需要监控的项目中，还有相当一部分项目的检测需要研究新的标准和开发新的检测手段和方法。

我国目前已颁布的有关生态纺织品的法律法规和标准，还不能对所有项目进行检测，仅可根据国际贸易的需要和我国的国情选择一部分进行项目检测。

随着科学技术的发展，生态纺织品立法的不断完善以及新的检测方法和标准的颁布，检测的项目和范围也将会逐步扩大，逐步来满足生态纺织服装产业对材料生态性检测的要求（表5-1）。

表5-1 纺织服装和原辅料生态性检测项目

不同原料的纺织品			服装辅料	
纯天然纤维	纯聚酯纤维	非天然纤维和聚酯纤维	金属辅料和配件	塑料和其他辅料
pH 值 甲醛 可萃取重金属 禁用偶氮染料 致癌染料 耐水洗色牢度 耐摩擦色牢度 耐汗渍色牢度 耐唾液色牢度 杀虫剂 PCP/TeCp	pH 值 甲醛 可萃取重金属 禁用偶氮染料 致癌染料 耐水洗色牢度 耐摩擦色牢度 耐汗渍色牢度 耐唾液色牢度 PCP/TeCp 致敏染料	pH 值 甲醛 可萃取重金属 禁用偶氮染料 致癌染料 耐水洗色牢度 耐摩擦色牢度 耐汗渍色牢度 耐唾液色牢度 PCP/TeCp	重金属 Ni 释放量	重金属 偶氮染料 总镉（Cd）

（二）动态的选择标准

生态纺织服装材料判断的标准是一种以设定的相关产品的生态环境的负荷设限的技术标准。随着科技进步和人类环保意识不断增强，对生态环境的要求越来越高，这个标准也将是一个不断完善和提高的动态过程。

1. 应该把生态纺织服装材料的选择与概念的"绿色材料"加以区分

生态纺织服装材料是一个综合性的材料指标，而不仅仅是一个概念性创意指标。

2. 把生态纺织材料与"天然材料"加以区分

"天然"不一定"环保"，环保的材料也不一定是天然的，因为传统的天然材料在种植过程中通常会使用大量化肥、杀虫剂、灭菌剂，在加工生产过程中的漂白、染整等都可能使"天然材料"受到污染或含有有毒、有害物质或重金属离子，从而使"天然材料"达不到生态纺织服装材料标准。但如果在天然材料生产过程中，严格控制各项生态环保指标，材料符合生态纺织品标准，那么这种天然材料就可作为生态纺织品材料。同样，一些化学合成纤维材料，在产品生命周期中采用绿色合成技术和加工技术，产品符合生态纺织品标准，那么这种材料也可称为生态纺织品材料。目前，世界经济发达国家各类的生态纺织服装材料被普遍应用，得益于先进的环保科技和严格的质量标准控制体系。

3. 要做到感性标准和理性标准的统一

服装款式的造型需要依靠材料的柔软、悬垂、挺括、厚薄、轻重、舒适、色彩等感性特征来选择，但是这种传统的选择标准必须与生态纺织服装的技术标准相结合，从产品整个生命周期来判断材料的功能性和生态性，同时要考虑材料的可回收性和再生循环利用性等因素。

（三）材料选择的步骤

生态纺织服装材料的选择是整个产品生命周期的起点，是进行绿色设计的第一步，可以把绿色设计的材料选择分为以下五个步骤。

1. 根据产品定位确定选择方向

材料选择首先要根据品牌的既定定位或客户的要求来决定所要选材料的基本方向和大类品种。

2. 按材料需求的"5W1H"原则选择

在材料选择时要明确设计的目标对象（Who）、消费需求定位（Why）、季节性要求（When）、服用条件（Where）、消费心理（What）、价格（How Much）。

3. 按材料功能特性选择

在绿色设计中对材料的选择是从纺织服装的整体性出发，按产品的功能性、生态性和工艺要求去充分运用现代纺织材料的特点，来表达生态纺织服装的时代感。按材料功能性选择材料，应满足以下生态纺织服装的功能要求。

（1）满足产品结构造型需求，应考虑材料的密度、厚度、挺括性、悬垂性、弹性等特性。

（2）满足产品外观审美需求，包括材料手感、色彩图案、纹理结构、光泽度、透明度等材料特性。

（3）满足产品服用性能需求，包括材料的透气性、保暖性、耐磨性、吸湿性、可洗性、易保养性等服用性特征。

（4）满足产品加工工艺要求，包括材料的组织、密度、伸缩性、滑脱性等加工工艺要求特性及与辅料、配件的匹配。

（5）满足产品流行要求，关注材料、辅料、配件的流行趋势，把握材料流行动态，使材料选择具有时代感。

（6）满足经济性要求，对材料的价格和产品实用性及审美性做出准确的判断，并以此作为材料选择的决策参考。

4. 按材料的生态特性进行选择

生态纺织服装绿色设计材料的选择，应符合所在国家或地区制定的产品生态环保质量标准。我国的生态纺织服装材料应符合国家强制标准 GB 18401—2010《国家纺织品基本安全技术规范》或推荐性标准 GB/T 18885—2009《生态纺织品技术要求》和 GB/T 24001《环境管理体系》等国家相关标准；若为出口产品，应符合相关进口国家所制定的标准或合同约定相关标准，如欧盟 Oeko-Tex Standard 100 标准和 ISO 1400 标准等。

5.对初选材料进行评价

对经过上述按需求、功能、生态等要求对材料进行初步筛选后，待选用的材料范围已大为缩小。这一阶段的任务是对初选材料进行综合性评价，并用生态性限值指标对材料进行考虑，决定最佳材料。

6.验证所选材料

如图 5-31 所示，对批量生产的生态纺织服装，应先按生态纺织品检验规范对产品的生态性进行检测和试生产工作，当确认无误后再投入市场，而且要不断接受市场反馈的质量信息，作为材料选择和产品改进的依据。

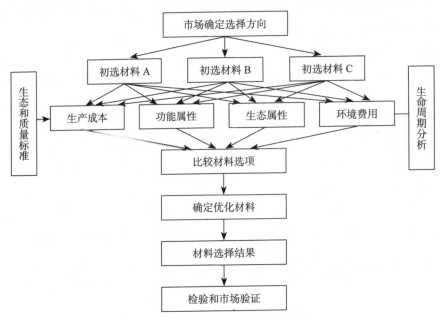

图 5-31　生态纺织材料选择的方法和步骤

三、新型生态纺织服装材料的发展与应用

近年来，随着纺织科学技术的发展，新原料、新技术、新设备、新产品层出不穷，为生态纺织的材料的选择提供了更广阔的空间，出现了许多在生态纺织服装中广为使用的新材料：如花式牛仔织物、新型合成纤维、新型天然纤维、新型再生纤维素纤维、新型再生蛋白质纤维等新型纺织服装材料。这些新技术、新材料的开发，为生态纺织服装的绿色设计对生态材料的选择提供了更广阔的选择空间。

（一）新型天然纤维材料

1.新型天然纤维材料

新型天然纤维材料是对天然纤维（棉、麻、毛、丝等）进行各种改性后得到的各种新型的天然纤维产品。

这种新型天然纤维，保持了天然纤维原有的优良特点和性能，同时通过改性使其具有生态纺织品"生态、环保"的绿色特性。

新型天然纤维材料主要有：新型棉纤维、新型麻纤维、新型毛纤维、新型丝纤维等，如表 5-2 所示。

表 5-2　新型天然纤维分类表

纤维名称	纤维类别	特点	性能
新型棉纤维	转基因棉、彩色棉、天然有机棉、不皱棉、无土育苗棉等	保持原棉纤维特点和性能，具有生态环保优势	基因棉纤维长度长、光泽柔软、透气性好，彩棉不用染色
新型麻纤维	黄麻、大麻、罗布麻、红麻等	纤维强力大、耐磨、抑菌、绿色保健	吸湿透气、耐腐、防辐射、可降解
新型毛纤维	拉细羊毛、丝光羊毛等	具有羊绒的特点，可生产高档生态纺织品	手感柔软、透气轻薄、光泽度好、弹性好
新型丝纤维	天蚕丝、基因工程彩色蚕丝	天蚕丝具有蚕丝特点、丝为天然绿色，基因丝为彩色环保丝	柔顺光滑、透气性好、光泽度高、生态环保
其他新型纤维	竹原纤维、菠萝纤维、桑皮纤维等	可用服装家纺产品、扩展纤维可再生资源	手感柔软、光泽好、吸湿透气、抗菌防臭

2. 天然纤维服装面料选择实例说明

面料选择设计实例①——新型毛纤维面料服装，是选用拉细羊毛为面料制作的高档服装。拉细羊毛是将毛条经过预处理，打开羊毛大分子之间的交联，在一定条件下拉伸延展细化，最后通过定型，使其具有羊绒的特点，多用于高档奢侈品时装（图 5-32）。

面料选择设计实例②——新型麻纤维面料服装，女装套裙选用罗布麻面料设计。罗布麻面料是一种符合环境保护回归自然的崇尚，具有纤维柔软、光泽、抗皱并有防霉抑菌作用（图 5-33）。

面料选择设计实例③——天蚕丝纤维面料服装，该组女裙选用天蚕丝面料制作，天蚕丝面料是以天蚕作为原料，缫制而成的蚕丝长纤维。天蚕丝为天然的绿色或黄绿色蚕丝，具有闪烁光泽，且手感柔软，茧丝无雷结，丝质独特优美，无需染色而能织成艳丽华贵的丝织物，因而在各类蚕丝中经济价值最高，被誉为蚕丝中的"绿色宝石"（图 5-34）。

图 5-32　新型毛纤维面料服装
（赵婷设计）

图 5-33　新型麻纤维面料服装（赵智设计）　　　图 5-34　天蚕丝纤维面料服装（刘禹辰设计）

（二）新型合成纤维材料

1. 新型合成纤维材料

新型合成纤维是通过聚合物的物理、化学改性或运用纺织新技术，使合成纤维不仅具有天然纤维的优良特性，还具有超天然纤维的功能、风格和感观等综合性能。由于新型合成纤维生产采用的包括织造、染整等产品加工生产的综合新技术，所以产品具有高技术、高性能、高质量、高附加值的特点。

新型合成纤维材料主要有：超细纤维类产品、异形截面纤维类产品、复合纤维类产品、功能性纤维类产品、仿生纤维类产品、智能纤维类产品等（表5-3）。

表 5-3　新型合成纤维分类表

纤维名称	纤维类别	特点	性能
超细纤维类	细特纤维、超细纤维	细特纤维丝用于仿丝绸，超细纤维用于人造麂皮生产	单丝细度接近天然纤维，并有超天然纤维性能，光泽度高、硬挺度好、手感好、抗起毛球、蓬松性强
异型截面纤维	新型合成纤维多为异型	不同截面形状赋予纤维不同的性能和风格	
功能性纤维	抗紫外线纤维、抗菌除臭纤维、保健纤维、保温纤维、芳香纤维	满足不同消费需求和特殊功能的需要	根据功能需要发挥产品功效
仿生纤维	超微坑纤维、多重螺旋纤维、超防水纤维	利用仿生学和仿生材料生产的纤维	有特殊光泽、防水、透气、用途广泛

2. 新型合成纤维服装面料选择实例说明

面料选择设计实例①——超细纤维面料晚礼服。服装采用超细纤维面料设计，超细纤维细度细、直径小、纤维聚集紧密，具有手感柔软细腻、韧性好、光泽度高、吸水吸油性好、高保温性等品质特征（图5-35）。

生态纺织服装绿色设计

面料选择设计实例②——PPT 纤维面料休闲装。本款休闲装选用 PPT 纤维设计，PPT 纤维属于聚酯纤维，可纯纺也可混纺，混纺性能相对较好，在棉、毛、丝中得到广泛应用，适于制作运动服、牛仔服、滑雪服等各种服装的面料（图 5-36）。

图 5-35　超细纤维面料晚礼服（潘璠设计）　　　　图 5-36　PPT 纤维面料休闲装（张怡宁设计）

（三）新型再生蛋白质纤维材料

1. 新型再生蛋白质纤维材料

新型再生蛋白质纤维是从动物（牛乳、蚕蛹）或植物（如大豆、玉米、花生等）中提炼出的蛋白质溶液经纺丝加工而成，按其原料来源分为再生动物蛋白纤维：如牛奶纤维、酪素纤维、蚕蛹蛋白纤维、丝素等；植物蛋白纤维：如大豆蛋白纤维、玉米蛋白纤维、花生蛋白纤维等。

新型蛋白质纤维具有优良的物理化学指标，在吸湿性、透气性、强度、光泽度、柔软度、色牢度等方面的性能均优于天然纤维，并具有耐酸碱和可再生资源的特点，如表 5-4 所示。

表 5-4　新型再生蛋白质纤维分类表

纤维名称	纤维类别	特点	性能
再生植物蛋白纤维	大豆蛋白改性纤维、玉米蛋白纤维、花生蛋白纤维	浅黄色、有光泽、接近或超天然纤维	手感轻柔、断裂能力高、摩擦因素小、耐酸碱、不蛀不霉
再生动物蛋白纤维	牛奶蛋白纤维、蛹蛋白黏胶纤维、酪素纤维等	实现物质再生环保、可回收再利用	光泽度好、手感柔软、吸湿性能好、穿着舒适

2. 新型再生蛋白质纤维面料选择实例说明

面料选择设计实例①——牛奶蛋白纤维服装，该裙装选用牛奶蛋白纤维面料设计制作，牛奶蛋白纤维面料克服了天然纤维强度低和合成纤维吸湿性差的特点，不含致癌的偶氮染料、pH6.8，呈弱酸性与皮肤保持一致，完全符合欧盟提出的 Eco-Label 的规定，牛奶蛋白纤维面料光滑、透气，适于做内衣及夏季服装（图5-37）。

面料选择设计实例②——大豆蛋白纤维服装，其面料具有天然丝的光泽、有较好的吸湿性、手感柔软、穿着舒适，但纤维呈淡黄色，在干热摄氏120℃以上易泛黄，这种面料适于做衬衣、裙装、T恤、套衫等服装面料（图5-38）。

图5-37　牛奶蛋白纤维
服装（李培华设计）

图5-38　大豆蛋白纤维
服装（刘雪莘设计）

（四）新型再生纤维材料

1.新型再生纤维材料

自然界纤维素量达1000亿吨，约25%的纤维素根据不同的用途被制成不同的纤维素产品。新型再生纤维素材料是一种采用新型溶剂法生产的纤维素产品，具有在吸湿性、舒适性、悬垂度、硬挺度、染色度等方面均优于天然纤维的优点，还具有资源丰富、可再生和可持续发展的特点。

常用的新型再生纤维素材料有：天丝纤维、莫代尔（Modal）纤维、再生竹纤维、再生麻纤维等，见表5-5所示。

表5-5　新型再生纤维素分类表

纤维名称	纤维类别	特点	功能
天丝纤维	纤维长度有棉型、毛型、中长型，截面有圆形和异形	采用溶剂直接溶解生产的新一代服装面料	纯纺和适于与其他纤维混纺形成多品种、多风格纺织品
莫代尔纤维	山毛榉木浆粕为原料高湿模量黏胶纤维	集天然和合成纤维优点，开发潜力大、价低于天丝	可纯纺、混纺成多品种、多风格产品
再生竹纤维	以竹浆为原料的再生纤维素	性能接近黏胶纤维，具有抗菌性	吸湿排汗、抗菌抗皱、色牢度高、色泽鲜艳
再生麻纤维	以麻类植物为原料的麻材料黏胶纤维	混纺提高织物性能、使织物轻薄化、适于夏季服用	轻薄、手感滑爽、舒适

2.新型再生纤维面料选择实例说明

面料选择设计实例①——莫代尔纤维面料服装，莫代尔纤维面料是以山毛榉木浆粕为原料，采用新型溶剂溶解方法生产。该生产方法可以减少对环境的污染，而且价格低于天丝，在生态服装设计中应用较广泛（图5-39）。

面料选择设计实例②——天丝纤维面料晚礼服设计。天丝面料是一种以木浆为原料，全新的精制纤维素纤维服装面料，无毒、无污染、可自动降解、不会对环境造成污染，具有棉的舒适性、毛织物的华贵、丝的柔软和悬垂性及涤纶的强度，是一种常用的生态环保服装面料（图5-40）。

图5-39　莫代尔纤维面料服装
（鹿明家设计）

图5-40　天丝纤维面料晚礼服设计
（黄茵设计）

第三节　生态纺织服装结构的绿色设计

生态纺织服装的结构设计，是一种对生态纺织服装材料的性质、造型形式进行系统加工的目的性的创造活动。

生态纺织服装绿色设计最根本的目标是提高资源利用率和对生态环境污染最小化，而服装的结构设计是实现节约资源的重要措施。

有分析称，在对产品进行绿色评估时发现，在资源节约度方面，结构设计的贡献率为63%～68%，材料选择贡献率为21%～27%，其他方面的贡献率为12%左右。在减少环境污染方面，结构设计的贡献率为21%～26%，材料选择的贡献率为48%～53%，其他方面的贡献率为27%左右。

在绿色设计中，要求用现代生态科学技术与艺术手段去表达生态纺织材料的特征和美感，并从产品生命周期的全过程去考虑结构设计与其他环节相影响的生态环境关系。

生态纺织服装结构的绿色设计与传统纺织服装一样遵循着"使"和"用"的形式美法则。

无论是服装造型的二维平面结构，还是服装造型的三维结构，服装结构设计就是将二维空间和三维空间结合起来创造符合人体工学规律的适度空间的综合设计。在这当中，形式美的法则应用于生态纺织服装的结构设计上，从而成为生态纺织服装走向现代设计的标志，生态纺织服装结构设计应具有现代化的形式美、简约、减量化、功能完善等特点。

一、生态现代化的形式美表达

与一般的服装设计一样，生态纺织服装的款式构成与实用性和审美性密切相关。现代生态纺织服装绿色设计的核心，是更注重人体健康和保护生态环境，这样使生态纺织服装的实用功能被进一步深化，精神和物质的需求更紧密融合。这种深化的理念，就是强调生态纺织服装设计现代感的依据和出发点。

在社会经济高度发展的现代生活中，追求自然、舒适、生态的生活理念和现代人追求自我人生价值、突出个性的特点，要求服装的款式结构具有与社会大环境和消费理念相适应的现代感，协调地表现出生态纺织服装的高雅格调和生态美。

（一）追求造型的简约化

在现代社会繁忙、紧张、快节奏的压力下，为了获得生理和心理上的平衡，人们向往自由、单纯、简单的生活方式，由此发展为喜欢简约、单纯的服装造型特点。可以说，简洁的款式结构更符合社会流行的消费时尚，具有实用性、易加工性等特点。

（二）追求款式结构的多元化

服装的款式结构设计是利用排列组合的方式，将有限的服装款式在服用形式上得到扩展和延伸。现代服装的款式结构设计追求的是服装的"空间"活动效用，这种效用是消费者在设计师设计的服饰美大环境中，根据需要可以任意组合服装的搭配方式。

这种多元和随意性的款式结构，扩展了服装的应用范围，有效地利用了资源，满足了生态环保的需求。

（三）追求自然美的审美需求

追求回归自然的文化思潮已成为一种现代服饰文化时尚，这种时尚反映在服装设计领域，则表现为崇尚天然材料、自然色彩、自然肌理。在款式结构上，主要表现为纯朴自然、无奢华感的款式设计风格，在材料性能和质感上则体现为尽量减少人为的装饰，追求自然的美感。

（四）追求生态设计的科学化

生态纺织服装款式结构的绿色设计是以其科学性、合理性、实用性、机能性为宗旨，在设计中坚持"5R"的生态设计理念：减量设计（Reduce）、再利用（Reuse）设计、再生循环（Recycle）设计、回收（Recovery）设计、环保选购（Reevaluate）设计。

生态纺织服装款式结构设计，是产品生命周期绿色设计的重要组成部分，结构设计是款式和加工工艺之间的过渡环节，产品结构设计是否合理，对纺织材料的使用量、产品功能性、加工生产工艺的选择、使用后的回收处理等有着重要影响。

生态纺织服装款式设计主要体现在服装外形线的整体廓型和服装内部的造型变化上，两者的构成组合是款式设计的重要内涵。所以，在款式设计中，不仅要考虑服装整体廓型美、比例的协调性，同时要考虑内部造型的实用性、审美性，使之协调统一，塑造一个整体完美的款式造型。

服装款式设计是以人为本、以功能性为核心的设计，与人体体型紧密相关，并与服装结构、材料、色彩、装饰等共同结合成一体来表达服装的外部廓型。生态纺织服装大多呈现直筒形、三角形、梯形或圆形轮廓线。细部设计，包括领、肩、袖、前胸、门襟、口袋、裤腰、裤腿及各种襻带、开衩口等。生态纺织服装的设计极为重视服装的细部设计，坚持删除过多繁复的装饰细节，用精练的设计语言表达出细部设计的精华（图5-41、图5-42）。

图 5-41　生态纺织服装简约的结构和精细的细节处理设计

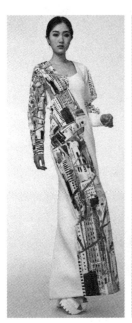

图 5-42　生态纺织服装的结构和
成品设计图（刘琳设计）

二、减量化的结构设计

　　减量化设计是通过绿色设计的技术手段设计出合理的服装款式结构，使产品尽量减少对服装原辅料使用的种类和数量、减少资源消耗、减少废弃物产生、改善产品回收利用性能的过程。这是纺织服装业充分利用资源、减少污染的基础途径之一。

　　生态纺织服装款式结构减量化设计应遵循以下三项原则。

（一）减量设计

　　在不影响生态纺织服装功能性的条件下，通过产品简约、单纯和明快的结构设计尽量减少原辅料的使用量，如选用轻质原辅料，避免过多的装饰，除去不必要的功能等。

（二）非物质化设计

简化产品结构，"简而美"的设计原则，如减少口袋数量、腰带、肩带等多余的装饰构件；除去或减少垫肩、内衬，利用服装面料本身的特性来达到相同的设计效果。

（三）减量化设计说明

　　减量化结构设计实例①——减量化女装设计效果图，在整体简洁的设计中追求现代时尚的完美表达，结构单纯而清晰，以领部、肩线和腰线的设计为重点，使设计的服装简单而不失高雅，呈现出现代女性朴实、温婉的气质。减量化设计在尽量减少装饰物的情况下，色彩和面料将成为设计的主要元素，所以更需要注重结构的严谨和面料的选择（图5-43）。

减量化结构设计实例②——天丝纤维减量化女裙设计，其艺术构思是立足于对绿色生态理念的表达。设计者通过对天丝环保面料的运用，用简洁的设计、单纯的色调去表达减量化设计原则的形式美（图5-44）。

减量化结构设计实例③——背带裙设计，其减量化设计要求简洁而不简单、单纯而不单调。背带裙款式结构造型单纯、色彩和谐，与人们追求社会绿色环保的大环境相适应，表达出着装者的高雅与美感（图5-45）。

图5-43　减量化女装设计效果图

图5-44　天丝纤维减量化女裙设计（潘璠设计）

图5-45　背带裙装设计（白雪设计）

三、再利用的结构设计

再利用结构设计是指，在进行产品结构设计时要充分考虑到产品在使用后的利用问题，在再利用结构设计中重点应考虑以下四项原则。

（一）整体再利用

生态纺织服装的整体再利用应有利于维护和保养、延长产品使用寿命，有利于使用功能的转换和重复再利用，并具有良好的服饰搭配性和多种穿配方式。

（二）局部再利用

在产品设计过程中，要尽量减少结构的复杂性，增大服饰组合的通用性和互换性，要尽量采用简单的组合方式，并使回收处理过程具有良好的可操作性。

（三）局部优化设计扩大使用功能

生态纺织服装可以通过局部的优化设计而实现新的构成，如对口袋或领子的形状、色彩或材料的改变，为消费者的服饰搭配提供更大的自由度。

（四）再利用服装结构设计实例说明

再利用服装结构设计实例①——扩大服用功能设计效果图，是通过对服装局部设计的变化，使服装的款式结构、色彩也产生多种变化，进而达到扩展服饰功能的设计目的（图5-46）。

再利用服装结构设计实例②——服装整体再利用设计，是一组扩大服装可搭配

图5-46　扩大服用功能设计效果图（毕佳嘉设计）

性的设计。服装设计的形式美是"美"和"用"的统一，扩大服装的服用功能、扩展服装的可搭配性，是体现绿色生态理念和服装形式美的具体表现。该套服装设计不仅可组合形成一套完整的服装款式，而且其中每件服装也可单独搭配其他服饰并保持原服装的设计风格，使同一风格的服装通过服装和服饰的巧妙搭配，彰显出不同的时尚风采（图5-47）。

图5-47　服装整体再利用设计（毕晓雯设计）

再利用服装结构设计实例③——多种面料组合利用设计，是采用多种小块面料进行创意设计的设计手法。这种绿色设计理念更有利于资源的利用（图 5-48）。

四、回收再生循环的结构设计

回收再生循环的结构设计是实现产品的合理回收和再生利用这一绿色设计方法的重要手段之一。

回收再生循环的结构设计是在产品结构设计的初期，要充分考虑到产品原辅料回收利用的可能性、回收价值的大小、回收处理方法等一系列与回收处理有关的问题，达到节省资源、减少环境污染、降低成本的目标。

图 5-48　多种面料组合利用设计
（杨振宇设计）

生态纺织服装的回收再生循环的结构设计包括以下五方面内容。

（一）选用生态环保型原辅料

在设计中应尽量选用可降解和便于回收的材料，这样有利于在产品生命周期中减少对生态环境的影响程度。

（二）减少所利用的材料种类和数量

材料种类和数量的减少，将有助于减少生产加工工艺和回收处理的复杂性。

（三）避免使用多种复合材料

尽量避免使用多种复合材料的组合及不易分解和降解的材料，减少在回收处理环节的难度，简化回收处理过程和降低回收成本。

（四）避免使用高污染、高排放的回收处理工艺

尽量避免使用高污染、高排放的回收处理工艺，以免对生态环境造成二次污染。

（五）再生循环设计说明

再生循环设计实例①——旧衣改制和废料再利用设计，比利时设计师马丁·马吉拉倡导旧衣改制和废料再利用的环保理念。这种独特的艺术风格成为现代服装的时尚理念之一。该两款时装，灰色套装上衣采用旧服改制重新设计，旧裤装解构再设计并采用特殊工艺处理，形成一种全新的时尚款式；红色裙装是利用工业生产废料图重构设计的连

衣裙（图 5-49）。

再生循环设计实例②——再生乔其纱（RPET）面料时装，节约资源、减少污染是生态服装绿色设计一直遵循的设计目标，资源的回收再利用是实现绿色设计的重要措施。本款服装是采用再生乔其纱面料设计的晚礼服，保持了真丝面料的手感、悬垂度以及绸缎的华丽感和可塑性，同时具有节约资源、降低污染的特点，不同的长丝、短丝技术可以生产出种类繁多的服饰产品（图 5-50）。

再生循环设计实例③——再生棉纤维面料时装，深蓝色的色调、简约的结构、藏青色调的胸部拼接和蓝色花边装饰图案设计，使服装呈现高贵、典雅的气质。再生棉纤维面料的巧妙利用，比较完整地表达出着装者对绿色消费理念和生活态度的追求（图 5-51）。

图 5-49　旧衣改制和废料再利用
设计（马丁·马吉拉）

再生循环设计实例④——牛仔布废弃料服装设计，是采用废弃的牛仔边角面料设计的女式套裙。上衣把小块边角面料设计成荷叶状结构，袖用边料设计成花形图案，背带短裙用较大的块边角料设计成叠裙状，白色裙纱装饰，使整个设计风格青春、活泼而富于艺术感染力（图 5-52）。

图 5-50　再生乔其纱面料
时装（潘璠设计）

图 5-51　再生棉纤维面
料时装（王雅洁设计）

图 5-52　牛仔布废弃料服装
设计（潘璠设计）

五、DIY 设计理念的应用

DIY（Do It Yourself），意为"自己动手做"，目前 DIY 理念在很多领域都得到了推广和应用。

随着人们对生态环境的重视程度日渐加深以及绿色消费理念的不断增强，绿色设计已成为服装设计的主流，DIY 绿色设计制作可以提高服装的利用效率和服装的功能性，使服装绿色设计的内涵得到扩展和延伸。

DIY 绿色设计理念源于绿色环保和资源的有效利用，主张通过设计的手段对废旧服装进行改造更新和再利用，增加服装的使用寿命，减少服装废弃物处理对生态环境的污染，倡导一服多用、组合搭配、旧服解构改制和环保制衣的设计理念。

（一）旧服装绿色结构改制

以旧的服装作为设计素材，通过对服装结构进行解构和组合，采用不对称剪裁或不同的色彩、材料、图案的裁切拼贴等设计手段，设计出风格鲜明、变化多样、富有个性的全新的服装款式。

旧服装绿色结构改制的特点主要表现为以下三点。

1. 个性化的独特性

旧衣服的改制，不仅提供了二手服装的面料、色彩、款式和风格，同时也蕴含了服装使用者的审美和艺术鉴赏力。

无论是旧服装改制的设计师还是使用者，在设计时都可以通过服装的解构重组增加新的设计元素，使其成为有个性色彩的独特产品。

2. 绿色环保性

DIY 理念下的绿色设计，鼓励使用简单的加工手段，通过设计使服装得到再次利用，节约了资源，减少了服装废弃物对环境的污染。

3. 互动参与性

在旧衣改造过程中，消费者的审美情趣和设计师的设计创意与旧服装本身三者形成互动空间，为消费者带来创作的体验与乐趣。

（二）扩展服装使用功能

现在 DIY 设计的发展已经由旧服装的改制向一衣多穿和功能组合形式发展。

"一衣多穿"的概念不仅是指旧服装改制后再利用，而且包括增加服装的功能性，使服装做到一服多用，以适应消费者在不同场合的着装会有不同的风格和品位变化的需求。例如，一款服装，由于对袖、领、肩、裤的连接方式不同，消费者可以根据需要和穿着场合自行变化结构，组成长袖、短袖、背心、长裤、短裤等数种款式，进而扩展了服装的使用功能。

（三）DIY 设计中的发展空间

国外 DIY 服装设计发展比较完善，无论在 DIY 理论研究和应用方面都进入了规范发展阶段，主要是通过电视媒体、网络平台和书籍等媒介向消费大众传授 DIY 设计技巧及提供相关材料和工具的销售，也有专门的服装店和设计师从事该项业务。

DIY 服装设计对服装设计师来说是一项具有挑战性的工作，它要求设计师要充分了解与消费者互动空间的方式、内容和范围，只有对消费群体的充分了解，才能发挥设计师的导向作用。

DIY 服装设计创意的理念来源于绿色设计，三宅一生和川久保玲的解构主义理念、侯赛因·卡拉扬对空间转移的思考、维维安·韦斯特伍德（Vivienne Westwood）关于应对金融危机的研究等都为 DIY 设计建立了深厚的设计理论和实践基础。

（四）DIY 设计实例说明

DIY 设计实例①——旧牛仔装 DIY 设计，绿色生活理念倡导朴实、平和、自然的审美追求，在生态环保的生活态度下，节约资源、鼓励环保和对废旧服装的改制和再利用成为新的时尚。该款设计是把旧牛仔服通过结构改造，使其成为全新的服装款式，进而满足着装者的着装需求。这种 DIY 设计可以自己动手制作，也可由设计师提供设计建议或图纸后经由双方共同完成（图 5-53）。

DIY 设计实例②——半成品 DIY 童装设计，由设计师或 DIY 商店提供半成品或服饰配件，经由自己动手完成最终的服装产品，这种模式在童装 DIY 设计中更为普遍（图 5-54）。

DIY 设计实例③——个性定制 DIY 设计，一般是高档的个性化 DIY 设计，根据消费者对服装的个性化追求，设计师与着装者共同探讨服装的款式、材料、色彩和流行时尚来共同完成设计（图 5-55）。

图 5-53　旧牛仔装 DIY 设计（潘璠设计）

图 5-54　半成品 DIY 童装设计（潘璠设计）　　　图 5-55　个性定制 DIY 设计（潘璠设计）

第四节　生态纺织服装的色彩设计

色彩设计是生态纺织服装绿色设计的重要环节之一。在服装色彩中，色感是通过面料的质感来体现的，并与着装环境有着相互衬托、相互融合的关系。

因此，在产品生命周期中，色彩设计是最能从整体上营造生态纺织服装的艺术氛围和价值的关键设计环节。

同时，色彩设计与各环节的生态环境又密切相关，无论是原材料的选择、后期的印染、整理、加工等生产工序，都将和产成品的生态指标有关。例如，服装所用的染料品种，有毒有害物质含量，重金属离子含量，生产过程的节能减排状况等与生态纺织服装的色彩构成都有着极为密切的相关性。

生态纺织服装色彩设计是以人为本的设计，它通过与款式结构、面料肌理相结合，运用配色美学的原理来考虑服装色彩组合的面积、位置、秩序的总体协调效果，设计出人和生态环境相匹配的服装色彩，以表达出人们对审美和对和谐生态环境的追求，这是生态纺织服装色彩设计的重要文化内涵。

一、生态纺织服装绿色设计的色彩应用原则

（一）视觉美感和实用功能协调统一的配色原则

在生态纺织服装的审美中，最有视觉冲击力的不是服装的款式而是色彩，以人为本的服装色彩设计，表现了现代人在"绿色浪潮"下的觉醒，借助服装的色彩来展示真正的生

态美。

生态纺织服装的色彩设计，除满足消费者审美需求外，还具有视觉识别、职业识别、色彩心理平衡等实用功能。所以，要使生态纺织服装色彩设计的效果达到视觉审美和环境的和谐统一，在配色设计上要注意以下六个方面。

1. 色彩的关联

（1）色彩的关联设计：色彩与面料材质之间是相互依存的，生态纺织服装的色彩是通过面料这一特殊物质媒介来体现的。实际上，服装的色彩变化来自面料的材质、染料、染整工艺等综合的科技因素。由于面料的材质、组织结构和接受染料的程度不同，便形成了独特的材质特性和色彩特征。

（2）色彩关联设计实例说明：

色彩关联设计实例①——中性化女装设计效果图，追求无拘无束的嬉皮风格，采用四种不同材质的面料组合搭配，色彩丰富而协调。这种多色彩材质面料的组合，不仅要满足服装色彩形式美的需求，而且色彩染料和面料生态质量均要符合相关生态标准图（图5-56）。

色彩关联设计实例②——以剪纸为设计元素的裙装，采用具有霓虹效果的高纯度红色为短裙主体，粉红色薄纱为衬裙，同色系剪纸图案为装饰，整体上绽放出天真、活泼、可爱的青春活力（图5-57）。

图5-56 中性化女装设计效果图（戴珊设计）　图5-57 以剪纸为设计元素的裙装（潘璠设计）

2. 色彩的配置

（1）色彩的配置设计：为了形成统一、和谐的色调，可利用材质的异同进行组合，通过肌理的变化、不同材质相互拼接对比、时装元素的搭配，产生既有变化、又协调统一的色彩效果。

（2）色彩配置设计实例说明：

色彩配置设计实例①——高纯度色彩配置女裙，结构主义风格在配色上强调视觉的冲击力，高纯度色彩和无色彩的黑白灰搭配，使服装的对比产生高雅、宁静的风格。胸部和裙摆处的巧妙处理，提升了女性的柔美气质（图5-58）。

色彩配置设计实例②——色彩对比强烈的女装效果图，服装的配色呈现出对比、跳跃的特点，突出了服装上衣和裙装及饰物的美感。在具体运用中，在纯色之间、明亮色调和灰暗色调之间展开，粉红、蓝色、金色最具有视觉冲击力（图5-59）。

图5-58　高纯度色彩配制女裙（李思设计）　　图5-59　色彩对比强烈的女装效果图（潘璠设计）

3. 色彩的强调

（1）色彩的强调设计：在色彩设计中，有时需要强调某一部位，如头部、肩部、胸部、腰部等处的配色，从而形成视觉注意的焦点。这种配色可以在同一性质的色彩中适当地加上不同性质的颜色，并有意加强所强调部位色彩的纯度和明度，形成视觉中心，从而达到活跃整体色彩气氛的目的。

（2）色彩强调设计实例说明：

色彩强调设计实例①——色彩强调高雅设计的女裙，服装款式造型强调柔软的曲线、纤细的腰身和优雅的裙摆，服装的色彩追求典雅、高贵的风格，在纯白的裙装中用对比度强烈的红色装饰图案强调出胸、腰、胯部位，体现出高雅、端庄、精致的服装特征（图5-60）。

色彩强调设计实例②——色彩碰撞的

图5-60　色彩强调高雅设计的女裙（赵园设计）

浪漫女装。服装通过造型和色彩的变化，产生生动、奇特的表现效果，高纯度的红、白、黑在同一款服装上相互碰撞、叠加，产生浪漫的青春气息（图5-61）。

4. 色彩的间隔

（1）色彩的间隔设计：色彩的间隔设计是当服装色彩配置出现紧邻的色彩对比过于强烈或过于相似的不调和感觉时，可利用中性的黑、白、灰或金、银色，在其颜色和颜色的交界处进行间隔处理，使整体色调达到和谐并形成明快、生动的视觉效果。

（2）色彩间隔设计实例说明：

色彩间隔设计实例①——色彩间隔的女装设计，采用了真丝的环保面料，款式简洁、工艺精致、细节处理精美，充分显示出灰色调服装的稳健、自信和干练。服装的中性灰色虽无色相，但明度层次丰富，从深灰到浅灰和银灰色，形成极为丰富的色彩变化，产生出优雅、高品位的现代风格特性（图5-62）。

图 5-61　色彩碰撞的浪漫女装（薛冰设计）

色彩间隔设计实例②——面料肌理变化的色彩组合服装设计，其单一、朴实的色调是极简主义风格的体现。该款服装以中性绿色调为主，配以黄色的搭配和裙装的黄黑肌理，表达出服装自然、清新的气息（图5-63）。

图 5-62　色彩间隔的女装设计

图 5-63　面料肌理变化的色彩组合服装设计（王雅洁设计）

5. 色彩的节奏

（1）色彩的节奏设计：色彩在服装中的运用是通过色彩要素的变化来产生视觉冲击作用，即通过色相、明度、纯度、色性、位置、材料等方面的变化和反复，表达出一种节律性、方向性的节奏感，体现出生态纺织服装的韵律。

（2）色彩节奏设计实例说明：

色彩节奏设计实例①——色彩明快的女裙设计，在款式、面料、色彩、质感、腰带和裙带等细节处理上都融入了自然、舒适的绿色生态设计理念，简约的廓型、天然的材质、淡雅的色彩，为人们带来纯净、自然的田园节奏和情感表达（图5-64）。

色彩节奏设计实例②——热情、奔放的女装设计，色彩采用红色与无彩系的黑、白组合，使服装的"性格"更加个性化，在具体运用上注意色彩面积的拼接和互衬，黑色的腰饰成为红色的间隔，产生一种热情、奔放的韵律（图5-65）。

图 5-64　色彩明快的女裙设计　　　　图 5-65　热情、奔放的女装设计
（黄琪设计）

6. 色彩的协调

（1）色彩的协调设计：生态纺织服装的配色数量不宜过多，承担服装主色调的色彩数量更是越少越好，一般以一两种为宜。这样，整体色调容易形成统一的风格，加上适度的点缀色，就可以创作出在统一中富有灵动变化的色彩语言。

（2）色彩协调设计实例说明：

色彩协调设计实例①——色彩协调的女装设计，黑白相间的条纹面料令人产生一种耳目一新的视觉效果，通过对腰部、衣身不同角度和面积的变化设计，产生了不同的视觉变化，极大地丰富了着装效果。正是这一种巧妙的变化设计才使服装在平凡中有不同凡响的感觉（图5-66）。

色彩协调设计实例②——协调、浪漫的女裙设计，色彩追求高雅、宁静、和谐，选用富有现代理念的真丝材质，更加充满田园情调和自然风格（图5-67）。

图 5-66　色彩协调的女装设计　　　　　图 5-67　协调、浪漫的女裙设计
（白雪设计）　　　　　　　　　　　　　（王雅洁设计）

（二）色彩与生态环境的和谐性原则

服装的色彩是以人的生理和心理的共同欲求为基础，在其生活环境中自然发展形成的，这里的生活环境包括自然环境和社会环境。

服装的色彩强调人与环境的高度协调，充分地用色彩去表达人的自然属性和大自然和谐的美。这种境界体现在服装色彩的内在构成的生态环境、人体与服装之间的内空间环境和服装所处的外空间环境的状态之中。

1. 色彩内在构成生态环境

生态纺织服装的色彩形成过程，无论是材料本色或经印染加工后所形成的色彩，都必须符合生态纺织品相关的技术标准，这也是色彩客观形成过程中对产品生命周期生态环境的和谐发展过程。

2. 内空间的环境和谐

在服装和人体之间构成了一个内空间的环境，以人为本的服装色彩对象是每一个具体的人。所以，在色彩的表现上需要考虑到不同人的个人因素，通过不同的色彩组合，设计出富有个性的服装色彩。

3. 外空间的环境和谐

由于服装色彩受到社会、风俗、民族、市场等大环境的影响。所以，服装色彩必须与时代的大环境相协调，才能创造出一个富有时代气息的服装色彩环境。

（三）色彩与市场需求和谐发展原则

生态纺织服装的色彩是与市场经济紧密相连的。服装作为商品必然会受到市场经济的驱动，也必将对服装色彩的选择产生影响。

随着现代社会经济和科学技术的发展，生态纺织服装的色彩更加注重与现代审美意识的结合，融合现代时尚，把握流行色彩潮流，使色彩成为市场竞争中的有力手段之一。因此，生态纺织服装的色彩设计要树立市场经济的观念。

第一，树立为消费者设计的理念，根据市场消费需求确定产品色彩设计的依据。

第二，把握市场流行色彩趋势，增强服装色彩市场竞争能力，提高企业自主创新能力，尽可能通过服装色彩设计来增大企业经济效益。

（四）色彩与心理因素适宜性原则

在现代生活中，人们可以通过所喜欢的色彩来展示和丰富人的个性。同样，色彩可作为一种语言来表达人的情绪和心理，因而人的情绪和心理可以直接影响人们对服装色彩的选择。例如，红色表达喜乐和欢庆的情绪，黑色代表庄严、凝重的氛围等。美国心理学家杰克布朗说，适当的选择衣服色彩有改善情绪的功效，尽管人们的工作环境可能有所不同，但选择色彩作为平衡心理的方式却是相同的。

（五）色彩与生态标准统一化原则

生态纺织服装的色彩设计要求符合生态纺织品相关标准和法律法规，对禁用染料和相关的有毒有害物质都有明确而严格的限量标准。所以，生态纺织服装色彩的形成过程必须符合相关生态标准规定。

二、色彩预测

色彩预测已是当前国际服装产业发展中的一项重要工作。色彩预测师的工作并不是描述色彩本身，而是要分析和诠释色彩背后的社会文化，以及各种消费群体对不同色彩的感受和应用色彩的模式。

在服装中存在两个长短不同的色彩循环周期，色彩预测可以预测出哪一种颜色将在一段时间内成为主要的流行色，其后它将被其他相似色或对比色取代。

色彩预测的另一个重要作用是，根据消费者对生态纺织服装的消费需求，色彩预测可以提醒纺织印染企业更关注自然生态的染料和清洁化生产工艺的应用。此举可促使企业使用更加生态、环保的染料，并在服装界流行没经过印染和漂白的面料。

在纺织服装界中，使用最广泛的标准色模式是潘通色彩体系和国际纺织品标准色卡。这些标准色彩体系都是在阿伯特·曼赛尔发明的，以"色相、明度及彩度测定颜色"作为理论基础。潘通色彩体系是将1900多种颜色按照色彩类别进行编号的体系，颜色的编号标明了现有的染料品种，以及它在服装工业内常染的纱线和服装的颜色。

三、生态纺织服装色彩的设计方法

生态纺织服装色彩的设计方法是多种多样的，以下列举三种常用的方法。

（一）运用服装材质进行服装色彩设计

在生态纺织服装色彩设计中，最为直接的构成因素是材质本身。第一步，根据服装材料，用直观的材质样品的色彩、肌理、质地等因素探寻色彩创作的灵感；第二步，根据材料色彩以服装效果图的形式表现出服装的色彩效果；第三步，根据效果图确定色彩设计的可行性方案。

（二）运用自然色彩重构进行服装色彩设计

许多服装色彩设计的灵感来自大自然，大自然中蕴藏着丰富多彩、新奇绚丽的色彩，是服装色彩设计取之不尽、用之不竭的资源宝库。自然界色彩是指自然环境本身所具有的色彩，如天空、海洋、土地、植物、动物等色彩；非自然色彩是指人类所创造的色彩组合，如传统、现代的艺术色彩等。

以大自然的色彩作为服装色彩设计的灵感，经过提炼、加工、创新，运用联想和重构手段，把客观的色彩转化到主观的色彩设计中，从而营造出服装色彩设计的艺术氛围。

（三）运用色彩要素进行服装色彩设计

色彩要素运用，如色相、明度、纯度、色性、浊度、色调等可以直观地体现生态纺织服装色彩的特点和风格特征。

色彩的设计还可以通过色相、明度、纯度三元素来进行。色相与基本色有关，即蓝、红、绿，纯色是很少的。明度是指一种颜色在白色到黑色尺度上的深浅变化，明亮的色彩称为浅色，较深的称为暗色。纯度是指色彩的相对强纯净度或弱纯净度，如红色随纯净度由强变弱的过程，色彩也由红变玫瑰红，再弱则变成浅粉色。

在任何一个色彩体系里，某种颜色与其他颜色的配合就像颜色本身的特性一样重要，原本沉闷的色彩可以变得鲜亮，原本强烈的色彩可以变得平淡。色彩个性的改变都是与所处环境有关的。

第五节　生态纺织服装的绿色包装设计

一、绿色包装的概念和内涵

绿色包装（Green Package）也称为"环境友好包装"（Environmental Friendly Package）或"生态包装"（Ecological Package）。

绿色包装是指对生态环境和人体健康无害，能够回收循环再利用或再生利用，促进经济可持续发展的包装。

绿色包装产品在整个生命周期中，包括原材料选择、加工制造、使用、回收和废弃都要符合生态环境的要求，它最重要的含义是保护生态环境和资源再生的意义。生态纺织服装绿色包装设计应具有以下五个方面的内涵。

（一）实行包装减量化

包装减量化，即在包装满足对服装保护、使用、储运、营销等功能的条件下，包装材料物料量最少。

（二）可重复利用或再生利用

包装应可重复利用或易于回收再生利用，通过生产再生制品、焚烧利用热能、堆肥改善土壤等措施，达到再利用的目的。

（三）废弃物降解

包装废弃物可以降解腐化（Degradable），使其最终不形成永久垃圾，达到改良土壤的目的。

（四）包装材料对人体和生态环境无毒无害

在包装材料中不应含有毒性元素、卤素、重金属或所含相关物质控制在相关标准以内。

（五）包装制品的整个生命周期对人体和生态环境无毒无害

包装制品从原材料获取、材料加工、制造生产、产品使用、废弃物回收再生的整个生命周期中，均不应对人体和环境造成危害。

前面四点是对绿色包装必须具备的基本要求，第五点是依据生命周期分析方法，对理想的绿色包装设计提出的最高要求。

国际上按食品包装的分级办法，制定了绿色包装的分级标准：

（1）A级绿色包装：废弃物能够循环反复使用，再生利用或降解，含有毒、有害物质在限定标准内的适度包装；

（2）AA级绿色包装：废弃物能够循环使用，再生利用或降解，并且在产品整个生命周期内对人体和生态环境不造成危害，含有毒、有害物质在规定限量范围内的适度包装。

绿色包装的分级，主要解决了包装材料对人体和生态环境的危害和废弃物回收处理问题，这是世界环境保护的热点，也是提出发展绿色包装的主要内容。采用两级分级目标，可以在发展绿色包装中突出解决问题的重点，重视发展包装的后期产业。

二、绿色包装材料的性能

绿色包装材料和非绿色包装材料在基本性能方面是一致的，如对产品保护性、外观装饰性、营销操作性、储运方便性、节省费用性、易回收处理性等。但是，作为绿色包装又应具有对人体健康和生态环境无害、可回收利用和自然降解等性能。

1. 保护性

对内装的纺织服装产品具有良好的保护性，能防尘、防潮、防水、防蛀，同时具有耐热、耐光、耐油污等高阻隔性，以达到保持内装服装原有本质特征的目的。此外，包装应具备一定的机械强度，以保证内装服装不变形。

2. 外观装饰性

纺织服装作为生活消费品，外观包装的装饰性对激发消费者购买欲望发挥了重要作用。所以，纺织服装的包装材料应易于在色彩、造型、装饰纹样等方面适应不同产品的需要，如包装材料对印刷的适应性、光泽度、透明度及防尘性等。

3. 易加工性

易加工性主要是指材料本身所具有的机械性能和热合性等物理化学性能，要求包装材料容易机械加工和具有包装方便、封合好、使用便利的特点。

4. 节省资源和费用

包装材料要具有用料省、价格低、有合理的性价比、经济适用的特点。

5. 材料优质化和生态化

包装材料要履行保护、储运、销售等功能。所以，包装材料的轻量化、薄型化、无氯化、生态化是生态纺织服装包装材料发展的主导方向。

三、绿色包装材料分类

绿色包装材料按环保要求可以分为两大类。

（一）可回收再利用材料

绿色包装材料可回收再利用是发展绿色包装材料、保护环境、缓解污染、促进包装材料循环再利用最切实可行的措施。常用的可回收再利用的材料有以下四种。

1. 纸张、纸板、模塑纸浆等纸质材料

由于纸的主要成分是天然植物纤维，纸制品服装包装材料使用后可回收再利用，废弃物可在自然界中分解，对生态环境影响较小，符合环保要求，是世界服装界使用最广泛的绿色环保包装材料。

2. 竹、麻、丝、棉等天然纤维材料

竹、麻、丝、棉等天然纤维材料具有可回收利用、可降解腐化、环保性好等绿色包装材料特点，近年来在服装业中也得到广泛应用。

3. 新型高分子纤维

新型高分子纤维指如 PLA 聚合物材料、玉米淀粉树脂等新型可降解塑料等，可以不经处理直接在土壤中降解的绿色包装材料。

4. 新型高分子合成材料

新型高分子合成材料是指如可回收利用塑料薄膜（PET）、可回收利发泡聚苯乙烯（EPS）等。

（二）可自然风化降解回归自然材料

可自然风化降解回归自然材料是指在特定时间内造成性能损失的特定环境下，化学结构发生变化的塑料。可降解塑料包装材料除具有传统塑料的功能和特性外，同时具有在使用后可以在自然环境中风化降解，最终以无毒、无害形式重新融入自然生态环境中的特点。

常用的可降解塑料有两种。

1. 生物降解塑料

生物降解塑料有：PHB、PHBV、淀粉和纤维素含醚键和多羟基的聚合物、聚酰胺、聚氨酯、PVA 等。

2. 光降解塑料

光降解塑料有：聚酮类包装材料、PE、PP、TPR 等。

（三）可焚烧、不污染大气且可能再生材料

可焚烧、不污染大气且可能再生材料又称为准绿色包装材料，包括部分不能回收处理再造的线型高分子、网状高分子材料、部分复合型材料等。

绿色包装材料分类，如图 5-68 绿色包装材料分类图所示。

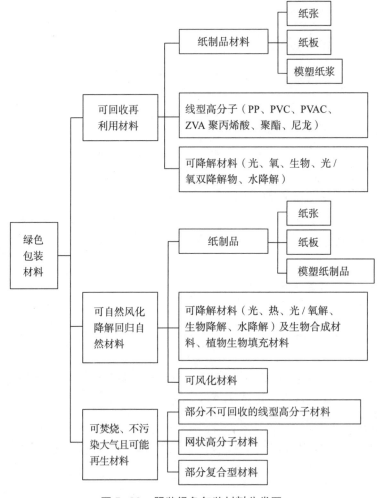

图 5-68　服装绿色包装材料分类图

四、绿色包装设计流程

生态纺织服装的绿色包装设计流程如图 5-69 所示，设计过程以被包装的产品的种类特

点和市场调研需求或用户需求为出发点，以生态纺织服装绿色设计目标为依据制定产品绿色包装设计方案，然后在生态纺织品绿色设计准则的指导下，进行产品包装优化设计。

生态纺织服装绿色包装设计的原则如下：

（1）所选的包装材料，应选用无毒无害、可降解、环境负荷小的材料，并符合生态纺织服装对该产品的相关有毒有害物质的限量标准。

（2）优化包装结构，实现包装减量化设计，避免重复包装和过度包装。

（3）加强包装废弃物的处理，包括可重复使用的包装、可回收再造的包装、可降解的废弃物、可焚烧处理的废弃物。

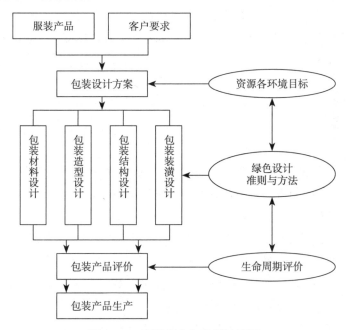

图 5-69　服装绿色包装设计流程

五、服装绿色包装设计发展的现状和趋势

（一）国际服装绿色包装设计发展

自 20 世纪 90 年代，伴随着绿色服装设计在世界兴起，世界经济发达国家都制定了有关包装的标准和法规，实施了"环保标志"认证制度和 ISO 14000 标准，使服装的绿色包装成为整个产品绿色化的关键环节。

1994 年 12 月，欧盟颁布了《包装与包装废弃物指令》和《都柏林宣言》以后，美国、日本、加拿大、韩国、新加坡等国家和中国香港、中国台湾地区都分别制定了关于包装的标准和法规，并制定了严格的包装废弃物限制法。绿色包装逐渐成为绿色壁垒，对国际贸易也产生了越来越重要的影响。

"绿色包装"作为有效解决包装与环境的新理念，于 20 世纪 90 年代在纺织服装业涌现出来。大量新型绿色包装材料、包装机械、包装新技术的应用，使纺织服装业的包装发生了革命性的变化。

（二）中国纺织服装包装的现状

自 20 世纪 80 年代以来，我国先后颁布了《中华人民共和国环境保护法》、《中华人民共和国固体废物污染环境防治法》、《中华人民共和国水污染防治法》、《中华人民共和国大气污染防治法》等专项法规和多部有关生态纺织服装的标准和法规，规定了包装废弃物的管理条款。

经过 20 多年的发展，我国的服装包装已逐渐向国际化方向发展，但在规模和水平上与国际发达国家仍有较大差距。具体表现为，新型包装材料的研究开发水平低，特别是服装专用功能包装材料的研究、开发、生产和成型技术、加工设备等方面与国外有较大差距。

绿色包装设计的发展离不开政策的支持和保障，我国现行标准和法规仍需进一步完善和加强，通过环境立法、建立排污惩治制度、绿色包装标准制度等来规范和促进纺织服装绿色包装设计的发展。

思考题

1. 服装绿色设计的关键环节包括哪些环节？服装设计中对每个关键环节应关注哪些问题？通过怎样的设计手段和方法去解决这些问题？
2. 为什么说设计理念的创新是服装绿色设计发展的根本？
3. 通过市场调研，说明在当今生态经济环境下世界服装设计风格发展的主流特征？
4. 简述生态纺织材料选择的原则、选择方法？
5. 为什么说"天然纺织材料"不一定是"生态纺织材料"？随着现代纺织科技的不断发展，你了解哪些生态纺织服装材料？
6. 为什么"减量化设计"和"非物质化设计"符合服装绿色设计的理念？试对世界著名服装大师的相关作品进行解读和剖析，探讨其设计表达特点？
7. 回收再利用结构设计常用的有几种设计方法？结合设计方法设计几款旧服装改制设计图。
8. 何为服装"DIY 设计"？结合市场调研，分析服装 DIY 设计在我国的发展前景？
9. 为什么说服装色彩设计是关系到服装整体生态性的重要环节？在服装设计实践中，设计师应怎样去关注材料所用染料的种类？
10. 服装绿色包装设计的概念？简述服装绿色包装设计的流程和方法？

第六章

生态纺织服装的
技术标准体系

标准是判定生态纺织服装质量和生态性的依据，也是产品进入国内外市场的必备条件，生态纺织服装执行标准的水平决定了产品在市场的竞争能力。

我国现行的生态纺织服装标准是以 GB 18401—2010《国家纺织品基本安全技术规范》、GB/T 18885—2009《生态纺织品技术要求》和 GB/T 20004《环境管理体系》系列标准为主体的生态纺织品标准体系，其中 GB 18401 为国家强制标准。

国际上是以欧盟为代表的欧盟生态纺织品（Eco-label）认证《生态纺织品认证标准》、Oeko-Tex Standard 100《生态纺织品》标准和 ISO 14000《环境管理体系》系列标准为主体的生态纺织品标准体系。此外，美国、日本等一些经济发达国家也分别制定了本国的生态纺织品的法律、法规和标准。这些法律、法规和标准是国际上生态纺织服装绿色设计生态评价的核心标准和依据。

第一节　生态纺织服装的绿色生态标签

一、绿色环境标志的概念

绿色生态标签（Eco Mark），国际标准化组织（ISO）统称为环境标志（Environmental Labeling），也称为生态标志。

环境标志是一种产品证明性商标，标示在纺织服装产品或包装上。它表明该产品的质量符合标准，同时也表示该产品在原辅料获取、生产加工、消费、回收处理等产品生命周期过程中均符合特定的生态环保要求，是资源利用率高、节能减排、对人体健康有保证、对生态环境影响小的生态纺织品。

环境标志是受法律保护并经过严格的检查、检测、综合评定，并经国家法定机构批准授予使用的标志。某种产品是否能获得环境标志，取决于该产品是否达到了环境标志认证机构所制定的标准。

这些标准一般由设定标准的国家或地区以法律、法规、标准等具有法律效力的文件所组成。标准充分考虑到产品生命周期各个环节的生态环境影响，同时它也制定出产品在生命周期中对人体、大气、土壤、资源、能源、噪声等生态环境影响因素的限值标准。

环境标志一般由生态纺织品生产企业自愿提出申请，经批准后授予使用。企业是否申请环境标志并没有强制性规定，但在国际贸易上却是一张市场绿色通行证和市场准入证。在国内市场，环境标志也逐渐被消费者认知，成为提高产品市场竞争力的利器。

环境标志使消费者能明确地辨别出产品的优良质量，并认识到该产品有益于身体健康和对生态环境的保护，更符合人们追求绿色生活方式和绿色消费的生活理念。

通过消费者的选择和市场竞争的检验，谁拥有绿色产品，谁将拥有市场，而市场是企业发展的生命线。所以，生产企业也必须进行产业结构调整，提高自主创新能力，采用绿色生产技术，开发生态纺织服装产品来适应市场日益增长的消费需求，使企业达到经济和生态环境协调发展的目的。

在国际纺织服装市场上，生态标志是西方经济发达国家实施新的贸易保护主义的武器。它们严格限制非环境标志产品进口，在某种程度上限制了经济不发达国家产品的进口。在纺织服装产品上，我国是受其影响最大的发展中国家。

在经济发展全球化的形势下，生态经济已经成为世界经济发展的主流。实施环境标志认证，更有利于我国纺织服装业参与到世界经济大循环中去，增强纺织服装产品在国际市场的竞争力，也可以根据国际惯例，限制其他国家不符合我国生态环境保护条例要求的产品进入国内市场，从而达到保护本国利益的目的。

二、环境标志的发展

自 1978 年德国最早采用了蓝天使（Blue Angel）环境标志以来，30 多年间，法国、日本、加拿大等国相继推出了自己本国的环境标志认证制度。北欧的一些国家，如丹麦、芬兰、挪威、冰岛、瑞典等国家自 1989 年开始实行统一的北欧环境标志。韩国、新加坡、马来西亚等国也开展了环境标志的认证工作。

美国环境标志认证主要有：绿色徽章（Green Seal）标准标签认证系统（Standard Label System，SLS）和能源之星（Energy Star Program）标志。

1993 年，欧盟推出了欧洲环境标志（EEL）认证计划，规定在欧共体任何一个成员国获得的环境标志都将得到欧盟其他成员国的承认。

国际标准化组织（ISO）于 1993 年专门成立了环境管理技术委员会，并制定了 ISO 14000 系列环境管理体系标准，以促进世界有关各国环境标准的国际化。

截至 2008 年年底，世界上已有二十多个国家和地区实施或准备实施环境标志认证计划，绿色产品种类几百种，产品近万种，几乎包括了我国纺织服装产业从原料到产成品的所有产品类型。

目前，德国环境标志产品有七千五百多种，占全国商品总量的 30% 以上；日本环境标志产品二千五百多种；加拿大环境标志产品发展到八百多种。全世界对环境标志产品的研发、生产已成为一种绿色浪潮，冲击着国际商品市场的战略格局。

三、主要环境标志介绍

（一）欧盟 Oeko-Tex Standard 100 生态纺织品标志

Oeko-Tex Standard 100 生态纺织品标志是德国海恩斯坦研究院和维也纳—奥地利纺织品研究协会制定的，是现在使用最广泛、最具权威性的生态纺织产品环境标志，它主要是通过检测纺织产品的有毒有害物质来确定其安全性。

为了客观判断纺织产品的生态性能，Oeko-Tex Standard 100 标准制定了相关标准，按纺织产品分类对有害物质进行限量控制，只有经规定的程序和方法检测合格的产品，并取得检测号，才允许在其产品上使用"Oeko-Tex 标志"。证书一年有效，只适用于所检测的产品类。

根据 Oeko-Tex 国际环保纺织协会规定，Oeko-Tex 指定协会下属的成员机构负责在全世界十几个国家或地区指派一个官方代表机构负责具体业务，在我国上海、北京、香港、台湾都设有分支机构。如图 6-1 所示，图为 Oeko-Tex Standard 100 生态纺织品标志。

（a）单语言标志　　　（b）多语言标志

图 6-1　Oeko-Tex Standard 100 生态纺织品标志

（二）德国蓝天使环境标志

前联邦德国（西德）1971 年提出对消费性产品授予环境标志概念后，于 1978 年由政府决定实施蓝天使标志（Blue Angel Mark），以减少对生态环境的污染。

德国联邦环境标志审查委员会为环境标志的授予决策机构，邀请联邦环境研究委员会和产品安全及标示协会共同研究授证准则，由协会受理厂商申请、执行认证、签订标志使用协议书等相关事宜。

蓝天使环境标志是非强制性的鼓励性制度，该制度实施以来取得了很大的成功，主要原因是：

第一，采取阶段性鼓励和扶持的政策，当所设定的标准已被大部分企业达成时，再制定更高的标准规范，使企业和产品在每一阶段都有明确的目标；

第二，审核过程中对厂商所提交的声明文件给予适度的信任；

第三，对开放申请的产品，采取逐步开放，以每年 3 ~ 6 项的进度完成标准制定；

第四，政府支持和消费环境支持，提高消费者绿色环保的消费意识。

由于该制度的推动，100% 的德国消费者愿意购买蓝天使标志产品，推行蓝天使标志产品的中小企业的营销收入也大幅提升（图 6-2）。

图 6-2　德国蓝天使环境标志

（三）欧共体欧洲之花（Eco-Label）环境标志

1992 年 3 月，欧共体颁布了 880/92 号法令，宣布生态环境计划的诞生。

欧盟的生态标志欧洲之花，由欧共体主管，计划并没有排除或改变欧盟成员国各自的环境标志计划。目前，欧共体中，有八个国家有独立的环境标志计划，其他欧共体成员均采用欧盟的环境标志。

环境标志产品的范围几乎涵盖了包括生态纺织品在内的日常消费产品，生态标准是通过严密的科学研究并结合经济和社会因素而制定出来的，为欧盟委员会对产品的环境标志的授权提供了科学依据。

生态纺织品申请进入欧盟市场，首先必须向欧盟委员会提出申请并提出符合欧盟生态标准的证明，通过环境认证取得"欧洲之花"环境标志后，产品才能进入欧盟市场并被消费者所接受（图 6-3）。

图 6-3　欧盟欧洲之花生态标志

欧盟生态标志制度是一个自愿性制度，制度的宗旨是希望把各类产品在生态领域的优质产品选出来并予以肯定和鼓励，从而逐渐推动欧盟各类消费品的生产企业进一步加强生态保护的步伐，使产品从设计、生产、销售、使用，直到废弃处理的整个生命周期中都不会对生态环境带来危害。生态标志还提醒消费者，该产品符合欧盟规定的环保标准，是欧盟认可的绿色产品。

（四）美国的"绿色徽章"和"能源之星"环境标志

美国的环境标志主要由"绿色徽章"和"能源之星"两个体系组成。

1992 年，美国环保署（EPA）和能源部（DOE）合作推出了"绿色徽章"（Green Seal）环境标志和"能源之星"（Energy Star）环境标志计划，目的是为了降低能源消耗和温室气体排放。目前，三十多类包括纺织服装产品在内的产品已被纳入此认证的范围。

计划推行以来取得了很大的成效，成为一种具有重要影响力的国际环境标志，包括欧盟、日本、新西兰等国都有参加（图 6-4、图 6-5）。

图 6-4　美国"绿色徽章"环境标志

图 6-5　美国"能源之星"环境标志

美国"绿色徽章"计划作为民间环境标志体系而推出。"绿色徽章"的主要任务是鼓励和帮助团体或个人，通过识别对生态环境影响小的产品，以达到保护环境和人体健康的目的，其宗旨是为创造一个清洁化的世界推动生态环保产品生产、消费及开发。美国国内外的公司均可申请该标志。

申请"绿色徽章"的产品要根据其标准进行综合性评估，测试结果应根据标准规定推断，工厂质量控制体系还需到企业进行审核，以保证产品生态质量的可持续性。

（五）日本"生态标志"环境标志

1989 年，日本环境厅颁布实施"生态标志"环境标志计划。如图 6-6 所示，日本"生态标志"图案是两只手拥抱地球，其含意是用我们的双手保护地球，手臂围成"e"字符号，是地球、环境、生态三个英文单词首字母"E"的小写形式，意味着人类要用双手来保护地球、环境和生态。

"生态标志"产品包括纺织服装在内的家庭生活用品和办公用品。"生态标志"产品选择的原则在于，在使用阶段产生较小的环境负荷，且使用该产品后有利于环境的改善，废弃阶段对环境影响较小等。获得"生态标志"认证的产品必须遵守以下五点。

第一，在生产阶段提供适应当时环境污染的防治措施。

第二，产品使用后废弃必须易于处理。

第三，产品使用时可节省资源、能源。

第四，产品品质和安全性必须符合法律、法规、

图 6-6　日本"生态标志"环境标志

标准等要求。

第五，产品价格与同类商品相比不能太高。

日本的"生态标志"对产品的审核以 ISO 14020 及 ISO 14024 体系为基准，原则上要求该产品在整个生命周期中对环境的影响要比同类产品小。它鼓励并要求对材料的循环使用，如对合成纤维做出明确规定，所使用的 PET 涤纶纤维必须是由再循环材料制成（废弃的塑料瓶等）。

（六）北欧"白天鹅"环境标志

1989 年 11 月，北欧国家芬兰、冰岛、挪威、瑞典部长级会议决定实施"白天鹅"环境标志计划，由北欧合作小组共同管理，产品规格和标准分别由四个国家起草，但经过一个国家验证后，即可进入四国的市场。

如图 6-7 所示，北欧"白天鹅"环境标志的图案是一只在绿色背景下翱翔的白天鹅，由北欧理事会（Nordic Council）标志演化而来。

图 6-7　北欧"白天鹅"环境标志

北欧"白天鹅"环境标志在产品从原材料到废品的整个生命周期中对产品进行环境影响的评估，并对以下方面制定了要求：能源和资源消耗、工厂废气、污水和废物排放以及产品本身固有的有害环境成分。另外，该标志也在产品本身的质量和功能上提出了具体要求。

如表 6-1 所示，表中列出了世界部分国家及地区的环境标志。

表 6-1　世界部分国家及地区环境标志一览表

序号	国家／地区	标签名称	启动时间	执行机构	强制性／自愿性	标签标志	涵盖产品级数目	有无含纺织品
1	澳大利亚	良好环境选择（Good Environmental Choice Label）	2001 年	澳大利亚环境标签协会（Australian Environmental Labeling Association Ine）	自愿性		29	√
2	欧盟	欧洲生态标签（European Eco-label）	1992 年	欧盟生态标签委员会（EUEB）	自愿性		27	√
3	美国	绿色徽章计划（Green Seal）	1990 年	Green Seal	自愿性		32	不详

序号	国家/地区	标签名称	启动时间	执行机构	强制性/自愿性	标签标志	涵盖产品级数目	有无含纺织品
4	加拿大	环保选择计划（Environmental Choice Program）	1988年	TerraChoice Environmental Services Inc. Environment Canada	自愿性		15	√
5	新西兰	新西兰环保标签（Environmental Choice New Zealand）	1992年	Environmental Choice New Zealand	自愿性		25	√
6	日本	环保标志（Eco-Mark）	1989年	Japan Environment Association（JEA）	自愿性		42	√
7	韩国	韩国环境标签计划（Tae-guek）	1992年	Korea Environ mental Labeling Association 韩国环境标签协会（KELA）	自愿性		102	√
8	北欧（芬兰、瑞典、丹麦、挪威、冰岛）	北欧白天鹅标签（Nordic Swan La-bel）	1989年	芬兰：SFS-Ecolabeling 瑞典：SIS Ecolabeling 丹麦：Danish Environmental Protection Agency 挪威：Ecolabeling Norway			60	√
9	德国	蓝色天使（Blue Angel）	1977年	Federal Environmental Agency and RAL	自原性		201	√
10	法国	NF环境标志（NF—Environment Mark	1992年	法国标准协会（AFNOR）	自愿性		13	√

序号	国家/地区	标签名称	启动时间	执行机构	强制性/自愿性	标签标志	涵盖产品级数目	有无含纺织品
11	荷兰	Milieukeur	1992年	Stichting Milieukeur	自愿性		32	√
12	捷克共和国	环保标签项目（Environmental Friendly Products Ecolabel）	1994年	捷克环境部	自愿性		17	√
13	克罗地亚	环境标签项目（Environmental Label）	1994年	环境保护和计划部（Ministry of Environmental Protection and Physical Planning）	自愿性		38	√
14	泰国	泰国绿色标签计划（Green Label）	1994年	泰国环境研究院（TEL）	自愿性		42	√
15	新加坡	新加坡绿色标签项目（Green Label）	1992年	新加坡环境委员会（SEC）	自愿性		35	√
16	印度	生态标签（Eco-Mark）	1991年	中央污染控制委员会（CPCB）	自原性		16	√
17	瑞典	良好环境选择（Good Environmental Choice）	1990年	瑞典自然保护学会（SSNC）	自愿性		59	√
17	瑞典	TCO认证（TCO Certification）	1982年	瑞典劳工联盟	自愿性		6	不详

序号	国家/地区	标签名称	启动时间	执行机构	强制性/自愿性	标签标志	涵盖产品级数目	有无含纺织品
18	卢森堡	European Union Ecolabel Award Scheme	1992年	Attache De Gouvrement, Ministere De L' Environment	自愿性		11	√
19	乌克兰	Program for Development of Ecological Marking in Ukraine	2002年	Living Planet	自愿性		4	不详
20	奥地利	奥地利生态标签（Austrian Ecolabel）	1991年	环境、青年、家庭问题联合部（BMUJF）联合环境署（UBA）奥地利消费者协会（VKI）奥地利质量促进会（ARGE）	自愿性		35	√
21	巴西	ABNT–Environmental Quality	1993年	Associacao Brasileira de Normas Tecnicas	自愿性		12	不详
22	菲律宾	菲律宾绿色选择计划（Green Choice Philippines）	2001年	洁净及绿色国际基金（Clean&Green Foundation, Ine.）	自愿性		不详	不详
23	马来西亚	产品认证项目（Malaysia's Product Certification Program）	1996年	马来西亚标准和工业研究院（SIRIM）SIRIM质量监督服务局（SIRIM QAS）	自愿性		1	不详
24	西班牙	西班牙生态标签（Medio–Ambiente）	1993年	西班牙标准与认证协会（AENOR）	自愿性		3	不详

序号	国家/地区	标签名称	启动时间	执行机构	强制性/自愿性	标签标志	涵盖产品级数目	有无含纺织品
25	德国奥地利	Öko-Tex 100	1992年	国际环保纺织协会（Oeko-tex Association）	自愿性	CONFIDENCE IN TEXTILES	10	√
26	中国香港	香港环保标志	2001年	香港环境保护总会（Hong Kong Federation of Environmental Protection，HKFEP Limited）、香港生产力促进局	自愿性		不详	√
		绿色标签（Green Label）	2000年	环保促进会（Green Council）	自愿性	HONG KONG Green Label	10	×
27	中国台湾	绿色标志计划（Green Mark Program）	1992年	环境及发展基金会（Environment and Development Foundation）	自愿性	台湾省环保标志	82	√
28	中国	I型环境标签（ISO 14024国际标准）	2001年	中国商品学会等	自愿性	GB24024 I型环境标志 ECOLABELLING ISO14024	163	√
		II型环境标签（ISO 14021国际标准）	2001年	中国商品学会等	自愿性	II型环境标志 ECOLABELLING ISO14021	12种产品声明	√
		III型环境标签（ISO 14025国际标准）	2000年	中国商品学会等	自愿性	III型环境标志 ECOLABELLING ISO14025	19	×

注　√代表"含纺织品"，×代表"不含纺织品"。

生态纺织服装绿色设计

四、我国绿色环境标志的认证和发展

随着全球生态经济的高速发展，人们绿色生态环保消费理念的增强和国际绿色壁垒的冲击，我国众多的纺织服装生产企业越来越重视提升企业自主创新能力和发展生态纺织产品的重要性和紧迫性，这也为我国环境标志的产生提供了根本的需求。

同时，世界各国开展环境标志认定的经验和所取得的成效及由此产生的绿色壁垒，为我国环境标志认证工作的开展创造了必要条件。

1993 年，国家环保局颁布了"中国十环环境标志"图形；1994 年 5 月，成立"中国环境标志产品认证委员会"，该委员会是代表国家实施环境标志认证的法定机构，表明我国环境标志认证工作已走向正规化道路。

经过十几年的工作，我国基本建立了与国际接轨的环境标志产品的认证体系和比较规范的认证程序及标准，先后出台了《环境标志产品认证管理办法（试行）》、《中国环境标志产品认证书和环境标志使用管理规定（试行）》等一系列文件；完成了 ISO 14020 系列标准化转化工作，包括 ISO 14020、ISO 14021、ISO 14024 等，并于 2000 年和 2001 年得到实施，为我国环境标志的创新发展奠定了基本原则和理论基础。

自 1993 年开始，国内相继推出了"中国十环环境标志"、"中国节能节水标志"、"CQC 质量环保标志"、ISO 14020 系列标准等。

（一）"中国十环环境标志"

"中国十环环境标志"是由青山、绿水、太阳图案和十个环组成，表达了人类赖以生存的环境需要公众共同参与和保护。"环"，其内涵是"全民联合起来，共同保护人类赖以生存的环境"（图 6-8）。

（二）"CQC 质量环保标志"

2003 年 9 月，我国正式推行"QCQ 质量环保标志"的认证工作。该项认证工作将有助于认证企业创立生态环保的绿色产品，提高产品的市场竞争力，实现企业可持续发展。

"CQC 质量环保标志"是一项依据 ISO 14024 标准制定的独立、自愿认证的业务。该标志将根据认证产品的质量要求和生态环保的保证条件要求以及认证的技术和环保要求，向消费者报告经认证的产品。不仅产品质量需要合格，而且在产品生命周期全过程中均须符合特定的环保要求，与同类产品相比应具有明显的生态环保优势（图 6-9）。

图 6-8　中国十环环境标志

图 6-9　CQC 质量环保标志

（三）ISO 14000 环境管理体系

为促进企业对生态环境的管理，西方发达国家采取了许多有效的措施以促进环境管理的规范化。

1993 年，ISO 成立了 207 技术委员会（TC 207），专门负责环境管理的标准化工作，为此 ISO 中央秘书处为 TC 207 预留了 100 个标准号，标准标号为 ISO 14001 ~ ISO 14100，统称为 ISO 14000 系列标准。

在 ISO 14000 系列标准中，由 SCI 技术委员会制定的 ISO 14000 环境管理体系规范和使用指南是 ISO/TC 207 所有标准中的核心标准，它的运行是实施 ISO 14000 其他标准的保证。

ISO 14000 环境管理体系标准是一个完整的标准体系，它把环境管理强制性和保护性、改善生态环境和生态环境的自愿性结合起来，为企业找到一条经济发展与环境保护协调发展的途径。

我国是 ISO/TC 207 的成员国，并积极参与 TC 207 的各项工作。1996 年，我国成立了国家环保局环境管理体系审核中心，专门负责 ISO 14000 系列标准在我国的实施工作。1997 年 4 月，我国正式将 ISO 14000 系列标准中的五个标准 ISO 14001、ISO 14004、ISO 14010、ISO 14011、ISO 14012 转化为国家推荐标准。1997 年 5 月，我国成立中国环境管理体系认证指导委员会，标志着我国 ISO 14000 环境管理认证工作已进入规范化阶段。

第二节　生态纺织服装的技术标准

生态纺织服装的质量和技术标准，根据国际和国内市场的不同消费需求及各进口国家对纺织服装不同的政策法规要求，执行相关的标准。在国际上最具权威性的生态纺织品标准是欧盟 Oeko-Tex Standard 100 标准。

我国也颁布了一系列生态纺织品相关标准，初步形成了生态纺织品的标准体系。这些标准规定了生态纺织品的技术要求，试验方法和规则，判定原则，包装、标志使用说明等范围。这些标准的推出具有重要的意义，它表明我国的生态纺织品标准已向国际化、标准化方向发展，对纺织服装产业结构调整、改善民生绿色需求、突破绿色技术壁垒束缚起着重要作用。

我国颁布的一系列生态纺织品相关标准和技术规范适用于在我国境内生产、销售和使用的服装和装饰用纺织品，包括内销产品和进口产品。至于外销的出口产品，可依据合同约定执行，不强迫执行该标准。

生态纺织服装的标准来自两个方面，一是依据现行的生态环境保护标准、产品质量标准及某些地方法规、规定或地方区域性标准等制定生态纺织服装的技术标准。这种标准是绝对性标准，如我国颁布的国家标准 GB/T 18885—2009《生态纺织品技术要求》、欧盟颁布的 Oeko-Tex Standard 100《生态纺织品》标准等生态纺织品标准。另一种是根据市场的需求和客户的要求，用指定的产品和标准作为参照标准，对该产品的生态和质量做出评价，这种标准是一种相对标准。

一、欧盟 *Oeko-Tex Standard 100*《生态纺织品》标准

（一）Oeko-Tex Standard 100《生态纺织品》标准适用范围和认证

欧盟 Oeko-Tex Standard 100《生态纺织品》标准，是一种在国际上极具权威性的生态纺织品合格性的评定程序，由国际环保纺织协会的成员机构奥地利纺织研究院和德国海恩斯坦研究院共同制定，国际纺织品生态学研究与检测协会出版。

本标准适用于纺织品、皮革制品以及生产各阶段的产品，包括纺织品及非纺织品的附件，但不适用于化学品、助剂和染料。

所有与纺织品的生产和销售有关的厂商，都可以就产品申请 Oeko-Tex Standard 100 标准认证，认证申请需要向国际环保纺织协会成员机构提出。

可提交申请的厂商包括纱线、纤维、坯布、服装、辅料及从事印染加工和其他与纺织品有关的企业。

凡具有 Oeko-Tex Standard 100 标准认证的产品，都是经过分布在世界范围内 15 个国家隶属于国际环保纺织协会授权的知名纺织检定机构的测试和认证。Oeko-Tex Standard 100 标签是世界范围内的注册标签，受《马德里公约》的保护。该标签证书具有认证机构提供的独一无二的证明，说明该产品认证时，所有均按 Oeko-Tex Standard 100 规定进行测试合格，证书有效期一年，期满必须续证。

自 1992 年国际环保纺织协会推出 Oeko-Tex Standard 100 系列标准认证以来，全球累计超过 9500 家企业获得系列认证证书，其中中国有 2300 多家企业。

国际环保纺织协会在 2013 年签发的证书，与上一年相比增长 6.3%，再一次认证了其在生态纺织品独立认证标准领域的领导地位。证书分布呈现向亚洲转移的趋势，亚洲占 59.7%，其中中国占绝大部分。

（二）术语和定义

1. 有害物质

本标准的所谓有害物质是指，存在于纺织品或附件中并超过最大限量，或者在通常或规定的使用条件下会释放并超过最大限量，在通常或规定的使用条件下会对人们产生某种影响，根据现有科学知识水平推断，会损害人类健康的物质。

2. Oeko-Tex Standard 100 标志

Oeko-Tex Standard 100 标志表达的内涵是："可信任的纺织品，是按照 Oeko-Tex Standard 100 的标准检测有害物质"，是指若已履行完通常或特别条件下的授权手续，在产品中使用本标志已被国际纺织品生态研究与检测协会的认证机构或指定机构授权，为纺织品或附件作标志活动。

（三）有害物质限量

Oeko-Tex Standard 100 标准的推出带有明显的技术和商业特征。第 1 版标准公布后，又经多次的修改和补充，对产品类别、监控范围、监控标准等进行多次调整和修改。2009 年 1 月，推出了 2009 年版的 Oeko-Tex Standard 100 标准。根据形势发展的需要，这一版本在 2008 年版的基础上增加了总铅含量和总镉含量的考核内容，将 PFOS 和 PFOA 全部列入监控范围。

2012 年版的 Oeko-Tex Standard 100 标准中涉及的有毒有害物质共 20 项。项目包括 pH 值、可萃取重金属、甲醛、消解样品的重金属、氯化苯酚、杀虫剂、有机锡化合物、邻苯二甲酸酯、化学物残留、有害染料、氯苯和氯化甲苯、多环芳烃、生物活性物质、阻燃整理剂、溶剂残留、表面活性剂残留、挥发性物质、色牢度、异常气味及禁用纤维等。

2013 年版的 Oeko-Tex Standard 100 标准，在 2012 年版的基础上对适用的检测项目、限量值等方面进行了修订和扩充，主要更新了以下内容：第一，增加了对邻苯二甲酸盐 DPP 的管控，儿童产品由 2012 年版的 11 种邻苯二甲酸盐增加到 12 种管控，成人产品则由 8 种增加到 9 种邻苯二甲酸盐管控；第二，增加了富马酸二甲酯 DMFu 的要求；第三，增加了纤维制品生产环节中二甲酸甲酰胺 DMF 的限制。

2014 年 1 月颁布、4 月 1 日正式实施的新版的 Oeko-Tex Standard 100 标准，在 2013 年版的基础上，针对适用检测项目、限量值等方面进行了修改补充，又增加了新的内容。第一，是在原有考察项目氯化苯酚中增加了三氯苯酚；原有考察项目"残余表面活性剂"中原有 OP（EO）类物质从 OP（EO）1 ~ 2，扩展到 OP（EO）1 ~ 20；原有 NP（EO）类物质从 NP（EO）1 ~ 9，扩展到 NP（EO）1 ~ 20；原有考察项目"PFCs"中增加了 PFUdA、PFDoA、PFTrDA、PFTeDA，并各自提出了限量要求。第二，是对原有考察项目"可萃取的重金属"中镍释放量的适用前提和指标进行了调整，明确指出该指标仅适用于金属附件及经金属处理的表面；对原有考察项目"残余溶剂"中甲基吡咯烷酮的限定增加了一种特定情况，即针对用于 PPE 产品的纺前染色纤维。第三，调整了"残余表面活性剂"的 OP 和 NP 两类考察物质总量及 OP、NP、OP（EO）、NP（EO）四类考察物质总量；调整了"PFCs"的"PFOA"限量要求；以上限量要求更加严格。

目前，被 Oeko-Tex Standard 100 标准列出的受限物质已经超过一百多个，它们不仅涵盖了对人体健康有害或有潜在危害的化学品，而且也包括了某些与预防健康风险有关的物质，如纺织品须进行致癌和致敏染料的检测，禁用偶氮染料和杀虫剂残留的检测等。

1. 受试样品包装要求

（1）检测样品的包装应满足保护样品和确保检测结果准确性和重复性的特别要求。

（2）单个样品必须以高伸缩性的 PE 薄片或 PE 袋包装，以避免在运输途中的污染。

（3）尽可能在样品包装外再加包一层以不干胶封好的包装物（纸）。

（4）不允许仅用纸或纸箱包装样品。

2. 限量值和色牢度要求

限量值和色牢度要求，见表 6-2 ~ 表 6-5，Oeko-Tex Standard 100 标准（2012 年版）限量值和色牢度。

表 6-2　Oeko-Tex Standard 100 标准（2012 年版）限量值和色牢度

产品级别	Ⅰ 婴儿	Ⅱ 直接接触皮肤	Ⅲ 不直接接触皮肤	Ⅳ 装饰材料
第一部分测试方法记载于 Oeko-Tex Standard 200				
pH 值	4.0 ~ 7.5	4.0 ~ 7.5	4.0 ~ 9.0	4.0 ~ 9.0
甲醛（mg/kg）Law112	n.d.[2]	75	300	300
可萃取的重金属（mg/kg）				
锑（Sb）	30.0	30.0	30.0	—
砷（As）	0.2	1.0	1.0	1.0
铅（Pb）	0.2	1.0[3]	1.0[3]	1.0[3]
镉（Cd）	0.1	0.1	0.1	0.1
铬（Cr）	1.0	2.0	2.0	2.0[4]
六价铬［Cr（Ⅵ）］	检测限值以下[5]			
钴（Co）	1.0	4.0	4.0	4.0
铜（Cu）	25.0[6]	50.0[6]	50.0[6]	50.0[6]
镍（Ni）[7]	1.0[8]	4.0[9]	4.0[9]	4.0[9]
汞（Hg）	0.02	0.02	0.02	0.02
被消解样品中的重金属（mg/kg）[10]				
铅（Pb）	45.0	90.0[3]	90.0[3]	90.0[3]
镉（Cd）	50.0	100.0[3]	100.0[3]	100.0[3]
杀虫剂[7]/（mg/kg）[11] [12]				
总计[12]	0.5	1.0	1.0	1.0
氯化苯酚（Chlorinated phenols）/（mg/kg）[12]				
五氯苯酚（PCP）	0.05	0.5	0.5	0.5
四氯苯酚（TeCP）	0.05	0.5	0.5	0.5

注 1. 产品必须进一步做湿处理的 pH 值可能在 4.0 ~ 10.5；皮革产品、有涂层或胶合的（叠层）的，归为第Ⅳ类产品，pH 值在 3.5 ~ 9.0 可接受。

2. 这里的 n.d.，表示按照日本法令 112 的检测方法，小于 0.05 个吸光度单位，对应浓度 < 16ppm。

3. 禁止使用铅及铅合金。

4. 由无机材料制成的装饰附件不作要求。

5. 极限值 Cr（Ⅵ）0.5ppm，芳香胺 220ppm，染料 50ppm。

6. 包括欧盟指令 94/27/EEC 要求。

7. 杀虫剂仅适用于天然纤维。

表 6-3　Oeko-Tex Standard 100（2012 年版）限量值和色牢度

产品级别	Ⅰ婴儿	Ⅱ直接接触皮肤	Ⅲ不直接接触皮肤	Ⅳ装饰材料
第二部分测试方法记载于 Oeko-Tex Standard 200				
邻苯二甲酸酯〔W—%〕[13]				
DINP，DNOP，DEHP，DIBP，BBP，DIDP，DBP，DIHP，DHNUP，DHP，DMEP，DPP，总计 [12]	0.1	—	—	—
DEHP，BBP，DBP，DIBP，DIHP，DHNUP，DHP，DMEP，DPP 总计 [12]	—	0.1	0.1	0.1
有机锡化合物 /（mg/kg）[12]				
TBT（三丁基锡）	0.5	1.0	1.0	1.0
TPhT（三苯基锡）	0.5	1.0	1.0	1.0
DBT（二丁基锡）	1.0	2.0	2.0	2.0
DOT（二辛基锡）	1.0	2.0	2.0	2.0
其他残余化学物				
邻苯基苯酚（OPP）/（mg/kg）[12]	50.0	100.0	100.0	100.0
芳香胺 /（mg/kg）[12][14]	没有 [5]			
SCCP 短链氧化石蜡〔W—%〕[12]	0.1	0.1	0.1	0.1
TCEP 三（2—氯乙基磷酸酯〔W—%〕[12]	0.1	0.1	0.1	0.1
DMFu〔mg/kg〕[12]	0.1	0.1	0.1	0.1
染料				
可分解芳香胺类 [12]	不得使用 [5]			
致癌物 [12]	不得使用			
致敏物 [12]	不得使用 [5]			
其他有害物 [12]	不得使用 [5]			

注　1. 邻苯二甲酸酯，适用于涂层制品、塑胶印刷品柔软泡沫材料以及由塑料制成的装饰附件。
　　2. 芳香胺类化合物适用于所有染料所有含聚亚氨酯（PU）的材料。

生态纺织服装绿色设计

表 6-4　Oeko-Tex Standard 100（2012 年版）限量值和色牢度

产品级别	I 婴儿	II 直接接触皮肤	III 不直接接触皮肤	IV 装饰材料
第三部分测试方法记载于 Oeko-Tex Standard 200				
氯化苯和氯化甲苯 /（mg/kg）12				
总计	1.0	1.0	1.0	1.0
多环芳烃（PAH）/（mg/kg）[15]				
苯并〔a〕芘	0.5	1.0	1.0	1.0
苯并〔e〕芘	0.5	1.0	1.0	1.0
Benzo〔a〕anthracene	0.5	1.0	1.0	1.0
Chrysene	0.5	1.0	1.0	1.0
Benzo〔b〕fiuoranthene	0.5	1.0	1.0	1.0
Benzo〔J〕fiuoranthene	0.5	1.0	1.0	1.0
Benzo〔K〕fiuoranthene	0.5	1.0	1.0	1.0
Dibenzo〔a, h〕anthracene	0.5	1.0	1.0	1.0
总计 [12]	5.0	10.0	10.0	10.0
生物活性物质	不得检出			
阻燃剂（一般性）	不得检出			
PBB，TRIS，TEPA，pentaBDE，DecaBDE，HBCDD，octaBDE，SCCP，TCEP[12]	不得使用			
残余溶剂〔W—%〕[17] [18]				
NMP[19]	0.1	0.1	0.1	0.1
DMAc	0.1	0.1	0.1	0.1
DMF	0.1	0.1	0.1	0.1
残余表面活性剂，润湿剂〔mg/kg〕				
OP，NP 总计	10.0	10.0	10.0	10.0
OP，NP，OP（EO）$_{1-20}$，NP（EO）$_{1-20}$ 总计	250.0	250.0	250.0	250.0
PFC's 全氟化合物 [12] [20]				
PFOS〔μg/m2〕	1.0	1.0	1.0	1.0
PFOA 全氟辛酸〔mg/kg〕	0.05	0.1	0.1	0.5
PFUdA〔mg/kg〕	0.05	0.1	0.1	0.5
PFTrDA〔mg/kg〕	0.05	0.1	0.1	0.5
PFTeDA〔mg/kg〕	0.05	0.1	0.1	0.5

表 6-5　Oeko-Tex Standard 100 标准（2012 年版）　限量值和色牢度

产品级别	Ⅰ 婴儿	Ⅱ 直接接触皮肤	Ⅲ 不直接接触皮肤	Ⅳ 装饰材料
第四部分　测试方法记载于 Oeko-Tex Standard 200				
色牢度（染色/着色）级				
耐水	总计 [12]	5.0	10.0	10.0
耐酸性汗液	生活活性产品	没有 [16]	3 ~ 4	3 ~ 4
耐碱性汗液	3 ~ 4	3 ~ 4	3 ~ 4	3 ~ 4
耐干摩擦 [21] [22]	4	4	4	4
耐唾液和汗液	牢固	—	—	—
可挥发物质释放量 /（mg/m³）				
甲醛 [50-00-0]	0.1	0.1	0.1	0.1
甲苯 [108-88-3]	0.1	0.1	0.1	0.1
苯乙烯 [100-42-5]	0.005	0.005	0.005	0.005
乙烯基环乙烷 [100-40-3]	0.002	0.002	0.002	0.002
苯基环乙烷 [4944-16-5]	0.03	0.03	0.03	0.03
丁二烯 [106-99-6]	0.002	0.02	0.002	0.002
氯乙烯 [75-01-4]	0.002	0.002	0.002	0.002
芳香烃	0.3	0.3	0.3	0.3
有机挥发物	0.5	0.5	0.5	0.5
气味测定				
总体	无异味 [24]			
SNV195 651（经修正）[23]	3	3	3	3
禁用纤维				
石棉纤维	不得使用			

注　1. 耐干摩擦色牢度，对洗出物不作要求；对色素、染缸或硫黄着色剂，最小级别的耐干摩擦程度 3 级是可以
　　　接受的。
　　2. 挥发性气体适用于纺织地毯、床垫及泡沫和不使用于服装的大型涂层制品。
　　3. 气味检测要求，无霉味、汽油味、鱼腥味、芳烃味或香水味。

二、欧盟 Oeko-Tex Standard 200 标准

欧盟 Oeko-Tex Standard 200 标准是由国际纺织品生态学研究与检测学会为生态纺织品 Oeko-Tex Standard 100 标准配套而颁布的"授权使用 Oeko-Tex 标志的检测程序"标准，在标准中规定了生态纺织品监控内容的测试程序和方法。标准规定：如果任何一项检测结果

超过限定值，则进行中或等待中的检测将被终止或取消，准备检测的样品要按照 ISO 的规定进行调查处理。该文件是一种仅给出了相关项目的检测方法的标准和测试技术指南性的文件，并无实际的可操作性。

2008 年版的欧盟 Oeko-Tex Standard 200 标准的主要内容包括以下十三项。

第一项，pH 值测定（ISO 3071，KCl 溶液）。

第二项，甲醛测定：游离和部分释放甲醛的定量测定。

第三项，重金属的测定：人工酸性汗液萃取（ISO 105-E04，溶液 2）；样品的消化；六价铬的测定。

第四项，杀虫剂含量的测定（萃取、净化、气相色谱、MSD 或 ECD 检测器）。

第五项，含氯酚（PCP 和 TeCP）和苯基苯酚（OPP）含量测定（气相色谱、MSD 或 ECD 检测器）。

第六项，邻苯二甲酸酯含量的测定（有机溶剂萃取、净化，气相色谱，MSD 检测）。

第七项，有机锡化合物测定（人工酸性汗液萃取，四乙基硼酸钠衍生化，净化，气相色谱，MSD 检测）。

第八项，PFOS/PFOA 含量的测定（甲醇萃取 LC/MS/MS 分析）。

第九项，危害人类生态安全的着色剂测试：在还原条件下可裂解出第 1 类和第 2 类致癌芳香胺的偶氮着色剂的检测；致癌染料的检测；致敏性分散染料的检测；其他禁用染料的检测。

第十项，氯化苯和氯化甲苯的检测。

第十一项，色牢度检测。

第十二项，挥发物的检测：释放至空气中的甲醛测定；挥发性和有气味化合物挥发的测定。

第十三项，异味测试：纺织铺地织物、床垫、非服用的大型涂层物件的气味测试及其他物件气味测试（霉味、石油馏分气味、鱼腥味、芳香烃气味、主观评价）；石棉纤维的鉴定（显微镜法）。

三、欧盟生态纺织品 Eco-Label《标志认证和合格评定要求》

1993 年，欧盟委员会根据欧洲议会第 880/92/EC 法令，颁布了欧盟生态纺织品 Eco-Label《标志认证和合格评定要求》。

欧盟的 Eco-Label 所倡导的是全生态的概念，与 Oeko-Tex Standard 等部分生态概念的标准有很大差异。

首先是标准发布主体和法律效力不同，Oeko-Tex Standard 100 标准是国际纺织品生态研究和检验协会发布，该协会为国际性民间组织，属于商业标准。Eco-Label 标志和标准由欧盟委员会颁布，各成员国应将此作为本国政令，属于政府行为。

其次是考虑的生态要素不同，Oeko-Tex Standard 100 标准为"可信任纺织品"，是按该标准检测有毒有害物质限量的生态纺织品。

Eco-Label 标志为"降低水污染、限制危害性物质、覆盖产品的全部生产链"的评价标准，要求的是某一产品在整个生命周期对生态环境所产生的影响，如对某一服装进行评价，要从纤维种植或生产、纺纱织造、前处理、印染、后整理、成衣制作、穿着使用、废弃处理的整个产品生命周期过程中可能对生态环境、人体健康的危害等进行评价。

从长远来看，Eco-Label标志认证标准有利于纺织服装业的可持续发展，必将成为市场的主导。同时，该标准是以欧盟委员会法令的形式颁布的，在全欧盟范围内是具有法律效力的强制性标准。

Eco-Label标志认证标准的主要内容包括以下五个方面。

（一）Eco-Label标志认证标准的目的与架构

Eco-Label标志认证标准设立的主要目的，在于促进纺织服装行业在生产的生命周期过程中的关键工序和生产过程中减少废水的产生和排放。标准所设置的限量控制水平将有助于使授权使用该标签的产品对生态环境的影响降到较低的水平。

Eco-Label标志认证标准，对每一项条款都明确地列出了具体的评估和认证要求，并告知要求提供的声明文件、检测报告、证明性文件等须满足该标准申报要求的文件和材料。同时，该标准对某些检测项目也给出了指定的检测方法，但也对有资质的认证机构的其他检测方法并不排斥。

Eco-Label标志认证标准把纺织服装产品生命周期大致分为纺织纤维标准、纺织加工和化学品标准、性能测试标准三部分。

（二）纺织纤维标准

Eco-Label标志认证标准包含的纺织纤维包括：腈纶、棉和天然纤维素纤维、种子纤维、聚氨酯弹性纤维、亚麻和其他韧皮纤维、含脂原毛和其他蛋白质纤维、人造纤维素纤维、聚酰胺纤维、聚酯纤维、聚丙烯纤维及没有包含在该标准中的其他纤维。

评估和判断标准时，申请人应提供详细的纺织产品纤维的组成成分和含量信息，并对每一种纺织纤维都能提出明确而具体的考核指标和申请的相关要求及说明。

（三）纺织加工和化学品标准

Eco-Label标志认证标准适用于纺织产品生产中的每一个环节，包括纤维生产中的前加工、前处理、印染后整理和复合加工等环节。该标准对可能未涉及的染料或其他化学物质可不作要求。

（四）性能测试标准

执行Eco-Label性能测试标准的纺织产品必须在通过上述的标准审核后才有意义。性能测试标准包括一项尺寸稳定性条款、五项色牢度条款、一项标签标志条款。

（五）技术特点

第一，采取自愿申请认证标准的原则，申请者必须提供相关的检测报告作为依据。

第二，该标准本身除关注产品的生态安全性外，更多地须关注在全产业链的生态环境，这样可以有效地控制有毒有害物质的排放和对生态环境的污染。

第三，企业诚信是标准监控体系的重要组成部分，该标准对许多监控项目采用检测和自我声明的办法，对企业诚信度提出了更高的要求。

第四，具有相对的灵活性，该标准引用的测试方法不局限于欧盟的标准，凡是被国际上通行和资质被认可的检测标准也被该标准认可。

第五，因为该标准是对产品生命周期进行评估，所以对大部分纺织产品，如服装产品申请 Eco-Label 标准认证，首先必须提供前面所有工序的有毒有害物质使用和环境排放信息。

四、我国生态纺织品标准体系

2002 年，中国国家质量监督检验检疫总局颁布了国家推荐性标准 GB/T 18885—2002《生态纺织品技术要求》，该标准的产品分类和技术要求参照了欧盟 Oeko-Tex Standard 100 标准 2002 年版的相关内容。

GB/T 18885—2002 标准是一项推荐性标准，并不具备法律强制性概念，但对强化我国生态纺织品的发展具有导向作用，为最终确定将生态纺织品的技术要求和关键内容转化为国家强制性标准创造了条件。

2003 年，我国颁布了国家强制性标准 GB 18401—2003《国家纺织产品基本安全技术规范》，该标准的实施对促进我国纺织服装产业的健康发展，冲破纺织服装业在国际贸易中的绿色壁垒的束缚是十分有利的。

近年来，Oeko-Tex Standard 100 标准经多次的修改和补充，许多重要的技术内容发生了很大的变化。与此同时，随着国内对生态环保意识和措施的加强，生态纺织品的检测技术和检测方法标准化方面不断完善，具备了采用 GB/T 18885—2002 标准的能力和条件。

参照 2008 年版 Oeko-Tex Standard 100 标准的思路和技术条件，2009 年 1 月，我国颁布了新的国家标准 GB/T 18885—2009《生态纺织品技术要求》。2011 年 8 月 1 日，我国颁布 GB 18401—2010《国家纺织产品基本安全技术规范》标准，代替 GB 18401—2003。因为该标准是针对境内的纺织产品，对生态技术指标的要求是最基本的安全要求，与生态纺织品 GB/T 18885 的要求仍有较大的距离，可以说这是根据我国纺织服装产业现状制定的基本安全规范，而不是生态纺织品的标准。

（一）GB 18401—2010《国家纺织产品基本安全技术规范》

GB 18401—2010《国家纺织产品基本安全技术规范》是国家质量监督检验检疫总局、国家标准化委员会 2011 年 1 月 14 日发布，2011 年 8 月 1 日正式实施的国家强制标准。本标准仅规定了纺织产品的基本安全技术要求、试验方法、检测规则及实施与监督。纺织产品其他要求按有关的标准执行。该标准适用于在我国境内生产及销售的服用、装饰用和家用纺织产品，出口产品可依据合同的约定执行。该标准的产品分类与 GB/T 18885—2009 相同，按产品最终用途的基本安全技术要求，根据指标要求程度分为 A 类、B 类、C 类（表6-6、表6-7）。

表 6-6　纺织产品分类

类型	典型示例
A 类：婴幼儿纺织产品	尿布、内衣、围嘴、睡衣、手套、袜子、外衣、帽子、床上用品
B 类：直接接触皮肤纺织产品	内衣、衬衣、裤子、袜子、床单、被套、泳衣、帽子
C 类：非直接接触皮肤纺织产品	外衣、裙子、裤子、大衣、窗帘、床罩

表 6-7　纺织产品基本安全技术指标

项目	A 类	B 类	C 类
甲醛含量 / (mg/kg) ≤	20	75	300
pH 值	4.0 ~ 7.5	4.0 ~ 8.5	4.0 ~ 9.0
色牢度 / 级 ≥ 耐水	3 ~ 4	3	4
耐酸汗渍	3 ~ 4	3	3
耐碱汗渍	3 ~ 4	3	3
耐干摩擦	4	3	3
耐唾液	4	—	—
异味	无	无	无
可分解致癌芳香胺染料 / (mg/kg)	禁用	禁用	禁用

　　GB 18401—2010《国家纺织产品基本安全技术规范》同时规定，婴幼儿纺织产品必须在使用说明上标明婴幼儿用品字样，其他产品应在使用说明上标明所符合的基本安全技术要求类别（如 A 类、B 类、C 类），产品应按件标注一种类别。该标准 A 类一般适用于身高100cm 及以下婴幼儿使用的产品可作为婴幼儿纺织产品。

　　标准同时规定了法律责任，对违反本标准的行为，依据《中华人民共和国标准化法》、《中华人民共和国产品质量法》等有关法律、法规的规定进行处罚。

（二）国家标准 GB/T 18885—2009《生态纺织品技术要求》

　　GB/T 18885—2009《生态纺织品技术要求》是中国国家质量监督检验检疫总局、国家标准化管理委员会在 2009 年 6 月 11 日发布、2010 年 1 月 1 日正式实施的国家标准，本标准代替 GB/T 18885—2002《生态纺织品技术要求》。

　　GB/T 18885—2009《生态纺织品技术要求》的产品分类和要求采用国际纺织品生态研究与检测协会 Oeko-Tex Standard 100《生态纺织品》标准 2008 年版要求，内容包括：对生态纺织品进行了分类，规定了各项指标限量值和检测方法。

1. 适用范围

　　GB/T 18885—2009《生态纺织品技术要求》规定了生态纺织品的分类、要求和检测方法，适用于各类纺织品及其附件，皮革制品可参照执行，但不适用于化学品、助剂和染料。

2.术语和定义

生态纺织品（Ecological Textiles）是指采用对环境无害或少害的原料和生产过程所生产的对人体健康无害的纺织品。

3.产品分类

按照产品（包括生产过程各阶段的中间产品）的最终用途，可分为以下四类产品。

（1）婴幼儿用品：供年龄在 36 个月以下的婴幼儿使用的产品。

（2）直接接触皮肤用品：在穿着或使用时，其大部分面积与人体皮肤直接接触的产品（如衬衫、内衣、毛巾、床单等）。

（3）非直接接触皮肤用品：在穿着或使用时，不直接接触皮肤或其小部分面积与人体皮肤直接接触的产品（如外衣等）。

（4）装饰材料：用于装饰的产品（如桌布、墙布、窗帘、地毯等）。

4.判定规则

测试结果中有一项超出了表 6-8 所规定的限量值，则判定该批产品不合格。

表 6-8　GB/T 18885—2009 生态纺织品技术要求（有毒有害物质限量部分）

项目		单位	婴幼儿用品	直接接触皮肤用品	非直接接触皮肤用品	装饰材料
pH 值		—	4.0 ~ 7.5	4.0 ~ 7.5	4.0 ~ 9.0	4.9 ~ 9.0
甲醛	游离	mg/kg	20	75	300	300
可萃取的重金属≤	锑	mg/kg	30.0	30.0	30.0	—
	砷		0.2	1.0	1.0	1.0
	铅		0.2	1.0	1.0	1.0
	镉		0.1	0.1	0.1	0.1
	铬		1.0	2.0	2.0	2.0
	铬（六价）		低于检出限			
	钴		1.0	4.0	4.0	4.0
	铜		25.0	50.0	50.0	50.0
	镍		1.0	4.0	4.0	4.0
	汞		0.02	0.02	0.02	0.02
杀虫剂≤	总量（包括 PCP/TeCP）	mg/kg	0.5	1.0	1.0	1.0
苯酚化合物≤	五氯苯酚（PCP）	mg/kg	0.05	0.5	0.5	0.5
	四氯苯酚（TeCP，总量）		0.05	0.5	0.5	0.5
	邻苯基苯酚（OPP）		50	100	100	100
氯苯和氯化甲苯≤		mg/kg	1.0	1.0	1.0	1.0

项目		单位	婴幼儿用品	直接接触皮肤用品	非直接接触皮肤用品	装饰材料
邻苯二甲酸酯≤	DINP，DNOP，DEHP，DIDP，BBP，DBP 总量	%	0.1	—	—	—
	DEHP，BBP，DBP 总量		0.1			
有机锡化合物≤	三丁基锡（TBT）	mg/kg	0.5	1.0	1.0	1.0
	二丁基锡（DBT）		1.0	2.0	2.0	2.0
	三苯基锡（TPhT）		0.5	1.0	1.0	1.0
有害染料≤	可分解芳香胺染料		禁用			
	致癌染料		禁用			
	致敏染料		禁用			
	其他染料		禁用			
抗菌整理剂		—	无			
阻燃整理剂	普通	—	无			
	PBB，TRIS，TePA，pent-aBDE，octaBDE		禁用			
色牢度（沾色）≥	耐水	级	3	3	3	3
	耐酸汗液		3～4	3～4	3～4	3～4
	耐碱汗液		3～4	3～4	3～4	3～4
	耐干摩擦		4	4	4	4
	耐唾液		4	—	—	—
挥发物质≤	甲醛（50-00-0）	mg/kg	0.1	0.1	0.1	0.1
	甲苯（108-88-3）		0.1	0.1	0.1	0.1
	苯乙烯（100-42-5）		0.005	0.005	0.005	0.005
	乙烯基环己烷		0.002	0.002	0.002	0.002
	4苯基环己烷		0.03	0.03	0.03	0.03
	丁二烯（106-99-0）		0.002	0.002	0.002	0.002
	氯乙烯（75-01-4）		0.002	0.002	0.002	0.002
	芳香化合物		0.3	0.3	0.3	0.3
	挥发性有机物		0.5	0.5	0.5	0.5
异常气味		—	无			
石棉纤维		—	禁用			

5. 技术要求

对各种有害物质清单以规范附录的方式构成标准的一部分。具体检测的有毒有害物质15项，包括 pH 值、甲醛、可萃取的重金属、苯酚化合物、杀虫剂、氯苯和氯化甲苯、邻苯二甲酸酯、有机锡化合物、有害染料、抗菌整理剂、阻燃整理剂、挥发性物质、色牢度、异常气味和禁用纤维等。

6. GB/T 18885—2009《生态纺织品技术要求》规范性引用文件

GB/T 2912.1	纺织品	甲醛测定	第一部分（水萃取法）
GB/T 5713	纺织品	色牢度试验	耐水色牢度
GB/T 7573	纺织品	水萃取 pH 值测定	
GB/T 17592	纺织品	禁用偶氮染料的测定	
GB/T 17593	纺织品	重金属的测定	
GB/T 1841	纺织品	农药残留的测定	
GB/T 18414	纺织品	含氯苯酚的测定	
GB/T 18886	纺织品	色牢度试验	耐唾液色牢度
GB/T 20382	纺织品	致癌染料的测定	
GB/T 20383	纺织品	致敏性分散染料的测定	
GB/T 20384	纺织品	氯化苯和氯化甲苯残留量的测定	
GB/T 20385	纺织品	有机锡化合物的测定	
GB/T 20386	纺织品	邻苯基苯酚的测定	
GB/T 20388	纺织品	邻苯二甲酸酯的测定	
GB/T 23344	纺织品	4-氨基偶氮苯的测定	
GB/T 23345	纺织品	分散黄 23 和分散橙 149 染料的测定	
GB/T 24279	纺织品	禁/限用阻燃剂的测定	
GB/T 24281	纺织品	有机挥发物的测定	气相色谱—质谱法

（三）国家标准 GB/T 22282—2008《纺织纤维中有毒有害物质的限量》

GB/T 22282—2008《纺织纤维中有毒有害物质的限量》是由国家纺织制品质量监督检验中心起草，2009 年颁布实施的国家标准。

该标准参照了欧盟 2002/371/EC《纺织品生态标签规范》指令中的相关条款，以达到在原料加工、纺织、印染、后整理和服装产成品加工生产等生产过程中减少有毒有害物质的产生和排放的目的。

该标准适用的纤维有：聚酯纤维、聚丙烯腈纤维、聚丙烯纤维、聚氨酯纤维、人造纤维素纤维、棉和其他天然纤维素纤维、含脂原毛和其他蛋白质纤维等。

（四）HJ/T 307—2006《环境标志产品技术要求（生态纺织品）》

HJ/T 307—2006《环境标志产品技术要求（生态纺织品）》，是中国国家环保总局 2006 年 11 月 15 日发布的行业技术标准。

该标准参照了 2006 年版的 Oeko-Tex Standard 100 标准，技术要求和限量值几乎与其相同，但在检测方法上并不完全匹配。

该标准的适用范围包括除经防蛀整理的毛及混纺织品外的所有纺织品的表述范围，与欧盟和我国 GB/T 18885—2009《生态纺织品技术要求》的术语和定义并不相同。但该标准作为中国唯一环境标志产品的生态纺织品认证技术要求，在程序上规定可以通过文件审查结合现场检查的方式来对无检测方法的项目进行验证。

（五）国家标准 GB/T 24000《环境管理体系》

国际标准化组织（ISO）在 1993 年颁布了 ISO 14000《环境管理体系》标准。我国于 1996 年引入 ISO 14000 标准试点，并于 1997 年宣布采用 ISO 14000 标准，同时颁布等效国家标准 GB/T 24001《环境管理体系》，2004 年颁布 GB/T 24004《环境管理体系》修订版。

GB/T 24000《环境管理体系》包括：环境管理体系、环境标志、清洁化生产、生命周期分析等国际环境管理的关键领域。

通过了环境管理体系标准，就获得了市场"绿色通行证"，该标准是企业认证的主要标准，对消除绿色壁垒和促进世贸发展有重要意义。

五、Oeko-Tex Standard 100 标准与 GB/T 18885—2009 标准的差异

Oeko-Tex Standard100 标准是国际公认、权威的生态纺织品自愿认证标准。GB/T 18885—2009 标准是我国参照 2008 年版的 Oeko-Tex Standard 100 标准修订而成，是我国重要的生态纺织品标准的代表。对两者内容的差异分析，将有助于了解我国生态纺织品标准与国际先进标准的差距。

（一）标准更新快

我国 GB/T 18885 标准共有两个版本，2002 年版和 2009 年版，分别是参照 2002 年版和 2008 年版的 Oeko-Tex Standard 100 标准的相关内容制定的。

Oeko-Tex Standard100 标准委员会，自 1992 年起每年将根据市场、法规和最新的研究成果等对标准进行修订。目前，Oeko-Tex Standard 100 最新版为 2015 年版，新版标准于 2015 年 1 月颁布，经 3 个月试用期，4 月 1 日正式实施。

（二）产品分类和技术要求

在产品分类上，GB/T 18885—2009 标准与 Oeko-Tex Standard 100 标准保持一致，把生态纺织服装产品分为四类进行管控。

在技术要求上，Oeko-Tex Standard 100 标准比 GB/T 18885—2009 标准管控项目更全面；在测试方法上，与 Oeko-Tex Standard 100 标准相比较，GB/T 18885—2009 标准采用的是 GB 标准，并根据国内法规标准制定检测要求。

生态纺织服装绿色设计

（三）GB/T 18885—2009 标准与 2013 年版的 Oeko-Tex Standard 100 标准差异性

GB/T 18885—2009 标准与 2013 年版的 Oeko-Tex Standard 100 标准相比，在限量值的要求和有毒有害物质的限定项目上已有很大差异。例如，在甲醛含量上的差异，国家标准中规定婴幼儿产品中的限量值为＜ 20mg/kg，而 Oeko-Tex Standard 100 标准中限量值为 n.d.2mg/kg；在 GB/T 18885—2009 管控项目"邻苯二甲酸酯"中，缺少对 DIDP、DBP、DIHP、DHNUP、DHP、DMEP、DPP 的考核；在国标中缺少对"被消解样品中重金属 Pb（铅）、Cd（镉）"的考核；在"其他残余化合物"项中，国标中缺少对 OPP、芳香胺、SCCP、TCEP、DMFu 的考核；在"有机锡化合物"项目中缺少对 DOT 的考核；在"阻燃整理剂"中，缺少对 DecaBDE、HBCDD、SCCP、TCEP 的考核；同时还缺少对被消解样品中重金属、PFOS、PFOA、TCEP、PAH、溶剂残留、表面活性剂残留、多环芳烃、PFC's 全氟化合物的考核要求（表 6-9）。

表 6-9 国内外生态纺织品标准比较表

检测项目	GB/T 18885—2009 标准	Oeko-Tex Standard 100 标准（2013 版）
甲醛	婴幼儿用品 ≤ 20mg/kg	婴幼儿用品 ≤ 16mg/kg
邻苯二甲酸酯	邻苯二甲酸异壬酯（DINP）、邻苯二甲酸二辛酯（DNOP）、邻苯二甲酸二（2-乙基）己酯（DEHP）、邻苯二甲酸二异癸酯（DIDP）、邻苯二甲酸丁酯苯甲酯（BBP）、邻苯二甲酸二丁酯（DBP）	DINP、DNOP、DEHP、DIDP、BBP、DBP、邻苯二甲酸二异丁酯（DIBP）、邻苯二甲酸二 C6-8 支链烷基酯（DIHP）、邻苯二甲酸 - 二（C7-11 支链）烷酯（DHNUP）、邻苯二甲酸二己酯（DHP）、邻苯二甲酸二甲氧基乙酯（DMEP）、DPP
有机锡化合物	三丁基锡（TBT）、三苯基锡（TPHT）、二丁基锡（DBT）	TBT、TPHT、DBT、二辛基锡（DOT）
阻燃整理剂	多溴联苯（PBB）、三（2.3-二溴丙基）磷酸酯（TRIS）、三吖啶基氧化磷（TEPA）、五溴二苯醚（pentaBDE）、八溴二苯醚（octaBDE）	PBB、TRIS、TEPA、pentaBDE、octaBDE、十溴二苯醚（DecaBDE）、六溴环十二烷（HBCDD）、短链氯化石蜡（SCCP）、磷酸三（2-氯乙基）酯（TCEP）
被消解样品中重金属	无	铅（Pb）、镉（Cd）
溶剂残留	无	1-甲基-2-吡咯烷酮（NMP）、N, N 二甲基乙酰（DMAc）、DMF
表面活性剂、湿润剂残留	无	辛基苯酚（OP）、壬基苯酚（NP）、辛基酚乙氧基化物［OP（EO）$_{1-20}$］、壬基酚乙氧基化物［NP（EO）$_{1-20}$］
其他	无	其他残余化学物检测项 多环芳烃检测项 PFC's 全氟化合物检测项

（四）Oeko-Tex 国际环保纺织协会在 2014 年更新了 Oeko-Tex Standard 100 标准检测标准和限量值，新版中设定了最新标准

1. 全氟辛酸（PFOA）

对全氟辛酸（PFOA）的监管更严格，其中：第一级为：0.05mg/kg（2013 年版为 0.10mg/kg）；第二级为：0.1mg/kg（2013 年版为 0.25mg/kg）；第三级为：0.1mg/kg（2013 年版为 0.25mg/kg）；第四级为：0.5mg/kg（2013 年版为 1.0mg/kg）。同时，四种长链全氟化合物被列入到新的考核项目，限量值与全氟辛酸相同。

2. 壬基酚、辛基酚、壬基酚聚氧乙烯醚等

对壬基酚、辛基酚、壬基酚聚氧乙烯醚等在所有级别产品中的要求更为严格，其中：壬基酚（NP）与辛基酚（OP）总计＜10mg/kg（2013 年版限量值为 50mg/kg）；壬基酚（NP）、壬基酚聚氧乙烯醚［NP（EO）$_{1-20}$］、辛基酚（OP）、辛基酚聚氧乙烯醚［OP（EO）$_{1-20}$］总量要求小于 250.0mg/kg（2013 年版为 500mg/kg）。

3. 三氯苯酚

作为对五氯苯酚（PCP）和四氯苯酚（TeCP）的扩充，新增对三氯苯酚的考察。

4. 地乐酯

地乐酯将被列入禁用杀虫剂清单。

5. 多环芳烃化合物、增塑剂、残留溶剂

对多环芳烃化合物、增塑剂、残留溶剂等也做出与 2013 年不同的规定。

（五）2015 年版 Oeko-Tex Standard 100 标准解读

与 2014 年版相比，2015 年版 Oeko-Tex Standard 100 的新标准具有多项变化。

1. 壬基酚（NP）、辛基酚（OP）、壬基酚聚氧乙烯醚［NP（EO）$_{1-20}$］和辛基酚聚氧乙烯醚［OP（EO）$_{1-20}$］总和的限量值

壬基酚（NP）、辛基酚（OP）、壬基酚聚氧乙烯醚［NP（EO）$_{1-20}$］和辛基酚聚氧乙烯醚［OP（EO）$_{1-20}$］总和的限量值将显著降低，针对全部四个产品级别，限值的上限由 2014 年版标准中的 250mg/kg 降至 100mg/kg。

Oeko-Tex 正积极推进在纺织生产过程中完全消除壬基酚（NP）、辛基酚（OP）以及烷基酚聚氧乙烯醚（APEOs）的使用，以实现全球纺织产业共同的环保目标。

2. 全氟辛酸（PFOA）

全氟辛酸的限量变化，由 mg/kg 转变为 μg/m^2。针对四个产品级别，限量条件统一降至＜1.0μg/m^2。在 2014 年版标准中，第一级别的限量值为 0.05mg/kg，第二级别和第三级别的限量值为 0.1mg/kg，第四级别的限量值为 0.5mg/kg。

由于标准中限制的不仅是全氟辛酸本身，还包含了全氟辛酸的各种盐和酯，因此，在 Oeko-Tex Standard 100 标准的有害物质列表中，并不是单纯地记录全氟辛酸的 CAS 编号，而是将所有相关物质都包含在内。此外，针对全氟辛烷磺酰基化合物（PFOS）的限制，由 ≤1.0μg/m^2 降为＜1.0μg/m^2。

3. 阻燃产品

为了更加明确，原来列在 Oeko-Tex Standard 100 标准限量值表中的各种禁用阻燃产品

将被列于有害物质列表中。同时，该表新增了九种禁用的阻燃产品。这些措施确保 Oeko-Tex Standard 100 标准涵盖 SVHC 高度关注物质清单中所列的物质。

4. 镉含量的限量值

针对所有产品级别，被消解样品中的镉含量的限量值降为 40mg/kg（之前的限量值为第一级别：50 mg/kg；第二到第四级别：100mg/kg）。

5. 甲酰胺

甲酰胺作为一种新的检测物质被列入"残余溶剂"一栏，适用于考察压缩泡棉和发泡塑胶，如 EVA 和 PVC 等。四个产品级别的限量值均为 0.02%（=200mg/kg）。新增甲酰胺是因为 SVHC 高度关注物质清单中包含该物质，同时也考虑到法国针对特定材料 / 物品有相关的法律规定。

6. 芳香胺

"其他残余化学物"一栏中关于芳香胺的脚注更改为"适用于所有含有聚氨酯的材料或其他可能含有游离致癌芳香胺的材料"，这里特别提到了游离致癌芳香胺，这样标注更加清晰。认证的产品不能包含有害物质列表中所列的游离致癌芳香胺。

7. 邻苯二甲酸二己酯

支链和直链（CAS 编号 68515–50–4）和二异己酯（CAS 编号 71850–09–4）被纳入考察项邻苯二甲酸二己酯中，四个产品级别均包含。这是因为考虑到邻苯二甲酸二己酯，支链和直链（CAS 编号 68515–50–4）属于 SVHC 高度关注物质。

8. C.I. 颜料红 104（钼铬红）和 C.I. 颜料黄 34（铬黄）

C.I. 颜料红 104（钼铬红）和 C.I. 颜料黄 34（铬黄）被列入有害物质列表禁用致癌染料清单。这两种染料在多年以前就已经属于 Oeko-Tex Standard 100 标准的检测项目并被严格禁用，由于 REACH 法规 SVHC 高度关注物质清单中新增此染料，所以新标准将该染料更加清楚地列入有害物质列表中。

通过上面分析可以看出，由于我国生态纺织品标准 GB/T 18885—2009《生态纺织品技术要求》是参照欧盟 2008 年版的 Oeko-Tex Standard 100《生态纺织品》标准制定的，而欧盟标准每年都将根据发展需要和检测手段的提高，增加新的管控项目和提高限量指标。

由于产业发展水平和检测技术受限，我国在标准完善和产业法规配套等领域与世界先进国家还存在较大差距，每一次新增的监控内容和范围对我国纺织服装业产品的出口都产生了很大的冲击和制约，加快标准和法规的国际化是纺织服装产业的重要任务。

思考题

1. "环境标志"的概念？欧盟、美国、日本等经济发达国家有关纺织服装产品的环境标志认证有哪些？我国有关环境标志认证的办法和措施有哪些？

2. 简要说明欧盟 Oeko-Tex Standard 100《生态纺织品》标准的适用范围和相关生态技术标准。

3. 分析 GB/T 18885—2009《生态纺织品技术标准》与 Oeko-Tex Standard 100《生态纺织品》标准（2015 年版）的差异性。这些差异对我国纺织品将产生怎样的影响？

4. 比较分析 GB 18401—2010《国家纺织产品基本安全技术规范》与欧盟 Oeko-Tex 100 标准及其他经济发达国家生态纺织品标准的差距，对提升我国纺织服装业标准和整体清洁化生产水平有什么建设性的思考？

生态纺织服装绿色设计

第七章

生态纺织服装的
绿色设计评价

　　生态纺织服装产品的绿色设计结果是否满足设计的预定目标，需要对绿色设计进行绿色评价。因此，绿色评价是生态纺织服装绿色设计的重要环节之一，它对指导产品生命周期各环节的设计过程、协调关键环节的生态性能、完善设计方案有着重要作用。

第一节 绿色设计评价的概念

产品绿色设计开发的整体表现，可以按其对生态环境所造成的影响来进行评价，这就需要构建一个科学、合理的绿色指标评价体系。

绿色设计指标体系确定后，将有助于产品设计方案的确定、设计环节的协调和对产品进行诊断和改进设计。同时，绿色评价指标也是指导消费、采购、投资等行为的重要指标之一。

绿色设计将按照明确的设计目标对产品进行评价，评价的最终目的是作为生态纺织服装绿色设计决策和绿色生态标志产品申请的科学依据，或为客户要求的产品生态标准提供依据。另外，设立科学的生态纺织服装绿色生态评价指标，对于政府的宏观管理、企业经营、对外贸易监管等方面也能够提供一定的标准和规范。根据生态纺织服装不同的评价范围和评价要求，可以从三个方面定义生态纺织服装绿色设计的生态评价内涵。

一、产品的宏观评价

生态纺织服装产品的宏观评价是对产品的整体性作综合性评价的过程或活动，包括对产品的实用功能、审美功能和产品整个生命周期中的生态性能的评价。

二、产品的生态性微观评价

产品的生态性微观评价是指对产品生命周期中各环节中影响生态纺织服装生态性的环境因素，按各环节为单元进行分析、评价、比较的过程或活动。

三、产品的综合性评价

生态纺织服装产品的综合性评价是对产品宏观评价和微观评价的综合，是对产品在相关政策法规、标准、性能、生态环保等方面进行综合性评价的过程或行动。

标准是判定生态纺织服装质量和生态性的依据，也是产品进入国内外市场的必备条件，产品评价所依据的标准水平决定了产品在市场的竞争能力。

我国现行的生态纺织服装标准是以 GB/T 18885—2009《生态纺织品技术要求》和 GB/T 20004《环境管理体系》等系列标准为主体的生态纺织品标准体系；国际上是以欧盟为代表的 Oeko-Tex Standard 100《生态纺织品标准》和 ISO 14000《环境管理体系》等系列标准为主体的生态纺织品标准。

这些标准和法规是国内和国际上生态纺织服装绿色设计生态评价的核心标准和依据，也是产品取得生态绿色标志认证必须达到的标准水平。

第二节 绿色设计评价指标的选择原则和分类

一、选择原则

生态纺织服装绿色设计评价指标体系的选择必须遵循科学性、实用性、完整性、可操作性的原则。评价指标应能系统地把产品的性能指标和生态环境指标准确地反映出来，具体要求表现为以下四个方面。

（一）综合性
由于产品的性能是一个整体，绿色设计的综合评价是指产品生命周期的绿色性，应从功能、生态、技术、经济四个方面进行综合性评价，力求能综合、完整地表达出产品的绿色性。

（二）实用性
生态纺织服装的绿色设计是把设计创意转化为产品的过程。因此，绿色设计的评价指标应能客观地反映出产品的质量指标、组成产品单元的性能指标和生态指标，以有利于对设计构成的基本单元进行诊断和改进。

（三）科学性
绿色设计评价指标应客观、准确、真实地反映出被评价对象的绿色属性，要从绿色设计对象的市场定位寻求相对应的标准和方法并给出科学的评价。

（四）可操作性
绿色评价是指导生态纺织服装绿色设计的工具之一，因此评价指标应有明确的目的性和可操作性。

绿色设计评价指标受到市场和消费需求的制约，产品设计的要求也随着科学技术的发展和生态理念的变化而不断发展，所以在评价中应考虑动态和静态指标相结合、定量和定性指标相结合，以适应绿色评价指标的可操作性。

二、分类

生态纺织服装的绿色设计评价指标体系除包含传统纺织服装设计的评价指标以外，还必须满足生态环境属性的要求，包括环境指标、资源指标、能源指标、经济性指标、环境化设计指标和可持续发展六个方面（图7-1）。

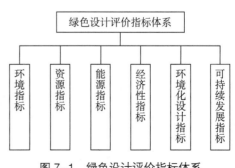

图7-1 绿色设计评价指标体系

（一）环境指标

环境指标是指在产品整个生命周期中与环境有关的指标，主要包括对环境的污染和破坏两个方面，可用各种有毒有害物质排放量和比值表示，见图7-2绿色产品环境评价指标图。

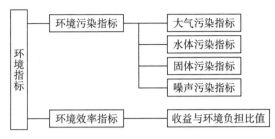

图7-2　环境指标

（二）资源属性指标

资源属性指标是产品生产所需的最基本条件，包括生态纺织品产品生命周期中使用的原辅料、配件、设备、信息、人力资源等的消耗和利用率等。

（三）能源指标

绿色设计评价的能源指标，包括能源类型、再生能源使用比例、能耗、回收处理能耗、生命周期能耗、能效指数等指标。

（四）经济性指标

经济性指标包括产品污染的设计费用、生产成本、使用费用、产品废弃回收费用等经济性指标。

（五）环境化设计指标

环境化设计指标主要是考察每一种产品所产生的利与弊的比值，常用经济—环境效率指数、产品综合价值指标、环境效率指数等进行综合评定。

（六）可持续发展指标

可持续发展指标是指企业根据产业发展需求制定企业绿色生态发展规划和具体实施计划目标，使企业的整体生态化和产品标准化有明确的发展计划和指标，指导企业生态化的可持续发展。

第三节　绿色设计评价的评价过程和评价模式

一、绿色设计评价过程

生态纺织服装的绿色设计评价，一般需要经过对政策法规和市场需求进行要求分析、环境影响因素识别、绿色设计的评估和修正、环境信息共享等评价过程。

（一）政策法规和市场需求的要求分析

首先应对绿色设计产品所规定的政策、法规、标准等进行研究，同时要根据产品的目标市场要求来确定绿色设计评价方案，包括以下五个方面的内容。

第一，对生态纺织服装产品的政策、法规的要求。

第二，对生态纺织服装产品的质量标准、生态标准、技术标准、环境认证标准等的要求。

第三，市场消费者的需求和要求，市场区域的政策法规和准入条件。

第四，生态环境参数和竞争性产品分析。

第五，社会效益分析。

（二）环境影响因素识别

识别环境影响因素程序的制定，包括以下两个步骤。

第一，对生态纺织服装产品生命周期中的各个环节所造成的环境影响因素进行分析，科学、合理地平衡功能、质量、生态、环保、技术、经济等要求。

第二，确定重点环境影响因素，根据生态纺织服装产品的不同特点和政策法规及市场准入要求，确定对环境具有重要影响的因素。

（三）绿色设计的评估和修正

无论是国内或国际上，在有关生态纺织服装的政策法规和标准中，都规定了某些环境指标的限值，可以由标准中的所有指标和指标限值来构成生态纺织服装的绿色设计评价指标体系。

（四）环境信息共享

在生态纺织服装绿色设计中，是以产品生命周期来进行绿色评价的，对于服装产品生命周期的前段环节的信息，如纺织材料的获取、印染、后整理等工序及废弃物处理等环节的环境和技术信息明显不足。因此，加强在产品整个生命周期中各环节环境影响的信息交流和信息共享是十分必要的。

二、绿色设计评价的模式分析

生态纺织服装绿色设计评价的模式可以分为：企业自身评价、产品采购方评价、第三方评价等三种模式。评价的对象，可以是产品设计方案、企业提供的样品、产品或对产品的生产企业进行评价。

（一）企业自身评价

企业自身评价是以企业为评价的主体，根据评价的需要选择设计方案、样品、产品为评价对象，由企业自行评价。

评价的结果可以作为绿色设计方案的优化、产品的改进、出具产品声明的依据。企业自身评价的方法和过程是：

1. 组成绿色设计评价小组

根据产品特点和设计目标要求，建立由服装设计师、纺织材料技术人员、加工生产工程师、环境科学人员、市场专业人员、技术经济专业人员以及知识产权法规专业人员等组成的绿色设计评价小组，研究确定评价方案，指导和实施企业自身评价工作。

2. 评价产品

对待评价产品，确定产品标准的限量值和显著生态环境影响因素。

3. 对产品标准的限值要求和显著环境影响因素进行检测

按产品对产品标准的限值要求进行具体检测，同时也对显著环境影响因素进行检测。这种检测可以是依靠企业本身的科技力量进行，也可委托第三方进行，对产品生命周期中其他环节的环境数据也可请有关方提供。无论是企业自我检测或请第三方检测及相关方提供的检测数据，均应确保检测数据的准确性和可信性。

4. 得出绿色设计评价结论

绿色设计评价结论，绿色设计根据检测的数据与所设定的限量值及显著环境影响因素进行比较分析，得出绿色设计的评价结论。

5. 评价结论的应用

若评价结果与绿色设计存在差距，应找出原因改进设计或作为产品投产的决策参考；若产品符合绿色设计标准，评价结果可作为企业自我声明、申请环境标志认证等使用。

（二）产品采购方评价

产品采购方评价是以产品采购方为评价的主体，评价的对象是产品供应方的产品样品、产品或产品生产企业，评价的结果作为判断采购方购买产品的一个重要依据，产品采购方评价的方法和过程可体现为以下几点。

第一，组成由相关专业技术人员组成的绿色产品评价小组，对企业提供的绿色设计方案、样品、产品或其他相关资料进行评价。

第二，设定产品标准的限值和显著环境影响因素限值。

第三，产品标准限值和显著环境影响因素限值检测，检测工作可由采购方自行检测或委托有资质的第三方进行检测，无论是自检或第三方检测均应保证检测数据的准确可信。

第四，根据限值与检测结果进行比较，得到评价结论，该结论可作为采购决策参考。

（三）第三方评价

第三方评价是以具有法律效力或公认的权威认证机构为评价主体，评价对象是产品或生产产品的企业，评价的结果可以作为企业出具的产品自我声明、环境认证的申请评估或授权的依据。

与企业自身评价和产品采购方评价相比，第三方评价具有客观的公正性和公信力，特别在大宗商业贸易和国际贸易中尤为重要，第三方评价的方法和过程可参考以下五方面内容。

1. 第三方评价机构的选择

为了提高产品的市场竞争能力、获取买家的信任，企业都在积极争取获得产品的绿色认证，但是目前世界上的生态纺织品认证机构繁多、认证体系复杂，所制定的标准和规则及产品门类存在很大差异，所以对第三方评价机构的选择对于评价结果来说有极大的影响。

在生态纺织品检测方面，Intertek 可被看作是全球最大、最权威的机构，有遍布全球的实验室和客户服务网络。Intertek 产品认证体系不仅兼顾了各个国家生态纺织品的法律法规要求和各买家对产品生态性能的要求，同时更全面地考虑到生产企业的实际需要。

2. 第三方评价的程序

第三方评价程序包括：申请方和评价方以合同的形式确定评价的目标、评价内容、范围、样品、型式试验样品、时间、费用、相关资料等内容。

3. 第三方评价的实施

参照企业自身评价模式进行评价实施，若产品拟申请环境标志，则需进一步增加对初始工厂审查、企业质量保证能力审查、产品一致性审查等相关内容。

4. 评价结果的应用

（1）评价结果合格，由权威的认证评价机构对符合要求的申请方及其产品签发绿色设计评价证书，并向申请方发放《绿色设计评价结果通知书》。

（2）通过绿色设计评价的企业与评价机构签订《绿色设计评价证书和标志使用协议书》。

5. 监督和管理

评价机构在企业获证后，应按相关规定对获证企业和产品进行监督和管理。

第四节　绿色设计评价工具

近年来，随着绿色设计技术的发展，各国研究机构相继开发出系列绿色设计评价工具，主要分为以下几种：生命周期评价（LCA）工具、环境质量功能展开（QFDE）、绿色设计基准工具、检查表等设计评价工具，表 7-1 表示绿色评价工具与绿色设计各阶段的关系。

表 7-1　绿色设计过程各种工具概况

工具	产品策划		产品设计			利益信息共享
	要求分析	产品战略	概念设计	详细设计	设计评议和评价	
环境质量功能展开（QFDE）	√	√	√	—	—	—
绿色设计基准工具	√	√	—	—	√	√
检查表	√	√	√	√	√	√
生命周期评价工具（LCA）	—	√	—	—	√	—
设计支持工具	—	√	√	√	√	—

一、环境质量功能展开

环境质量功能展开（Quality Function Deployment Environment，QFDE）是将质量功能展开与产品生命周期设计相结合，将消费者的需求利用质量功能展开，并在产品生命周期各环节中分别转换为产品特性，在满足消费需求下，要符合产品生态环境设计的要求，进而提升产品的市场竞争力。

环境质量功能展开是以矩阵结构将客户要求转换为产品技术特性，以决定设计重点。在使用环境质量功能展开时，利用符号或数字代表各项关系的强弱或大小，进一步比较产品技术特性的重要程度，判断关键质量特性，以便进行资源分配。

产品质量概念分析

产品质量概念分析是在传统质量屋（Quality House，QH）和成本屋（Cost House，CH）的基础上增加绿色屋（Green House，GH），同时从顾客、生产成本和生态环境方面对产品概念进行分析。

1. 质量屋

如图 7-3 所示，产品设计的质量由质量指标（Quality Indicator，QI）进行度量，指标由质量屋获得。

质量指标计算公式如下：$QI_j = \sum W_i A_i$

其中：

房间 1：产品结构 P_j；

房间 2：顾客需求 D_i；

房间 3：顾客需求权重 W_i；

房间 4：顾客需求和产品结构关系 R_{ij}；

R_{ij} 取值范围 0 ～ 5；

房间 5：顾客重要性 $i_j = \sum_i \sum_j W_i R_{ij}$；

房间 6：用户满意度 a_i

a_i 在 1 ～ 10 取值。

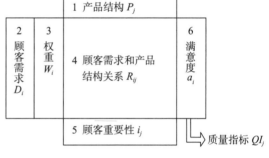

图 7-3　质量屋结构

2. 成本屋

如图 7-4 所示，产品成本概念在成本屋中进行分析。

其中：

房间 1：产品生命周期结构；

房间 2：产品生命周期各环节内在成本（Internal Cost，IC）；

房间 3：产品生命周期各环节外在成本（External Cost，EC）；

房间 4：成本指标（Cost Indicator，CI）为产品的部件成本。

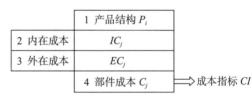

图 7-4　成本屋结构

3. 绿色屋

如图 7-5 所示，利用生命周期评价（LCA）方法评价概念产品生态环境性能的绿色屋结构图。

其中：

房间 1：生命周期不同环节的产品结构；

房间 2：环境影响因素（身体健康、生态系统质量、资源损耗）；

房间 3：产品结构与环境影响关系矩阵；

房间 4：各环节环境指标（e_j）。各环节的环境指标之和为产品的环境指标（EI）。

4. 最佳概念产品

根据已计算出的产品质量指标 QI、环境指标 EI、成本指标 CI，选择同时满足三种指标的最佳产品概念，如图 7-6 所示，产品概念比较屋结构。

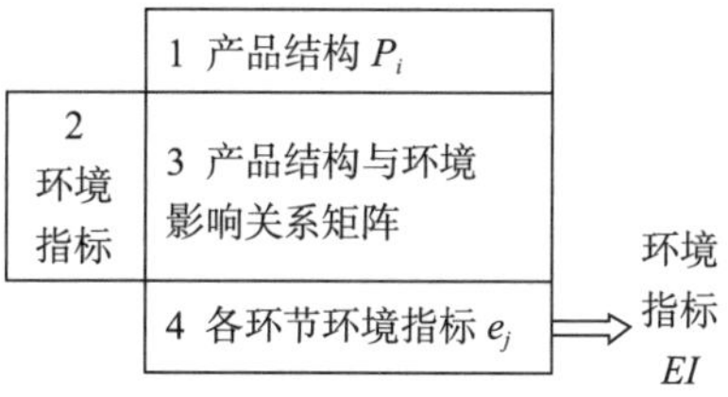

图 7-5 绿色屋结构

	质量指标 QI	成本指标 CI	环境指标 EI
产品概念 1	QI_1	CI_1	EI_1
产品概念 2	QI_2	CI_2	EI_2
产品概念 i	QI_i	CI_i	EI_i

图 7-6 比较屋结构

二、绿色设计基准工具

绿色设计基准工具是用于对产品和竞争者的类似产品或者工业平均水平产品的环境属性进行比较分析的工具。

绿色设计基准工具可以利用在绿色设计过程的每个阶段，从产品策划、标准法规分析、设计环节的环境影响、设计方案改进等。绿色设计评价基准结果一般用图、表或雷达图表示。

三、检查表法

检查表是绿色设计和绿色评价中常用的一种快速、简单的方法，对于生态纺织服装绿色概念设计和评价具有重要意义。

检查表法是按产品生命周期，从原料获取、生产加工工艺、包装运输、消费使用、废弃回收、管理制度等方面分别制定检查表格，把必需的检查内容与待查产品的绿色设计要求进行比较，找到差距并提出改进措施，以表格形式分类表示。

检查表包括以下六项内容。

第一，原料获取环节：原料识别、原料用量、原料来源、原料回收性、原料生态安全性等（表 7-2）；

表 7-2　服装材料调查表

检查项目	生态环保问题	绿色设计考虑措施
纤维的种类	纤维的材料是否容易识别	应清楚标明材料成分与百分比
材料的质量和生态指标检测	质量和生态指标是否符合目标市场相关法规和标准	选择通过法定机构检测合格产品
农药化肥使用	农药化肥残留对环境和人体危害	选择有机种植材料产品
纺纱织造污染	噪声、粉尘、污水排放、废气排放、化学助剂等对生态环境的污染	采用节能减排措施，减少污染
染料和化学助剂使用	排放致癌致敏污水，破坏生态污染环境	禁用致癌致敏和可分解芳香胺染料，采用新工艺，减用化学助剂
资源和能源消耗	材料生产过程对资源和能源的消耗是否合理	节约资源，增加可再生和重复利用的资源，开发利用新资源新能源
材料的来源	是否使用了稀缺资源	以易得材料代替稀缺资源
材料使用和废弃后的回收性	材料使用和废弃后是否有回收性	使用可回收和重复利用材料
材料的安全性	材料是否存在生态安全性和机械安全性问题	有害物质控制，配件安全性设计检查控制
材料的性价比	质量、生态、价格比是否合理	选择性价比优的材料使用

第二，生产加工工艺环节：生态安全性、对环境污染程度、能耗等（表 7-3）；

表 7-3　服装加工生产调查表

检查项目	生态环保问题	绿色设计考虑措施
加工过程是否增加了有害物质	是否采用生态环保工艺流程	采用清洁化生产工艺
面料和辅料消耗	节约资源、减少浪费	合理的结构设计
加工过程是否有环保控制机制	噪声、污染、排放控制	开发新工艺方法
边角料合理利用和回收方案	减少排放、合理利用资源	制定环保利用和回收方案
能源消耗	高能耗、高污染、高排放	新能源利用，节能减排措施
服装配件的生态和机械安全性	纽扣、拉链、绳索等生态和机械安全风险	按标准制定设计方案
加工过程是否采用环保工艺流程	工艺的合理性	设计合理工艺流程，控制关键环节

第三，包装运输环节：减量化设计、回收设计、再利用设计等；

第四，消费使用环节：对环境的污染、延长使用寿命、正确使用方法（表 7-4）；

表 7-4　产品消费使用调查表

检查项目	生态环保问题	绿色设计考虑措施
产品标志	产品商品标志和环境标志识别	经法定机构检验授权
消费保养条件	消费者绿色消费正确引导	制定绿色消费和保养说明
消费服务	运输、库存、动力等消费过程资源和能源消耗	制定节约资源和能耗措施
包装	产品和环境污染	使用绿色包装材料和绿色设计

检查项目	生态环保问题	绿色设计考虑措施
回收信息	是否向消费者提供回收处理和回收再生信息	设计清楚的操作说明书
服装可搭配性	扩展产品功能性，节约资源	提高服装功能性设计水平

第五，废弃及回收环节：废弃物的污染、材料再利用、能源资源回收、回收系统（表7-5）；

第六，管理制度环节：组织内管理制度、绿色供应链等。

表7-5　产品废弃物回收处理调查表

检查项目	生态环保问题	绿色设计考虑措施
产品废弃后产生的污染	废弃物对生态和环境污染问题	判断污染程度，提出解决方案
回收再生过程是否使用有害物质或原料	处理过程产生的二次污染	使用清洁化处理方案
废弃物再利用	再利用方对环境影响程度	制定废弃物再生或重复利用方案
废弃物回收	检查是否污染或释放有害物质	有组织地回收处理
材料的分离处理	可回收和不可回收的分离难度	应用单一可回收包装材料
废弃物能否制成新产品	制成新产品的环境影响因素	按环保要求重新设计成新产品

第五节　生命周期评价方法

生命周期评价（Life Cycle Assessment）简称"LCA评价"。1993年，美国环境毒理及化学学会将"LCA"定义为"产品全生命周期评价是在确定和量化某个产品及其过程或相关活动的材料、能源、排放等环境负荷的基础上，评价其对环境的影响，并进一步找出和确定改善环境影响的方法和机会"。

1997年，国际标准化组织制定的LCA标准（ISO 14040）中，把LCA定义为"LCA是对产品系统在整个生命周期中的（能量和物质）输入输出和潜在的环境影响的汇编和评价"。

从LCA的概念出发，生态纺织服装绿色设计生命周期评价可以分为五个阶段，即原辅料的生产与加工、产品的加工生产、产品储运销售、产品消费和回收、产品的废弃与再生。

生命周期评价主要包括：评价的目标和范围界定、清单分析、影响分析、评价结果解释等四部分内容（图7-7）。

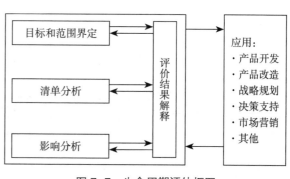

图7-7　生命周期评估框图

一、评价的目标和范围确定

生命周期评价之前必须明确评价的目的和评价的范围，因为这是评价过程的出发点，后续所有的评价工作将围绕这个目标进行。

评价目标主要包括：实施生命周期评价的目的、评价结果公布的范围。

评价的范围包括：产品系统功能的定义、产品系统功能单元的定义、产品系统的定义、产品系统边界的定义、分配方法、环境影响类型和评价方法及解释方法、数据质量要求、假设条件、审核方法、评价报告的类型和格式等。

生命周期评价的范围必须与所评价的目标相匹配，特别是申请环境标志认证和出口贸易认证，范围必须和相关标准要求一致，所以，在评价范围确定时要有一定的深度和广度，以符合评价目标的要求。

二、生命周期清单分析

生命周期清单分析（Life Cycle Inventory，LCI）是对产品、工艺过程等系统在整个生命周期阶段的资源和能源的使用以及向环境排放的污染物和废弃物等定量分析的过程。清单分析始于原辅料的获取，结束于产品消费和废弃物回收处理。生命周期清单分析包括数据收集和计算程序两部分内容（图7-8）。

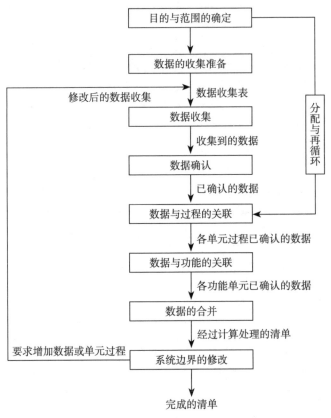

图7-8 生命周期清单分析程序图

（一）数据收集

产品评价目标和范围确定后，生命周期各单元环节有关的数据类型也基本得到确定，由于数据来源的复杂性和多样性，一般采用模型化进行分析。绘制产品生命周期过程流程图，建立起各环节单元之间的关系，数据输入要对每一个单元的过程有定量和定性的充分表达，数据的收集来源须注明出处。

（二）数据计算

详细表述每一单元的过程，并列出相关数据类型和计量单位清单，针对数据类型说明数据收集的技术和计算依据。

三、生命周期影响评价

生命周期影响评价（LCIA）是根据生命周期清单分析（LCI）过程所列出的要素对环境影响进行定性和定量分析。

环境影响的类型主要分为直接对生物和人类有毒有害、对生态环境破坏、对再生资源循环体系破坏、对不可再生资源大量消耗等四种类型，LCIA包括以下三个环节。

第一，对清单分析的要素按影响类别分类，建立影响类别数据模型。

第二，运用生态环境分析方法对所列要素进行定性定量分析。

第三，识别系统各环节中重大显著的环境影响因素，并予以分析判断。

四、生命周期评价结果解释

生命周期评价结果的解释是根据评价所设定的目标和范围，将清单分析和生命周期影响评价进行综合考虑所做出的结论和建议，该评价结果将由评价方提供给委托方作为做出决定的依据。完成后，应由评价方撰写生命周期评价报告，并经第三方组成的专家评审。评审主要包括以下内容。

第一，本生命周期影响评价采用的方法是否符合 ISO 14040 标准。

第二，评价所采用的方法、技术是否科学、合理。

第三，所采用的数据及标准和研究目标的要求是否一致。

第四，结果讨论是否反映了原定的限量范围和目标。

第五，评价报告是否准确、完整。

第六节　生态纺织服装生命周期评价的应用

通过上述分析可知，生态纺织服装绿色设计的评价可以对产品的整个生命周期或产品生命周期某一环节的设计进行评价，现以涤纶女式衬衫的生命周期为例来说明评价过程（图7-9）。

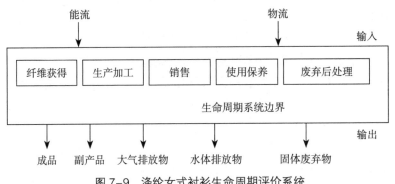

图 7-9　涤纶女式衬衫生命周期评价系统

一、评价的目标和范围

（一）评价的目标

生态纺织产品生命周期评价为"企业自身评价"，评价目的是为产品设计提供一个优化的选择方案，使产品的质量指标、生态指标、经济指标均符合预期的设计要求，并为采购方评价或邀请第三方评价打下基础，同时为企业作为自我声明和产品申报绿色产品标志创造条件。

（二）评价范围

1.对生命周期各环节进行分析评价

采用生命周期评价方法，对产品原材料获取、生产加工、包装运输、消费使用、废弃物回收处理各环节进行分析评价。

2.是否符合行业标准

涤纶原料生产企业应符合 HJ/T xx—2002《清洁生产技术要求　化纤行业（涤纶）》行业标准。

3.是否符合国家标准

涤纶衬衫产品质量应符合：GB 18401—2010《国家纺织产品基本安全技术规范》、GB/T 5290.4—1998《消费品使用说明（纺织服装使用说明）》、GB/T 2660—2008《衬衫》等国家标准。

4.生态性要求

涤纶女式衬衫在生态纺织品产品分类标准中属于"直接与皮肤接触类"产品。因此，涤纶衬衫应符合国家标准 GB/T 18885—2009《生态纺织品技术要求》直接与皮肤接触类产品的技术要求，并以此确定产品生态标准限量值和显著生态环境影响因素。

5.申请产品环境认证的要求

应符合 HJ/T 307—2006《环境标志产品技术要求》和 GB/T 24000《环境管理体系》标准的要求。

6.经济性评价

对产品生命周期中产品的绿色设计费用、生产成本、营销费用、产品废弃回收费用等进行经济核算，作为绿色设计决策参考。

二、生命周期的清单分析

（一）绿色设计调查

从涤纶女式衬衫的设计出发，调查产品生命周期中各环节与环境影响的相关因素，进行定性分析。该调查是设计人员了解产品和环境相关性的重要工具。

在生态纺织品生命周期设计和评价的不同阶段，可以分别采用原辅料调查表、产品加工生产过程调查表、产品消费使用调查表、产品回收性调查表等涤纶女式衬衫生命周期定性分析清单（表7-6、表7-7）。

表7-6　涤纶女式衬衫生命周期定性分析清单

原辅料获取单元及工序	环境影响定性评价
*纤维生产： 化学合成纤维 资源消耗 能源消耗 废水废气排放 废渣排放	纤维加工化学助剂和污水排放对生态环境的影响 石油、天然气等不可再生资源的消耗 电力消耗及其他能源消耗 废水中含有的有毒有害污染物对生态环境的污染程度及是否危及人体健康、废气中含有的危及人体健康的污染物 废渣含有铬等重金属离子，对人和生态环境的危害程度
*纺纱织造： 噪声污染 污水排放 化学合成残留物 下脚料 资源和能源消耗	噪声对生产环境、周边环境和人体健康的影响，导致头晕、失眠、噪声性耳聋等职业病 纤维洗涤和整理洗渍水排放对环境的污染，洗涤剂等化学助剂应用污染 化学合成残留物对人体的危害，残留物随废水排出对环境的污染，危禁化学助剂等是否使用 下脚料纤维、接头、废纱等形成的废弃物 资源消耗数量，能源消耗和回收利用
*染整工序： 水资源消耗 能源消耗 三废排放 染料和化学助剂使用 废弃物处置	染整消耗的水资源状况 燃料、电力消耗 废水中含有的有毒有害物质，废气中含有的甲醛、二氧化氮、氯化物等有害气体对环境的污染和人体健康危害，废弃物对生态环境的污染 禁用染料和助剂调查。消耗大量染料和化学助剂，排放的污水含有致癌致敏有害成分调查 废弃染化物、沉积物、废弃化学助剂的处置措施
*服装加工生产： 加工工艺流程 环境控制 有机黏合剂的使用 服装配料的使用 噪声控制 面料辅料消耗 边角料的合理利用 包装 能源消耗 不洁空气排放	检查是否使用了符合环保法规的工艺流程 生产过程是否有环境控制的机制 有机黏合剂使用及污染调查 对人体皮肤造成过敏反应的镀镍、铜、锌等纽扣、拉链、配件的应用 机器噪声 在满足功能下，服装原辅料消耗的合理性 边角料的合理利用或回收方案 包装材料产生的废弃物污染 蒸汽、电力消耗及热能回收利用状况 熨烫、缝纫车间的空气清洁状况

原辅料获取单元及工序	环境影响定性评价
* 产品消费使用： 产品标志 产品说明书 回收说明 消费和保养条件 产品结构的可搭配性 包装材料 消费服务	 产品的商品标志和环境标志是否符合相关规定 产品是否提供了正确的使用说明及避免不当的使用方法 是否向消费者提供回收处理和回收再生信息 是否向消费者提供产品贮藏条件、洗涤方法、保养措施 是否可满足服装可搭配性服用特点，提高产品利用率 是否是绿色包装和使用绿色包装材料 消费服务产生的运输、仓储、动力消耗、废弃物处理等环境因素
* 产品废弃物回收处理： 产品废弃物回收再利用 材料分离处理 有毒气体和重金属泄露 废弃物降解 废弃物再利用 废弃物回收	 废弃物回收再利用对环境的影响程度 可再生或再利用原辅料与不可回收利用材料分离处理措施 废弃物焚烧产生有毒有害气体和重金属离子对环境及人体健康损坏的影响 废弃物是否可通过填埋或堆积降解 废弃物是否可再利用制成新产品 废弃物是否有组织进行回收

表 7-7 涤纶女式衬衫生命周期定量分析清单

环境参数	PET 纤维获取			服装面料生产			服装加工生产		使用消费			使用后处理	合计	单位
	PET 树脂制造	纤维制造	包装	染料生产	面料制造	包装	生产	包装	洗涤剂制造	洗涤剂包装	洗涤			
总能源	130.9	19.5	1.7	5.5	117.1	2.1	11.2	21.3	31.3	11.4	1343.1	0.8	1695.5	GJ
天然气	41.0	1.9	0.4	1.4	16.0	0.4	0.1	3.1	18.4	2.00	421.5	—	506.4	GJ
石油	67.8	2.5	0.1	1.2	52.0	0.2	10.3	1.4	9.9	1.0	42.4	0.8	189.8	GJ
煤	14.6	9.8	0.4	1.9	31.5	0.5	0.5	5.5	1.9	2.6	564.7	—	634.0	GJ
水能	2.4	1.7	0.0	0.7	5.4	0.0	0.11	0.5	0.3	0.2	101.5	—	112.6	GJ
核能	5.0	3.5	0.1	0.6	11.7	0.1	0.2	1.1	0.6	0.5	209.1	—	232.5	GJ
木材	—	—	0.5	—	—	0.8	—	9.1	—	—	5.0	—	16.0	GJ
其他	0.1	0.1	0.0	0.0	0.2	0.0	0.0	0.0	0.0	0.0	3.9	—	4.3	GJ
废物排放	217.1	142.0	8.0	32.7	445.0	11.3	21.0	313.0	140.5	216.9	9187.7	1139.1	11874.4	kg
悬浮颗粒	6.70	6.35	0.3	0.93	12.41	0.43	1, 09	4.68	4.97	2.19	207	0.15	247.21	kg
氮氧化物	15.79	5.80	0.34	1.36	25.51	0.45	6.80	4.77	5.23	2.40	348	0.73	417.31	kg
烃类	45.81	1.33	0.27	0.83	15.36	0.24	2.50	1.98	8.45	1.27	172	0.23	249.93	kg
氧化硫	23.25	9.67	0.42	2.71	39.80	0.57	2.28	6.01	2.46	2.95	541	0.14	630.96	kg
CO	21.81	1.81	0.88	0.38	6.59	1.32	5.94	14.51	1.61	7.48	81	0.65	143.79	kg
CO_2	3856	998	100	290	6350	141	680	1497	1270	771	68040	50	84043	kg
醛类	0.83	0.06	0.029	0.0037	0.06	0.044	0.16	0.49	0.024	0.25	0.042	0.012	2.00	kg
甲烷	0.0034	0.007	0.0005	0.002	0.004	0.0006	3.3E-4	0.006	0.022	0.0031	0.74	—	0.86	kg

环境参数	PET 纤维获取			服装面料生产			服装加工生产		使用消费			使用后处理	合计	单位
	PET 树脂制造	纤维制造	包装	染料生产	面料制造	包装	生产	包装	洗涤剂制造	洗涤剂包装	洗涤			
金属离子	0.29	0.20	0.007	0.039	0.64	0.010	0.012	0.10	0.038	0.005	11.30	—	12.70	kg
BOD	0.70	0.016	0.042	0.008	4.07	0.06	0.011	0.68	0.05	0.25	147	0.0008	153	kg
COD	10.02	0.05	0.003	0.005	12.52	0.0016	0.029	0.08	0.17	0.005	227	0.0023	250	kg
杀虫剂	—	—	2.3E–6	—	—	3.6E–6	—	3.9E–5	—	6.8E–6	—	—	5.0E–5	kg
除草剂	—	—	4.5E–6	—	—	7.3E–6	—	7.7E–5	—	1.3E–5	—	—	1.0E–4	kg

资料来源： 该表引自美国 Frauklin 公司涤纶女衬衫生命周期清单分析部分资料并作调整。

资料说明： 该表所示数据为女子涤纶衬衫穿用 100 万次的分析数据。

（二）指标内容和限值

产品基本性能要求包括以下八个部分。

1. 必选指标

涤纶衬衫符合 GB/T 2660—2008《衬衫》、GB/T 5296.4—1998《消费品使用说明（纺织服装使用说明）》标准要求。

2. 产品安全性能要求

必选指标：涤纶衬衫产品应符合 GB 18401—2010《国家纺织产品基本安全技术规范》标准要求。

3. 企业环境资质

生产该产品的企业须通过 GB/T 24001《环境管理体系》或 ISO 14001《环境管理体系》认证。

4. 产品生态性能指标和有毒有害物质限值

产品属生态纺织品，国内销售产品必须符合 GB/T 18885—2009《生态纺织品技术要求》标准，出口产品按合约执行。

因为衬衫产品属生态纺织品中直接与皮肤接触类产品，所以有毒有害物质限值应按标准中对直接与皮肤接触的生态纺织品的有毒有害物质限量要求规定执行。

按 GB/T 18885—2009 标准，必选指标具体限量值要求如下：

（1）pH 值：4.0 ~ 7.5；

（2）甲醛（mg/kg）：≤ 75；

（3）可萃取重金属（mg/kg）：锑 ≤ 30.0、砷 ≤ 1.0、铅 ≤ 1.0、镉 ≤ 0.1、铬 ≤ 2.0、六价铬 ≤ 低于检出线、钴 ≤ 4.0、铜 ≤ 50.0、镍 ≤ 4.0、汞 ≤ 0.02；

（4）苯酚化合物（mg/kg）：五氯苯酚 ≤ 0.5、四氯苯酚 ≤ 0.5、邻苯基苯酚 ≤ 100；

（5）氯苯和氯化甲苯（mg/kg）≤ 1.0；

（6）有机锡化合物（mg/kg）：三丁基锡 ≤ 1.0、二丁基锡 ≤ 2.0、三苯基锡 ≤ 1.0；

（7）有害染料（可分解芳香胺染料、致癌致敏染料）：禁用；

（8）阻燃整理剂：禁用；

（9）色牢度（级）：耐水≥3、耐酸汗液≥3~4、耐碱汗液≥3~4、耐干摩擦≥4；

（10）挥发性物质（mg/m³）：甲醛≤0.1、甲苯≤0.1、苯乙烯≤0.005、乙烯苯环己烷≤0.002、4-苯基环己烷≤0.03、丁二烯≤0.002、氯乙烯≤0.002、芳香化合物≤0.3、挥发性有机物≤0.5；

（11）异常气味：无；

（12）石棉纤维：禁用。

此外，可选指标为 Oeko-Tex Standard 100《生态纺织品》标准相关指标。

5. 标准验证

涤纶原料生产企业应通过 HJ/T xx—2002《清洁生产技术要求　化纤行业（涤纶）》标准验证。

6. 节能指标及限值

对涤纶衬衫的生产，由于生产过程中的能源消耗难以进行评估，因此这类指标主要是针对产品在生产和使用中的能源消耗。

7. 可回收类指标及限值

涤纶原料可通过化学降解、化学改性、物理重组等方法进行回收再利用。目前国内有关废弃物回收再利用的法规尚在不断完善中，对限值指标很难确定，但应符合《中华人民共和国清洁生产促进法》和 HJ/T xx—2002《清洁生产技术要求　化纤行业（涤纶）》标准中的有关指标和限值作为必选指标，也可选指标 WFD 2008/98/EC《欧盟废弃物指令》相关要求。

8. 产品使用信息——必选指标

产品的使用、保养、洗涤方法、回收处理等信息，可以使产品在使用过程中节约能源、给环境带来最小化的影响。说明书应符合 GB/T 5290.4—1998《消费品使用说明（纺织服装使用说明）》的要求。

（三）各项指标检测方法

产品基本性能、安全性能、企业环境资质等各项指标，按产品执行的相关标准所规定的方法进行检测。

产品生态性能和限值按 GB/T 18885—2009《生态纺织品技术要求》标准中"要求 2 规范性引用文件和要求 6 试验方法"所规定的方法进行检测，或按 Oeko-Tex Standard 200 的方法进行检测。

（四）结果分析

1. 产品合格率

该企业生产的涤纶女式衬衫，经基本性能检测、安全性能检测均已满足国家标准要求，合格率为 100%。

2. 生态纺织品合格率

按 GB/T 18885—2009《生态纺织品技术要求》直接接触皮肤类生态纺织品检测项目检

测，产品满足标准要求，合格率 100%。若按 Oeko-Tex Standard 100 标准要求，则应按该标准 2013 年新版标准补测部分项目。

3.《环境管理体系》认证

衬衫生产企业通过了 GB/T 24002《环境管理体系》认证，使产品具备了申请"绿色环境标志产品"的条件。

4. 涤纶清洁生产技术要求

涤纶原料生产企业，通过对噪声、切片粉尘、有害气体排放和热媒废液、TEG 废液、热媒污水等的控制，使企业达到涤纶清洁生产技术要求。

（五）绿色评价

从对女涤纶衬衫清单分析可以看出，通过产品生命周期清单分析能对服装产品的环境影响因素进行全面的评价，识别出涤纶衬衫生命周期各个阶段的主要环境负载。因此，产品生命周期的评价是一种生态纺织服装绿色设计环境评价的有效工具，同时可以帮助在绿色设计中对不同设计方案进行比较，为产品的生态性能和环境的协调提供科学的信息支持。

从女涤纶衬衫生命周期清单分析中可以看出，在生命周期各个阶段的环境负载各不相同，其环境影响主要集中在纤维获取阶段、面料生产阶段和使用消费阶段。因此，在生态纺织服装的绿色设计中，要关注这些环节并能通过绿色设计去解决环境对各环节的影响。

第七节　生命周期评价工具软件

为了满足绿色设计工作的需要，世界各国开发了一批商业化的生命周期评价（LCA）工具软件。LCA 商用软件比起简化的 LCA 法，需要更专业化的技术配合，对未来绿色设计的发展将发挥更大的促进作用。表 7-8 中，商用生命周期评价（LCA）软件过程识别主要有四个阶段：定义阶段、项目分析、环境影响评价、结果解释。

表 7-8　国际商用 LCA 软件

LCA 工具	开发商	类型	影响评价	能否用于复杂品
Boustead4.2	Boustead Consulting（英国）	量化工具	不	能
LCA Inventory Tool	Chalmers Industriteknik（瑞典）	量化工具	不	能
Lims	Chem System（美国）	量化工具	—	—
TEAM	Eco—bian（法国）	量化工具	是	能
GaBi	Lnstitute fcr Polymer Testing and Science IPK（德国）	量化工具	是	能

第八节　授权使用 Oeko-Tex Standard 100 标志申请程序

一、申请

申请授权使用 Oeko-Tex Standard 100 标志者，必须书写相应的申请表，送达国际环保纺织协会（Oeko-Tex）的机构或其授权的代理机构。

二、样品材料

为了检测或为了参照的目的，申请人应提供足够的、有代表性的样品用于认证。申请延长授权时也应照此办理，样品材料应有包装说明。

三、承诺声明

申请人要将承诺声明连同申请表一起签署，并须包括下列内容：申请书中规定的详细责任；告知本标志授权人有关原材料、技术过程和配方的任何改变的承诺；在使用本标志的授权期满和撤销后，保证不再用本标志粘贴该产品的承诺。

四、检测

申请人提供的样品材料和在生产场所抽取的参照材料由有关机构检测。检测形式和范围由机构确定并取决于申请人提供的产品形式和产品相关信息。

如送检产品有气味，则表明制造方式不完善，这种产品不进行检测，不予授权。

通常，一个制品的所有单个零部件（组件）均须进行检测。如果检测因单个组件的重量小于整个制品重量的 1% 且因制品中被检的量有限而不能进行，则机构应根据自身检测能力并考虑到制品的种类及用途来决定是否需要进一步送样或是放弃检测。机构的该决定是不容置疑的。

五、质量控制

申请人要以向指定机构送交样品相同的方式（机构据此授权），说明在其公司内采取的措施，以保证授权使用本"标志"制造和（或）销售的所有产品满足《Oeko-Tex Standard 100 标准》的条件。申请人要发布一个遵守 ISO 17050—I 的声明，表明其制造和（或）销售的产品满足 Oeko-Tex Standard 100 标准的条件。

六、质量保证

申请人要实施一个有效的质量保证体系，以保证制造和（或）销售的产品同被检测的样品一致，从而向 Oeko-Tex 机构担保和证明：取自不同批次或不同颜色的产品，是按照现场抽样检验的方式与 Oeko-Tex Standard 100 系列标准保持一致的。

在授权证书的有效期内，机构有权对授权产品进行两次随机检测。检测费用由证书持有者承担。如果随机检测发现偏离限定值，则用不同的样品进行一次附加检测，检测费用同样由证书持有者承担。如果仍发现偏差，检测机构将立即撤销使用 Oeko-Tex 标志的授权。对现有的广告材料、展示材料、标签等的使用，限制在证书撤销之时起的两个月内。

申请人要允许来自 Oeko-Tex 机构的审计人员按照《Oeko-Tex Standard 100 标准》的要求对涉及授权过程的获证公司进行参观和审核，如果发现有不符合《Oeko-Tex Standard 100 标准》要求的，则相关分析检测和审核费用均由持证人承担。

七、符合性

制造或销售 Oeko-Tex 标志商品的申请人，必须单独声明对其生产或销售的产品符合《Oeko-Tex Standard 100 标准》中有害物质的限量负有完全责任。

确保申请人的质量保证体系的可靠性，可以获准使用 Oeko-Tex Standard 100 标志。

申请人要对确保授权产品的质量负责。申请人可以委托部分质量保证工作给制造商、供应商和进口商。如果这样做，这种质量保证体系的有效性应再次告知检测机构。

本遵守声明需要填写在由 Oeko-Tex 协会提供的遵守声明表上。

八、标志

1. 授权的批准

如果满足本标准的所有条件，经检测不能证明存在任何偏离申请人提供的细节，并且检测结果不超过所给的限制值，则应签发证书，授权申请人可在有效期内对其产品粘贴 Oeko-Tex Standard 100 标志。

如遇限制值和（或）检验规则改变，相关授权产品的符合性在这种过渡期间继续有效，直到授权期满为止。一旦期满，必须按照现行条件履行延期手续。

2. 授权的限制

粘贴 Oeko-Tex Standard 100 标志的最长授权期限为 1 年。在授权证书的有效期内，批准授权证书时的检测标准和相关限制均为有效。经申请人要求，授权证书的起始时间可从检测报告的日期起最多顺延 3 个月。

在 Oeko-Tex Standard 100 的授权期满后，证书持有者有权请求延长授权 1 年：机构对第一、第二、第四和第五次等的延长确定一个简短的检测程序。

顺延授权证书的有效期自上一个证书期满日起顺延 1 年。

一旦申请表中所列的条件不再适用，粘贴 Oeko-Tex Standard 100 标志的授权即期满。

机构未被告知变更的情况且不能证明是否仍能满足《Oeko-Tex Standard 100 标准》的要求，即属于这种情况。

3. 授权的撤销

如果通过产品控制、市场控制或其他方法确定：申请人给出的细节不正确或不再正确，或者所使用技术和（或）制造条件的改变未及时报告，则使用本标志的授权将被撤销。

如果"标志"同本标准所规定的条件不一致，授权将被撤销。

在授权被撤销后，如果产品继续使用未授权的标志，则国际环保纺织协会经第二次警告放弃使用标志后，有权以适当的方式公布撤销。

4. 标志的形式

授权被批准后，申请人有权向其产品粘贴一个或多个附录 2 所示的 Oeko-Tex Standard 100 标志。必须声明证书编号和检测机构，并与相应证书上的一致。不允许使用任何其他形式的描述。

设计标志时，必须使用下列颜色：

绿色 =RAL6010 草绿

    =HKS64

    =Pantone（潘通色卡）：362C

黄色 =RALI 叭 6 硫化

    =HKS5

    =Pantone：116C

每次使用本标志，都必须明确指出是哪种产品。本标志可以出现于集锦、目录等中。

因特别的原因，如果标签能有两种颜色，经检测机构另外授权，可以重新制作双色标签。

在特殊的语言中，如果 O 在印刷或书写中不使用，允许使用诸如："Oeko-Tex"或者"φeko-tex"代替"Öko-Tex"和"Öko-Tex Standard 100"。

标志可以由持证人自己制作，但必须向发证机构出示以获得其批准。如果从 Oeko-Tex 授权的广告代理商那里直接订购粘贴标签，则不必经过批准。进一步的信息可从指定机构那里获取。

思考题

1. 生态纺织品服装产品绿色评价的内容和范畴？评价指标选择的原则是什么？
2. 服装绿色设计评价过程和评价模式是什么？说明企业自身评价、产品采购方评价、第三方评价各自在产品评价中的作用。
3. 简述生态纺织品服装生命周期评价方法（LCA 评价）内容，并说明怎样选定 LCA 评价目标和范围。
4. 以一款出口欧洲服装产品和一款内销产品为例，分别设计出产品生命周期绿色评价的流程图，并说明每一关键环节的评价目标和生态技术要求。
5. 按生命周期定性清单分析方法，列出某一种服装产品生命周期的定性分析表。
6. 说明授权使用 Oeko-Tex Standard 100 标志的申请程序。

第八章

我国生态纺织服装绿色
设计的发展途径和对策

　　生态经济是一种新的世界经济和生态环境保护密切结合的经济发展形态，其核心是通过技术创新和产品创新来实现低能耗、低污染、低排放为主要特征的产业体系和消费模式。

　　目前在全世界，崇尚生态的生活态度和消费理念已经成为一种时尚。这种生活态度和消费理念将给纺织服装产业的产业结构、生产技术、市场营销模式带来巨大的冲击，并将影响整个世界纺织服装产业的市场格局和产业发展方向，生态纺织服装及其消费将成为主导国际纺织服装市场的新潮流。

　　生态纺织服装产业的发展将关系到我国纺织服装产业发展的全局。目前，我国纺织服装产业总体上还处于以资源和环境为代价换取发展的传统经济模式中，生产技术仍停留在低加工和低附加值阶段。由于缺少核心技术和节能环保的关键技术，产品在国际服装市场上的竞争力不强。同时，因受到原料和劳动力成本上升、国际金融危机、绿色贸易壁垒制约、人民币升值等多重因素的压力和冲击，我国生态纺织服装产业在国际市场上已显现出疲软状态。

　　纺织服装业是我国产品出口的重要支柱型产业，也是对外贸依存度较高的产业。商务部在《中国对外贸易形势报告（2006年春季）》中指出，绿色壁垒将成为纺织服装行业的新问题，我国的纺织企业可能因为达不到发达国家绿色标准而丧失市场，将在几年后更加明显。事实证明这种预见的正确性，国际上纺织服装业的绿色壁垒已成为阻碍我国纺织服装产品出口的主要障碍。

　　2011年，服装出口总体下降7%，据测算我国服装出口每下降1%，全国服装总产量将下降0.5%，全国将有3.6万人失去工作机会，人民币每升值1元则服装行业的利润要降低6.8%，可见服装行业所承担的社会民生责任之重大。

　　因此，我国服装产业在经济全球化的形势下必须进行产业结构调整和转型升级，走自主创新和生态经济发展道路，实现由"制造大国"向"创造大国"的转变。发展生态纺织服装产业技术创新是首要的，而绿色设计技术是促进我国生态纺织服装产业快速发展的重要途径之一。

第一节　绿色设计是发展我国生态纺织
服装产业的重要途径

一、绿色设计是我国生态纺织服装产业发展的一个重要趋势

目前以低污染、低排放、低能耗为基础的生态经济发展模式已经成为世界经济发展的主导，发展生态纺织服装产业，研发绿色生态纺织技术，促进绿色设计技术发展，构建资源节约型、环境友好型、生态发展型的现代纺织服装产业体系是我国经济发展的国家战略目标。

在产业发展过程中，节能减排是企业发展的重要任务，在《国家纺织服装十二五发展规划纲要》中明确规定了服装纺织行业节能减排、资源循环利用、淘汰落后产能的约束条件：2015 年工业增加值在能源消耗和二氧化碳排放强度比 2010 年下降 20%，单位工业增加值用水比重比 2010 年下降 30%，主要污染物排放下降 10%。这些约束性条件的实施，促进了我国纺织服装产业的结构调整，产业技术进步和生态服饰文化的发展，提高了我国纺织服装产业在世界的市场竞争力，同时，为纺织服装业在"十三五"期间的发展提出了更高的要求和责任。

面对国内外对我国生态纺织服装产业的发展需求，我国传统纺织服装产业的发展道路难以为继，纺织服装产业结构调整和转型升级势在必行。转型，就是要转变纺织服装产业的传统发展方式，走企业创新驱动的发展道路，向绿色生态经济发展模式转变。升级，就是要全面优化纺织服装行业的产业结构、技术结构、产品结构，实现在创新中促进产业发展。

在全球经济一体化形势下，我国必须构建以生态和节能环保为产业特征的生态纺织服装产业体系和低碳消费模式，为国内消费者和国际市场提供绿色、健康、安全的生态纺织服装产品。在纺织服装的生产消费全过程中，注意对环境的污染，引导消费观念的转变，倡导纺织服装产业以低能耗、低污染、低排放为目标，实现技术创新和可持续发展。

二、创新发展绿色生态环保技术与国际接轨

我国生态纺织服装产业的发展，除受到产业政策、管理水平、绿色壁垒等因素影响外，没有与国际生态纺织服装的标准接轨也是制约产业发展的重要原因。因此，我们必须认识到绿色设计对发展我国生态纺织服装产业的重要性和紧迫性，积极采取有效的措施，与国际市场接轨。

当前国际纺织服装行业绿色壁垒呈现新的发展趋势，这主要表现在：一是纺织服装产品的绿色认证制度日益严格，如欧盟要求服装产品从原料获取到生产加工、销售、消

费使用、废弃处理各阶段都须达到 ISO 9000 系列标准，纤维和服装产品必须贴上生态标签才允许进入欧盟市场。二是环境标志认证水平逐步提高，呈现国际化发展趋势。目前，世界经济发达国家均实行了环境标志认可制度，其中，以欧盟采用的《Eco-Label》纺织品生态标签最为严格，对产品的限制内容更加广泛和具体。三是生态纺织品的标准水平逐年提高，被检测和禁用的纺织化学品不断增加，现在欧盟颁布的 Oeko-Tex Standard 100 标准，修改期由两年缩短为一年以内，使我国的纺织服装行业出口受到严重影响。四是检验的设施和技术手段日益提高，大大提高了检测的标准，为发展中国家产品进口设置了更高的门槛。

由于技术和环保等因素制约，我国纺织服装企业产品质量不稳定，极易遭受到经济发达国家绿色壁垒的准入限制，许多产品无法进入或被迫退出目标市场。同时，绿色壁垒也严重削弱了我国纺织服装业的市场竞争力，因为高标准的质量标准和认证体制，必将增大企业的生产成本，使我国传统纺织服装产品丧失了价格优势，减弱了国际市场竞争力。

面对绿色壁垒，我国纺织服装业必须采取有力措施突破绿色壁垒的束缚。

1. 完善生态环保法律法规的建设

欧盟、美国、日本等国的生态纺织品的生态标签制度是由一系列与纺织服装的质量标准、环境标志、检验方法等相关的法律和法规的文件构成，具有法律的约束力和市场准入的法定效力。例如，欧盟的 Eco-Label 标志认证对生态纺织服装的生态质量要求是以生态纺织服装产品的生命周期的全过程为生态质量检验目标，即纺织服装从产品设计、原料获取、生产过程、包装运输、消费、废弃物回收处理等全过程进行生态性评价，对产品的市场准入提出了极高的要求。

目前，随着我国纺织服装产业的发展，生态纺织品标准化工作也不断得到完善和提高，逐步从单纯的产品标准向国际商贸的生态标准过渡，初步形成了我国生态纺织技术标准为主体和多项生态环境标准为基础的生态纺织品生态体系，包括术语、符号、标志、标签、试验方法、合格审定、注册认可等与国际生态纺织品接轨的相关生态纺织品标准内容，对指导生产和对外贸易发挥了重要支撑作用。

但是，我国目前还没有一个完善、全面的生态纺织品标准和相关的法律法规，往往用强制性的质量标准代替技术法则和合格评审程序，技术法规和质量标准不清、职权不明，造成生态纺织品标准执行缺少相关法律依据。另外，我国现行的生态纺织品标准侧重点在产品的质量和标准上，缺少对产品生命周期内各环节的生态和环境评价标准及合格审定程序的强制性要求和市场准入原则。

2. 加强国际化生态纺织品标准系统建设

在知识经济时代，标准化是国际经济发展的新形势，一个国家或行业的标准化水平是这个国家或行业综合科技实力的反映。

目前，我国纺织品和服装标准，分为国家标准和纺织行业标准两类，是以产品为主，配以基础标准的纺织标准体系，与国际标准接轨较好，采标率达 80%。

但是，我国纺织服装业标准化的发展还满足不了市场经济和国际贸易发展的需要，主要表现在：一是我国现行标准中，有很大一部分是计划经济时代制定的，不能满足生态经济时代的消费需求和国际绿色生态标准的考核；二是现行标准是按原料种类和制作工艺制定，由棉、丝、毛、针织、服装等十几个标准化对口单位依照各自的工艺标准制定，缺乏行业间标准的共性、关联性和协调性；三是我国纺织服装标准的总体水平距世界发达国家仍有较大差距，符合 WTO/TBT 协定关于标准制定的原则较少，生态环保安全方面的标准差距则更大一些。

近年来，我国生态纺织品标准化工作不断得到完善和提高，引进、吸收了一些国外先进的产品标准内容和检测技术及检测手段。例如，我国 GB/T 18885—2009《生态纺织品技术要求》是参照欧盟 Oeko-Tex Standard 100《生态纺织品》标准 2008 年版制定的标准，但这种发展水平和我国世界第一纺织服装生产大国和出口大国的地位还很不适应，生态纺织品标准化建设滞后于生态纺织品产业的发展需求。因此，从生态纺织品行业来说，国际化生态纺织品标准的建设是一个系统的建设，是一个依靠多学科、多部门、多行业的密切配合，通过相关的法令、法规、标准、指令、审定程序等所构成的综合性生态标准化系统。因此，我国应加快现行纺织服装的标准化体制改革，尽可能采用国际标准和国外先进标准，充分利用 TBT 协定对发展中国家的相关条款，制定保护我国特有资源和传统工艺产品的强制性标准和技术法规，对现行标准进行整合完善和提高，争取达到国际互认，并立法防止经济发达国家向我国转嫁污染工业和倾销劣质纺织服装产品。

3. 完善环境标志认证制度

ISO 14000 国际标准已经成为纺织服装产品进入国际市场的"绿色通行证"。1996 年 10 月，国际标准化组织颁布可用于认证目的的国际标准 ISO 14001，该标准是 ISO 14000 系列标准的核心，该体系包括环境管理体系、清洁化生产、环境标志、生命周期分析等国际环境管理领域的主要问题。它要求通过建立环境管理体系来达到支持环境保护、预防污染、持续改进目标，并可通过第三方认证机构认证的形式，向外界证明其环境管理体系的符合性和管理水平。

由于 ISO 14001 的推广和普及发挥了协调经济发展和环境保护的关系、促进了企业环保事业，节约了资源，推动了科技进步，因此受到各国的广泛关注。

虽然国家高度重视，但我国纺织服装企业通过标准认证的企业并不多，除企业对环保认识不足以外，由于我国众多的中小纺织服装企业在技术、设备、人才、资金等方面的欠缺，目前尚不具备认证的条件和能力，已申请通过认证的企业后续执行结果不佳，没能贯彻持续改进的理念。

针对我国纺织服装业在环境标志认证中的问题，有必要从政策层面和企业发展角度进行调整和改进，一要强化环境管理职能，赋予足够的权力和法律保障，使其能更好地发挥环境管理的职能；二是应制定相关的激励措施和补偿机制，为企业提供技术和资金支持，鼓励企业改善环境管理体系；三是企业要完善环保体制建设，提高全员环保意识；四是企业应贯彻产品生命周期全产业链过程的控制理念，按 ISO 14000 环境管理体系的理念对产品生命周期各环节进行环境控制，实现企业和环境协调发展的目标。

4. 加强国际合作、充分利用规则

加强国际环境领域的合作，特别是对贸易伙伴国和产品目标国的合作，相互信任、合作交流、相互承认环保措施和生态环境标准等。这种国际化的合作和交流有利于进一步完善与纺织服装业有关的环境立法，完善环保法规，促进环保技术发展，有利于打破绿色贸

易壁垒。

积极参与国际环保和贸易的国际事务，充分利用国际贸易各种机制、方法和法律原则，争取平等、合理的权益，提高我国在国际环保立法和贸易谈判中的国际地位，同时可以有效地制止有些国家滥用环保法规、贸易条款推行贸易保护主义的企图。

第二节 产业结构调整和技术创新是生态纺织服装产业发展的基础

我国纺织工业发展规划中明确提出：以结构调整和产业升级为主攻方向，以自主创新、品牌建设和两化融合为重要支撑，发展结构优化、技术先进、绿色环保、附加值高、吸纳就业能力强的现代纺织工业体系。按规划要求，在我国生态服装产业由制造走向创造、由传统粗放经营方式走向生态经济发展模式的转化过程中，产业结构调整和提高企业自主创新能力是关键。

我国纺织服装行业具有企业数量多、规模小、产能低、资源消耗大、高能耗、高污染的产业特征，在技术创新、新能源和节能减排技术应用方面距世界先进国家有较大差距；自主品牌建设步伐滞后，提高产品附加值和完善产业价值链形势紧迫；节能减排和淘汰落后产能任务艰巨，先进技术推广和技术改造工作有待加强。所以，加快转变纺织服装业的发展方式，充分利用各种有利条件，大力推进产业结构的战略调整是极为重要的工作。

生态纺织服装业的发展，应以绿色设计为突破口，带动从上游到下游的产品质量和创新水平，包括从纤维原料的创新，应用高新技术和节能环保技术实现纤维素纤维、化学纤维、蛋白质纤维等新材料和新技术的创新；在生产技术领域，要重点解决面料开发、印染后整理、化纤仿真、织造等清洁化生产关键技术；在纺织服装加工生产方面，要加强数字化技术和信息化结合，实现机电一体化，为纺织服装产业的自动化、信息化打好基础。

发展生态纺织服装是满足消费者对安全健康纺织服装产品的需求，所以要重视绿色生态环保技术和绿色设计技术的开发和应用，积极采用新原料、新工艺，推进清洁化生产，采用节能减排新技术，开发有利于生态环境安全健康的生态纺织品。印染和后整理环节是对环境污染最严重的生产环节，应积极采用活性低盐染色、无水印花、喷射印花、等离子处理技术等新工艺。

我国在《生态纺织品技术要求》标准中，虽然在偶氮染料禁用、重金属、甲醛检测等方面都明确了检测标准，但在检测技术和检测手段上仍滞后于国际先进水平，在对环境污染检测方面更为落后。因此，应加快引进国外先进的检测技术和方法，积极培养科技人才，加强科技资源的有效配置，增强国际交流合作，扩展检测验证服务领域，争取尽快和国外权威验证机构相互认可。

总体而言，创新驱动是加快我国纺织服装业在结构调整和产业升级方面的重要动力源。

第三节　生态纺织服装产业产学研创新体系的构建

面对国内外对我国纺织服装产业的发展需求，我国传统纺织服装产业面临发达国家在产业链高端和发展中国家在产业链低端的双重竞争压力，纺织服装业的结构调整和转型升级势在必行。然而，我国纺织服装企业90%以上没有设置技术开发机构，绝大部分企业没有开展技术开发活动，更缺少创新研究和引进吸收消化再创新的能力和条件。

生态纺织服装产业产学研创新体系的构建是建立在企业、高校、科研院（所）科技资源整合的基础上，以市场运行机制为导向，紧紧围绕促进生态纺织服装科技与企业发展的结合，以加强科技创新、促进成果转化和产业化为目标，以调整服装产业结构、转换机制、提高企业自主创新能力为目的的技术创新组织（图8-1）。

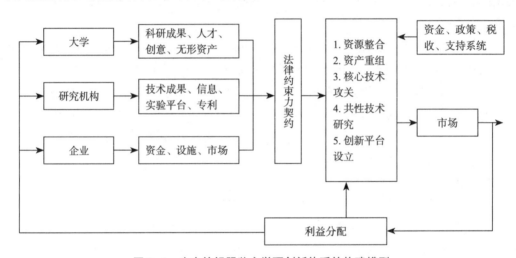

图8-1　生态纺织服装产学研创新体系的构建模型

科技实践证明，我国重大现实的科技核心技术，共性关键技术百分之八十是依靠产学研这种促进科技创新的形式完成的。同样，纺织服装产业所面临的绿色技术壁垒等核心技术和关键技术的突破也一定可以通过产学研创新体系来实现。

一、产学研创新体系建设

产学研合作是我国生态纺织服装产业创新体系的核心，同时也是纺织服装产业坚持自主创新、重点跨越、支撑发展、引领未来发展原则的主要形式和实施基础。

1. 创新体系的主体建设

构建以纺织服装企业为创新主体、以市场为导向、产学研相结合的生态纺织服装产业创新体系是发展我国生态纺织服装产业的一项重要战略措施。

在经济全球化的形势下，我国要实现纺织服装产业的生态化，必须把调整产业结构、转变经济增长方式、增强企业自主创新能力作为纺织服装产业的战略基点。在市场经济活动中，纺织服装企业是经济活动的主体，纺织服装生态化创新发展的本质是一个经济活动的过程，只有以企业为主体才能把纺织服装产业的生态化落到实处，才能真正反映市场的需求，实现以市场为导向的发展目标。企业成为生态纺织服装产业的创新主体，就是要求企业加大对生态纺织品的新材料、新技术、新产品的开发研究力量，成为生态纺织服装新产品和生态节能新技术创新活动的主体及对先进技术和创新研究成果应用的主体。

生态纺织服装产业产学研创新体系的构建可以有效地促进纺织服装产业核心竞争力的提升，围绕生态纺织品产业创新链中的绿色创新设计、原辅料的开发研究、新技术与新能源的应用研究开展集成创新，突破制约我国生态纺织品发展的关键技术，推动产业技术进步，冲破绿色壁垒的束缚，实现生态纺织服装产业的科学发展。

2. 创新体系的支撑体系

大学和科研机构在产学研创新体系中的作用，主要是发挥在生态纺织服装科学方面的基础理论研究、应用研究、创意设计研究和对国际现代生态纺织品科学领域中的高新技术、新成果、新能源进行引进吸收消化再创新研究，作为创新体系提供人才、创意、新技术、新产品开发研究的依托和重要的技术支撑。

我国高等学校经过多年的发展，具备了比较深厚的技术积累和发展潜力。在生态纺织服装科学研究领域，这些学校无论在绿色设计研究、原辅料开发、新技术与新能源利用、信息化技术等方面均有大量创新研究成果涌现出来。在激烈的现代纺织服装产业发展市场竞争中，高等学校是支撑我国生态纺织服装产业可持续发展的基础。

生态纺织服装产业的发展是一项综合性的系统工程，涉及服装学、材料科学、能源科学、纺织印染、生产工艺、信息化科学、环境科学、市场学等学科领域。高等学校在创新体系中要发挥多学科协作的整体技术支撑作用，同时高校在主动为社会主义建设服务的过程中也必将对高校的教育改革、科技体制创新、人才培养模式创新产生积极的促进作用，对高等学校的学科和专业建设、科研和教学水平的提高提供了强大的动力。

科研院（所）在创新体系中发挥着创新骨干和引领作用，在生态纺织服装产业发展的创新链中，最薄弱的环节是共性关键核心技术的供给和成果的转移。生态纺织服装产业产学研创新体系的建设，一方面要按照生态纺织品产业链的发展规律来开展集成创新，突破制约产业发展的关键技术，实现创新要素的集成整合，另一方面要发挥科研机构科技创新平台的作用，实现资源共享和开放，通过科研机构的科技成果转化渠道加速科技成果转化为现实生产力的进程。科研机构将利用自身的优势支撑企业在生态纺织服装高端价值链的链接，为产业发展赢得技术和市场主动权。

二、创新体系的构建模式和运行机制

生态纺织服装产业创新体系的构建模式是保证创新体系成功运作的关键，也是发挥体系中的企业、高校、科研机构各自优势能有效地实现资源整合的一种重要组织形式。

创新体系要确定清晰而明确的发展战略目标，在资源共享、优势互补、联合开发、风险共担的基础上，利用市场经济规则采取有效的方法和措施实现产学研创新体系各成员的经济和社会利益的最大化。

生态纺织服装产业产学研创新体系的运行机制要求创新体系的设立必须遵循市场经济的规则，体现国家生态经济发展的战略目标，满足企业的创新要求，同时对企业、高校、研究院（所）之间的创新要素能实现合理而有效的资源配置和整合。

运行机制涉及创新体系中成员的选择，系统内部的分工协调和利益分配的机制及系统的管理制度、政策、法律等相关范畴。创新体系的构建要充分发挥政府的协调和引导作用，根据生态经济发展的要求，在政策上引导、资金上支持创新要素向创新体系集聚，推进产学研创新体系发展。

创新体系的构建是体系成员之间互相具有法律约束力的一种法律行为，各方的利益分配驱动和风险共担是创新体系保持长久、有效运行的重要杠杆。企业要在创新体系中加大科技投入、承担科研风险，尽快获得创新成果并取得市场效益。高等学校和科研院（所）通过创新体系的产学研合作获得更多的研究经费支持，达到多出、快出、出高水平科技成果的目标。

在创新体系的管理机制中，要有明确、公平、客观的利益分配规则和分配办法，从而保证各方的利益权益。在创新体系的内部对知识产权保护方面，要制定完善的管理条例和管理办法，保证各方面的知识产权受到保护。

三、创新体系的组织模式

我国生态纺织服装产业的创新发展需要建立在对重大节能生态环保技术突破的基础上，并且需要一个庞大的综合性学科的技术群体作为技术支撑。一个组织完善、功能齐备、运作高效的生态纺织服装产学研创新组织是实现这一目标的有效模式（图8-2）。

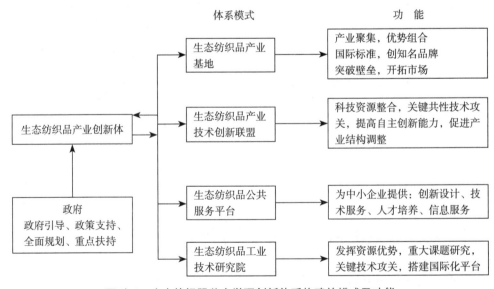

图8-2　生态纺织服装产学研创新体系构建的模式及功能

1. 创建国际化合作平台、增强国际竞争力

目前，我国生态纺织服装产业在服装质量标准、评价方法、低碳节能减排新技术应用等领域距国际发达国家还有较大差距。一个国际化生态纺织服装产学研创新组织的构建，通过与国际知名服装品牌、生态纺织服装生产企业、高校和研究机构开展学术交流、人才培养、联合开发、合作研究等多种形式的国际合作模式，引进国际服装先进的消费理念、技术和管理经验，是加速提高我国生态纺织服装产业与国际接轨迅速走向国际化的有效途径。

2. 生态纺织服装产业创新基地建设

以我国的生态经济政策为引导，在纺织服装产业发达地区或服装出口产业区，建设与国际生态服装产业相接轨的纺织服装产业基地。在基地内严格按国际生态纺织品的质量标准、生态标准、检测方法和生产规范来集聚由原料、面料、产成品、市场营销等企业，构成完整的国际标准生态纺织服装产业链。同时，利用基地的政策优势、产业优势、资金优势，构建由企业、高等学校、研究院（所）组成的生态纺织服装产业创新链，为基地企业的技术创新、新产品开发、市场开拓、创新人才培养、知名品牌创建提供强有力的支撑。

3. 生态纺织服装产业产学研技术创新联盟

生态纺织服装产业产学研技术创新联盟是一种产学研创新体系的组织形式。"创新联盟"可围绕生态纺织服装产业链的关键技术、共性技术进行联合攻关，集中联盟成员的优势科技资源，突破制约生态纺织服装产业发展的关键性、前沿性、共性技术瓶颈，增强纺织服装企业的核心竞争力，突破西方经济发达国家对我国服装业实施的绿色技术壁垒和碳关税壁垒。

4. 共建生态纺织服装技术创新平台和公共服务平台

企业与高校、研究院（所）共建生态纺织服装研究院所或工程技术中心，发挥各自优势实现创新要素的整合，针对生态纺织品所面临的低碳节能减排关键技术开展研究合作。

根据国际生态纺织服装发展需求，为企业在制定质量标准、检测技术、生产控制等方面开展合作研究，同时为生态纺织品行业和中小企业提供技术服务平台、产业孵化平台、信息化平台，引领中小型服装企业的生态经济发展。

我国纺织服装产业是国内产业中耗能和污染最大的行业之一，产业对节能环保新技术、新能源应用相对滞后。面临着国内消费市场对生态环保安全健康纺织服装产品日益增长的消费需求和国际纺织服装市场绿色壁垒冲击的激烈市场竞争格局，加快产业结构调整和提升企业自主创新能力，走生态经济发展之路是实现纺织服装产业可持续发展的重要途径。

思考题

1. 为什么说绿色服装设计是发展我国生态纺织品产业的重要途径？
2. 为什么说技术创新和产业结构是发展生态纺织产业的基础？
3. 为什么说产学研创新体系是发展生态纺织服装业技术创新体系的核心？

第九章

服装绿色设计
应用研究实例分析

前面几章对生态纺织服装绿色设计的方法、过程、步骤及绿色设计的关键环节进行了分析讨论，但是对生态纺织服装来说，如何根据企业生产的需要及依据绿色设计的要求开展工作更为重要。

本章是以牛仔服装设计、童装生态和机械安全性设计、生态皮革服装绿色设计为例，研究纺织服装的绿色设计技术，从生态纺织服装设计理念的构建、设计风格和设计方法三个方面，研究服装的功能性、实用性、安全性、环保性、可回收性的设计原则、设计方法和质量评价标准，并利用生命周期绿色设计方法来评价服装的生态性能。

第一节　牛仔服装绿色设计

一、牛仔服装绿色设计的意义

（一）牛仔服装是世界最普及的服装种类之一

自 1873 年第一条牛仔工装裤诞生以来，牛仔服装经历了美国西部牛仔文化的传播和 20 世纪全球范围内的普及及演化，其文化内涵和使用价值在全球范围内形成了一种不受区域、国籍、民族、宗教、年龄、性别、职业、身份等因素制约的服装种类。牛仔服装有着广泛而坚实的社会需求基础，至今仍是世界最为普及和流行的服装种类之一。

据资料统计，世界有一半人群穿牛仔服装，美国牛仔服装普及率高达 50% 以上，人均拥有各种牛仔服装近 15 件，欧洲几乎有一半的人在公共场合穿牛仔服，荷兰达 57%、德国达 46%、法国达 42%。中国是世界牛仔服装消费量最大的国家，年消费达 4.5 亿件，青年是我国牛仔服装消费的主体，75% 的青年消费者拥有牛仔服装 3.5 件，20% 拥有 5~7 件。

生态经济已经成为当今世界经济发展的主流，生态环保服装的绿色设计技术将成为未来世界牛仔服装产业设计技术的主导。受生态经济的影响，牛仔服装产业的产业结构、技术水平、产品结构、市场营销体系、消费模式也都必将发生重大的调整和改变，这种新的经济和产业发展趋势，驱动了牛仔服装行业绿色设计的兴起，并对产业的生态化发展产生了深远的影响。

我国是世界上牛仔服装生产、消费、出口的第一大国，年产量占世界牛仔服装总产量的三分之二，年消费牛仔服装占世界总消费量的三分之一。因此，对生态牛仔服装的绿色设计研究是极其重要的，这不仅关系到我国广大牛仔服装消费者对绿色环保牛仔服装产品的消费需求，同时也是牛仔服装生产企业产业结构调整和技术创新发展的迫切需求。

（二）牛仔服企业必须走绿色设计之路以减少环境污染

纺织服装产业是对生态环境造成严重污染的行业之一，而牛仔服行业因其产量大和工艺的特殊性对生态环境的影响更为严重。

以被中国纺织工业联合会评为"中国牛仔服装名镇"的广东珠三角的新塘镇为例，其牛仔服产量占全国牛仔服总产量的 60%，出口量占全国牛仔服出口总量的 40%。新塘已成为我国牛仔服生产和出口的重要基地，从纺纱、染色、织布、整理、制衣、洗漂等生产工序到市场营销，形成了牛仔服生产的全产业链。

但是，新塘镇的牛仔服生产企业普遍存在企业规模小、设备陈旧、生产工艺落后等问题。在纺纱—织造—染整的生产过程中产生的各种氧化剂、催化剂、阻燃剂、去污剂等化学物质和印染工艺过程中产生的甲醛、染料、氯化物、重金属残留等有毒有害物质，对生态环境和人体健康造成了严重危害。

据国际环保组织（NGO）对新塘的一项取样调查显示，在该镇所取的三个泥样样本中，重金属铅、铜、镉等均超过国家《土壤环境质量标准》规定，其中一个样本的镉含量超过了 128 倍，一个样本的 pH 值达 11.95，已严重威胁到当地人民的生产生活。可见，牛仔服装产业对生态环境的污染已对产业的发展形成了最大的制约。

目前，我国牛仔服装产业基本上还是一个高能耗、高排放、高污染的行业，生态、环保、节能减排是制约我国牛仔服装产业发展的瓶颈。

在全球生态经济下，传统的牛仔服产业要保持可持续发展，必须通过技术进步、体制创新、结构调整，走出一条科技含量高、生态环保的绿色发展之路。

二、生态牛仔服装绿色设计理念的构建

服装设计是服饰文化和科学技术相结合的载体。生态牛仔服装的绿色设计就是把绿色环保生活方式的文化内涵与绿色时尚潮流相融合，去体现人们崇尚自然和追求健康、安全、舒适的生活理念的一种物化表达。这种绿色环保的生活方式、审美趋势、消费理念，赋予了服装设计师新的使命和挑战。

（一）生态牛仔服装的概念

生态牛仔服装是符合生态纺织品标准的牛仔服装，即采用对环境无害或少害的原料和生产过程所生产的对人体健康无害的牛仔服装。

也可以说，生态牛仔服装是要求在牛仔服装的整个生命周期中，从原辅料获取、加工生产、消费使用、回收利用等环节，均要符合相关的质量标准和生态环保标准的牛仔服装的统称。

（二）产业和消费发展的多元需求

"十三五"期间是我国纺织服装产业高速发展时期，同时也是产业结构调整、技术创新、产品创新、设计理念创新和品牌市场开拓的关键时期。

我国正在倡导要努力建设以生态经济为特征的产业体系和消费模式，绿色的生活方式和消费文化已经成为广大消费者的一种生活态度。目前，广大消费者对牛仔服装的消费越来越关注服装的文化内涵和绿色环保特性。

在我国牛仔服装产业的发展过程中，节能减排、新技术、新能源的应用是企业发展的重要任务。因此，国家对牛仔服装行业制定了节能减排、资源循环利用、淘汰落后产能的约束条件。这些约束条件的顺利解决，不仅将促进产业结构调整和技术进步，同时也将极大地增强我国牛仔服装业在国际服装市场的竞争地位。

（三）低碳经济下服装设计师的新使命

生态牛仔服装绿色设计理念的构建，是服装设计师设计理念创新和服装科技创新相结

合的过程，也是牛仔服装业界科技和艺术发展水平的综合反映。

生态牛仔服装的原辅料、生产、销售、消费、回收利用整个生命周期过程中，生态化、精细化、清洁化的设计模式是我国服装设计师和业界必须面对的新课题。在这个过程中，对服装设计师、服装生产企业和消费者来说都是一场绿色的革命，它需要服装设计师和牛仔服生产企业要共同去面对消费者的绿色环保时尚需求和肩负着攻克"绿色技术壁垒"和"碳关税壁垒"的重要责任和使命。

三、生态牛仔服装的绿色设计方法

生态牛仔服装的绿色设计是在传统牛仔服装设计基础上的继承和创新发展，生态牛仔服装绿色设计与传统设计的最大区别在于生态牛仔服装绿色设计除要求满足服装的实用功能、审美功能等服饰基本功能以外，还应考虑到牛仔服装的环境属性、生态属性、可回收性、重复利用性等服装设计要素。这些功能需要通过设计师运用一定的思维形式、美学规律和科学设计程序，将其设计构思创造出舒适、美观、安全、环保的生态牛仔服装。

（一）生态牛仔服装的生命周期设计原则和依据

1.设计原则

生态牛仔服装采用服装生命周期设计方法进行设计，一般应遵循以下四项原则。

（1）满足牛仔服装的功能性、实用性、审美性服装设计要求。

（2）重视服装的生态性、环境属性、可回收利用属性。

（3）坚持"5R"原则，即减少污染（Reduce）、节约能源（Ruse）、回收利用（Recycle）再生利用（Regeneration）、环保采购（Rejection）。

（4）牛仔服装的绿色设计是指在产品生命周期中，从原辅料获取、加工生产、消费使用和回收利用的全过程采用闭环控制系统的设计。

2.设计步骤及程序

（1）确定设计目标和标准边界：对牛仔服装整个生命周期进行设计，虽然可有效地降低生态环境的影响，但由于客观条件的制约，设计人员需要对所选系统的边界做出取舍，把重点放在产品生命周期的某些环节或工艺过程。

对生态牛仔服装绿色设计而言，服装原料获取和加工生产中成衣整理工艺是影响产品生态性的重点环节，关键环节必须达到相关产品标准要求和一定的技术水平，才能满足产品整个生命周期的绿色设计要求。

（2）设计要求与控制：确定牛仔服装的设计要求和目标，这些要求和目标决定了产品的最终设计方案。若产品定位于国内高端市场并要求产品取得绿色标志产品认证，则产品必须符合 GB/T 18885—2009《生态纺织品技术要求》和 HJ/T 307—2006《环境标志产品技术要求　生态纺织品》标准，产品生产企业则应通过 GB/T 24002《环境管理体系》标准；若产品设计目标是出口欧盟并取得欧盟绿色标志产品认证，则产品必须符合 Oeko-Tex Standard 100《生态纺织品》标准，生产产品企业则应通过 ISO 14000《环境管理体系》认证和《生态纺织品标志认证》。

①性能要求：生态牛仔服装作为服装产品，首先应满足服装产品的实用功能、审美功能等服装的基本功能，与此同时把产品的生态功能同时作为设计要素进行考虑。因生态牛仔服装绿色设计采用生命周期设计方法，产品的生态性将贯彻到产品生命周期的各个环节，对产品基本功能也将产生重要影响。生态牛仔服装优良的基本功能和生态功能的实现，必然要依靠先进的技术和设备来完成。

②环境要求：生态牛仔服装对环境的要求主要体现在尽量减少对资源的消耗（特别是不可再生资源）和最大限度地减少对环境的污染及对人体健康的危害。

一般而言，设定优于现行生态纺织品标准和环境法规环境标准是有益的，但这样将引来技术实现和成本增加等相关问题。因此，根据产品定位设定产品环境标准和企业环境要求是必要的。

③经济核算要求：在生态牛仔服装绿色设计中，满足了产品基本功能和生态功能后，还必须保证产品价格的优势，才能显示出绿色设计产品的优势。

在开发生态牛仔服装成本要求下，采用生命周期成本核算（Life Cycle Costing）的方法，计算出完整的经济核算，许多生态环境影响低的设计因素就会显示出经济上的优势。

④政策法规和标准要求：政策法规和标准要求是生态牛仔服装绿色设计的重要内容。目前，我国和世界许多国家一样，在生态环境、健康、安全等方面都制定了一些强制性的政策法规和标准，这些强制性法律法规和标准是企业产品设计、开发生产、市场营销必须遵循的市场准则，也是设计人员开展设计工作的原则。

在考虑政策法规及标准要求时，针对产品市场定位的差异性，须遵循目标市场所在国家或地区的政策法规和标准制定设计策略。

（二）设计的内容和计划制定

1. 设计内容和流程

生态牛仔服装的绿色设计程序分产品规划、产品设计、原料获取、加工生产、消费流通、回收处理等阶段（图9-1）。

2. 产品规划

生态牛仔服装产品设计是一个战略性强、技术性高、艺术内涵丰富的创造过程，必须根据目标市场和消费对象来做产品规划。设计师必须明确定义目标客户的市场需求，对产品的市场、原辅料的来源和性能质量、成本核算及生命周期设计后续设计程序中的设计要件做出相应规划。

在生态牛仔服装的绿色设计过程中，绿色设计的产品规划可以成立绿色设计小组，由企业自身组织服装设计师、产品研发人员、市场人员等完成，或借助外部力量共同完成。设计小组利用其专业知识和经验，以产品综合分析（GPA）为基础，经分析研究，利用定性和定量分析相结合的评估方法确定生态牛仔服装绿色设计因素并拟定绿色设计策略（表9-1）。

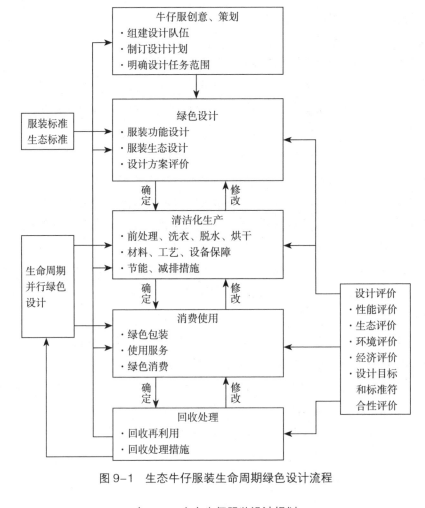

图 9-1　生态牛仔服装生命周期绿色设计流程

表 9-1　生态牛仔服装设计规划

规划项目	绿色设计策略	执行标准或预期目标	备注
产品市场定位	根据目标市场和客户要求确定设计计划	执行 GB/T 18885—2009《生态纺织品技术要求》和 FZ/T 81006—2007《牛仔服装质量标准》及 HJ/T 307—2006《环境标志产品技术要求　生态纺织品》标准	若出口产品应按进口国要求或按欧盟 Oeko-Tex Standard 100《生态纺织品》标准执行
功能设计	满足客户需求，设计要素创意符合绿色消费理念	以节约资源、减少消耗、满足功能、可回收利用、保护环境为设计目标	号型和成品规格按 GB/T 1335.1、GB/T 1335.2、GB/T 1335.3 的规定选用
面料获取	掌握纤维生产和面料织造的生态环境信息，确定原辅料环境影响限量值和面料质量标准值	执行 GB/T 18885—200《生态纺织品技术要求》和面料质量相关标准	按 FZ/T 13001 标准选用
加工生产	清洁化生产，减少噪声和废弃物对环境的污染，减少洗水后处理工艺及污水排放	执行 HJ/T 307—2006《环境标志产品技术要求生态纺织品》和 GB/T 24002《环境管理体系》标准	若出口产品应按进口国要求或按 ISO 14000《环境管理体系》标准执行

规划项目	绿色设计策略	执行标准或预期目标	备注
消费使用	减量绿色包装、绿色消费、DIY设计、避免包装储运浪费	符合GB/T 5296—1998《纺织品和服装消费品使用说明》标准要求	出口产品应取得"绿色环境标签"认证
回收处理	回收再利用、旧服改制，减少废弃物处理对环境的影响	符合《中华人民共和国环境保护法》和《固体废弃物防治法》等法规要求	出口产品应符合欧盟《包装及包装废弃物指令》要求

（三）产品设计

把牛仔服装整体造型设计和传统设计要素相结合，款式、色彩、面料设计作为设计基础。在设计过程中，对所需选择的牛仔服装面辅料的生态特性、环境特性、可回收再利用特性及产品加工环境条件等，均作为设计阶段同等重要的设计要素进行考虑，使产品的功能性和生态性成为设计的整体。

1. 设计风格

生态牛仔服装设计创新思维的核心，是更关注消费者对生态环境和健康安全的消费心理感受及对周围环境的协调，使生态牛仔服装的精神需求和物质需求更加融合。这种协调和融合就是沟通人与自然、人与社会、人与环境的一种创造性活动，是生态牛仔服装设计的依据出发点。

（1）自然、和谐、浪漫的传统牛仔风情：自美国西部牛仔服装的诞生到牛仔服装成为世界上流传最广、普及率最高的服饰产品之一，其自然、和谐、浪漫的时尚风格对广大牛仔服装消费者有着无穷的魅力。传统牛仔风格追求自由而洒脱、浪漫而自然的气质，是以与自然高度和谐为主要特征的服饰风格。

设计实例①——牛仔服装的经典斜纹布、皮标、铆钉、金属扣等设计元素。

蓝色粗斜纹布、金属纽扣、铆钉、双弧缝纫线、皮标是牛仔服装独特的设计元素，每一个经典的牛仔标志都蕴含着独特的传统和个性化的特征，诉说着牛仔文化的历史，同时也让现代时尚呈现出豪放的气息。只有把这些独特的设计元素巧妙地应用在单品设计中，才能让人感受到牛仔文化的魅力（图9-2）。

设计实例②——热烈、奔放的牛仔女装设计。

该设计是在传统牛仔服装基础上演绎的一种现代时尚的低腰、短裙、瘦腿、紧身的服装款式，其莱卡的材质、剪接的弧线和金属的铆钉使服装呈现出完美曲线。整体服装造型表达出自由、浪漫、洒脱的服装个性。

图9-2 牛仔服装经典斜纹布、铆钉、金属扣、皮标等设计元素

服装采用纯棉面料设计及清洁化加工，使生态和时尚达到和谐、统一（图9-3）。

设计实例③——豪迈、浪漫的牛仔男装效果图设计。

该设计兼顾了传统牛仔服装的豪迈气质和平民化的前卫精神，使牛仔服装保持了旺盛的生命张力。该组牛仔服装在面料、颜色、款式、装饰手法等方面都进行了较大变化，可以满足不同消费群体的需要（图9-4）。

（2）简约的田园风格。简约的田园风格牛仔服装是在汲取了传统牛仔服装理念并结合了民族服饰文化精髓的基础上，把生态服装设计的理念和精神贯彻到生态牛仔服装的设计中。设计中强调珍惜自然资源，引入生态环保的新材料及流行色彩，在款式上倡导简约、朴实、实用的服装形象。

图9-3 热烈、奔放的牛仔女装

设计实例①——李维斯品牌简约的田园风格牛仔服装设计。

李维斯是世界著名的牛仔服装品牌，年销售牛仔裤达35亿条，不仅是时尚潮流的领导者，同时也是美国精神的典型代表，具有鲜明的美式文化特色。

该组李维斯品牌田园风格牛仔服装创意设计，表达了生态牛仔服装的重要生态特征是节约资源、强调减量化设计以及服饰的可搭配性。每一款服装都以温暖、感性的色彩和单纯、质朴的结构描绘出女性的美丽，上装通过领、袖、下摆的灵动变换与长裤、短裤、短裙相搭配，增加服装的使用功能（图9-5）。

图9-4 豪迈、浪漫的牛仔男装效果图
（陈敏洁设计）

设计实例②——休闲、自然的牛仔服装设计。

一种简约、休闲的服装款式，上衣采用轻薄、柔软的针织衫，裤装则是紧腿的牛仔面料长裤，展现出女性完美的曲线，带有一种平民化的田园温情（图9-6）。

设计实例③——简洁、朴实的牛仔服装设计。

裤装设计沿用传统的牛仔设计风格，突出女性的窈窕曲线，牛仔短袖衫上衣是采用牛仔和绸缎相搭配，使服装表达出女性的优雅与朴实的田园气息（图9-7）。

（3）生态环保主义风格。在现代社会生活中，人们充分地享受到由于经济发展所带来的丰富的物质生活，同时也饱尝了由于资源过度开发所带来的环境恶化、空气污染、生态

图 9-5　李维斯简约的田园风格牛仔服装设计

图 9-6　休闲、自然的牛仔服装

图 9-7　简洁、朴实的牛仔服装

破坏所带来的苦果。同样，人们对服装的追求也不仅局限于华丽的外在效果，而是倾向于与生态社会环境相适应，能充分展现生态牛仔服装舒适、安全、健康的服饰风格和艺术美感，进而形成了生态牛仔服装设计的服装风格特征。

设计实例①——阿玛尼舒适、健康的牛仔服装设计。牛仔服装设计早已超越了牛仔工装裤时代，成为现代时尚的重要组成部分。欧美服装设计大师乔治·阿玛尼、皮尔·卡丹、詹尼·范思哲、马丁·马吉拉等，根据牛仔服装的现代化和生态化要求设计出许多杰出的时装作品，用完美、简约、单纯的廓型表达出女性的活力，用蓝、白、灰的生态牛仔面料和精致的图案装饰相搭配，一线、一褶都明确地勾勒出腰肢曲线，传递了舒适、方便、健康、生态的生态环保理念（图9-8）。

设计实例②——马丁·马吉拉自然生态美的牛仔服装设计。

比利时著名服装设计师马丁·马吉拉为该组服装的创意设计和剪裁赋予了牛仔服装优雅、恬静的内涵，裙套装浅蓝色的水洗面料更富有层次感和节奏感，从面料、板型和剪裁等各方面都颠覆了牛仔服装的经典概念。宽松、夸张的上衣与裤子用明快的深蓝色和轻柔的水洗牛仔面料进行拼色组合设计，让硬朗的牛仔布有了飘逸感，形成了非对称式的造型，活泼而富有生气。牛仔晚礼服采用湛蓝色的牛仔面料，金色的装饰处理打造出服装的优雅气质（图9-9）。

（4）民族化时尚风格。牛仔服装一百多年的发展历史，充分说明了牛仔文化与世界各民族文化不断融合的过程，在民族化的基础上不断创新发展使世界性和民族性达到和谐与统一，创造了牛仔文化与民族文化相融合的时尚。

设计实例①——范思哲现代时尚牛仔服装设计。

多年来，牛仔服饰突破了地域、宗教、文化的界限，始终引领着时尚潮流。民族化风格的兴起对牛仔服装的国际流行风潮起到了极大的推动作用。本例中，设计大师詹尼·范思哲将传统牛仔文化与欧洲简约主义风格相融合，为休闲风格男装与简约风格的女装赋予了新的时尚内涵（图9-10）。

图9-8　阿玛尼舒适、健康的牛仔服装设计

图9-9　马丁·马吉拉自然生态美感的牛仔服装设计

图9-10　范思哲现代时尚牛仔设计

设计实例②——民族化时尚牛仔服装效果图。

本例中，服装造型吸收了中国旗袍造型特点，造型简洁明快、线条流畅自然，采用水洗工艺和中华传统印染技术的牛仔面料与色彩装饰设计，表达出牛仔服装中东方文化的风韵（图9–11）。

图9–11 民族文化时尚牛仔服装效果图（潘璠设计）

（5）灵动组合风格。在生态牛仔服装设计中，充分利用资源和新材料、新技术、新创意，使服装有了更多的灵动空间和组合功能，可以更加有效地将牛仔服装的款式、结构、色彩的服用功能进行扩展和延伸。通过牛仔服装面料的选择、色彩设计、款式结构设计，使牛仔服装的品种突破了传统的局限，实现任意组合搭配和着装多样化，增加了服装的实用功能，达到生态环保绿色消费的实效。

设计实例①——范思哲灵活多样的牛仔服装设计。

设计者从牛仔服发展历史中汲取灵感，经过融合淬炼，转化为自由、独立、灵动的设计风格。该组牛仔服装表达了传统牛仔服装平民化的温情，灵活多样的花样图案处理和粗犷风格相融合，展现出一种充满活力的生活方式（图9–12）。

设计实例②——结构灵活的牛仔服装搭配设计。

实例2中，细格纹牛仔

图9–12 范思哲灵活多样的牛仔服设计

面料上衣搭配黑色紧身牛仔裙，黑色牛仔上衣配以宽格纹牛仔裙，通过这种灵动的结构与材料搭配以及珠片、拉链等牛仔服装独特的装饰手法相结合，使服装处处散发出青春的活力（图9-13）。

设计实例③——色彩灵动的牛仔服装设计。

随着现代科技的发展，使牛仔服装的色彩突破了牛仔蓝的束缚。款式风格的多样化、色彩的丰富性、装饰的个性化，成为当今牛仔服装发展的重要特征。本款服装采用橘红色牛仔裙装搭配橘红色绿格纹马甲以及黑色结构风格的牛仔裤，并用珠扣装饰代替了金属铆钉，整体造型青春朝气、活泼健康（图9-14）。

图9-13　结构灵活的牛仔服装搭配设计（陈镜元设计）　　　图9-14　色彩灵动的牛仔服装设计

2. 面料和辅料的选择

（1）面料的选择。生态牛仔服装面料的选择及运用是服装绿色设计中的重要设计环节。在生态牛仔服装设计要素中，色彩和材料两个要素是由所选用的牛仔服装面料来体现的。此外，款式造型性能、服装的生态环保性能、可回收再利用性能、成本因素及流行性等也需要由服装的面料特性来保证。

在生态牛仔服装绿色设计中，对原辅料的获取应充分考虑到原辅料与生态环境的影响因素信息。首先要了解，包括纤维种植生产中的资源消耗、化肥农药、杀虫剂、除草剂等与环境影响的关系；合成纤维资源利用、能耗、三废排放等对生态环境的影响；在牛仔布织造过程中各生产环节对环境的影响；所选择的原辅料要符合GB/T 18885—2009《生态纺织品技术要求》国家标准和纺织行业标准FZ/T 81006—2007《牛仔服质量标准》的要求。

牛仔服装面料可分为成品服装制作面料和成品仿自然旧处理两种类型。现在，制作生态牛仔服装的面料不仅有传统牛仔服装的厚实斜纹和平纹面料，而且还有许多新型的薄型及针织型面料。

随着服装材料向高科技方向发展和人们生态环保意识的加强，大量低碳、低污染、低排放的绿色纤维、生态面料、环保面料在牛仔服装制作上得到广泛应用。

在生态牛仔服装设计中，常用的环保服装面料有：天然纤维面料、有机棉织物面料、彩色有机棉面料、麻纤维面料、蚕丝面料、有机毛绒面料、竹纤维面料、大豆蛋白纤维面料、天丝纤维面料、莫代尔面料等。

未来牛仔面料仍会以棉纤维为主体原料，混纺加入其他天然纤维原料和新型合成纤维，以改善牛仔面料特性、提高档次、满足消费者的个性化需求（图9-15）。

为了提高牛仔面料的服用性能和时尚消费需求，牛仔面料向着柔软、轻薄、透气、个性化方向发展，一些新型纤维材料的牛仔面料得到较大发展。例如，天丝纤维是近年来开发生产的可降解的新型生态纤维面料，原料来源于木材，采用NNMO生产工艺，具有无毒、低污染、回收率可达99%的特点；莱赛尔（Lyocell）是一种新型的再生纤维素纤维，其混纺牛仔面料增强了织物弹性、悬垂性和优良性能；Richcel纤维是新型的纤维素纤维，混纺织成的Richcel棉弹力牛仔面料，具有柔滑、挺括、细腻的风格（图9-16）。

图9-15 纯棉牛仔面料

一般认为，棉、麻、毛、丝等天然服装面料是低碳环保服装面料，这种认识是不全面的。即使采用天然面料制作低碳牛仔服装，但在原料的生产、印染等工序中若因所使用的农药、化肥、溶剂、助剂、助染剂、印染材料等使用不当也可能造成污染，从而影响牛仔服装产品的环保和安全性能（表9-2）。

图9-16 混纺牛仔服装面料

表9-2 生态牛仔服装面料选择

纤维分类	面料种类	产品主要特征	安全环保特性
植物纤维	纯棉、有机棉、天然色棉、亚麻、罗布麻、竹纤维	朴实、舒适、透气、绿色性好、色牢度强、自然风格	控制原料农药残留和重金属残留，具有污染小、节约能源、可回收利用
动物纤维	真丝、羊毛、彩色羊毛、兔毛、彩色兔毛、牦牛毛、驼羊毛、骆驼毛等	舒适、柔软、光泽、华贵	环保性强、可回收利用
生物工程纤维	天然基因棉、基因蛛丝、生物基因蚕丝等	具有天然动植物纤维特点，耐磨、透气、光泽、柔软	安全性高、环保性强、可回收利用
新型纤维素纤维	牛奶纤维、大豆蛋白纤维、甲壳质纤维、天丝纤维、莫代儿纤维、莱赛尔纤维、Richcel	舒适手感、外观独特、适应性强	生态环保性强、功能性优、节能源、污染小
混纺纤维	棉，涤纶混纺 棉，氨纶混纺 棉，涤纶，氨纶混纺 麻，棉混纺 毛，棉混纺	具有强力高、触感优良、悬垂性好、吸水性强	生态性好、功能性优、易回收利用

（2）辅料的选择。生态牛仔服装所采用的辅料和装饰配件也向着高科技、功能性、安全环保方向发展。生态牛仔服装设计中所采用的辅料包括里料、衬料、金属配件、纽扣、拉链、絮料等。辅料的选择应符合我国生态纺织品技术要求的标准和国际环保纺织协会制定的相关规定。

在生态牛仔服装绿色设计中，辅料设计应执行减量化法则。在保证服装功能设计的前提下，减少服装里料和衬料的使用，尽量通过服装的结构和面料设计来代替里料和衬料的用量。在金属配件、纽扣、拉链等的应用上，应依照GB/T 18885—2009的要求来确定重金属含量、有毒有害物质的限量标准，并严格予以执行。

3. 款式结构设计

无论是传统型牛仔面料，还是合成混纺或是仿制牛仔面料，都为牛仔服装的款式结构设计提供了广阔的设计空间。

（1）充分利用牛仔面料固有风格特点设计。传统牛仔布一般采用的是右斜纹，质地较厚，现已发展到有斜纹、缎纹、平纹、提花、格子花纹、彩格花纹组织和联合组织的牛仔面料，质地也出现薄型、轻型牛仔面料。这些质地多样、肌理丰富、层次感强的牛仔面料，也为牛仔服装款式结构设计的丰富多样创造了有利条件（图9-17~图9-19）。

（2）设计风格多样化。现代牛仔服装的设计风格呈多样化发展，设计中既有粗犷、坚毅风格的男装，也有柔美、性感风格的女装，各种款式的牛仔服装都向着时装化、个性化方向发展。

目前，牛仔服装的两种主流款式是紧身和宽松两种板型。紧身款式注重表达服装的干练、精明以及曲线美，宽松款式则表达出着装者的潇洒和个性美（图9-20~图9-22）。

（3）重视细节设计。牛仔服装的细部设计一直是设计重点，主要流行形式有：缉线、水洗、打磨、铆钉、拷纽、贴袋、流苏、破洞、毛须、

图9-17　传统面料豪放风格

图9-18　薄型　　　图9-19　水洗面料
面料柔美风格　　　　时尚风格

图9-20　范思哲个性化牛仔时装

图 9-21 多样化牛仔女装设计效果图（潘璠设计）　　图 9-22 多样化牛仔男装设计效果图（陈敏杰、李子超设计）

　　毛边、珠绣、色彩拼接等多种细部设计，从而打造出现代、怀旧、高档、休闲、运动、青春、成熟等不同风格的牛仔服装（图 9-23~ 图 9-25）。

　　（4）缩放率设计。在牛仔服装结构设计中，缩放量的控制很重要。国家进出口商品检验行业标准 SN/T0251—93 规定，纯棉牛仔面料的纬向缩水率为 3%。然则，由于纯棉、混纺和仿制牛仔面料的缩水率受水洗和石磨漂洗的工艺条件不同而影响，缩水率存在很大差异。因此，在结构设计前应对每种牛仔面料进行缩水实验。

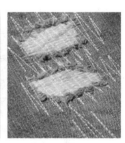

（a）拷纽　　　　　　（b）铆钉　　　　　　（c）珠绣　　　　　　（d）破洞

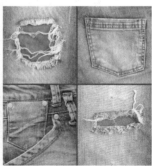

（e）缉线与皮牌　　　　　　（f）刺绣　　　　　　（g）贴袋与拉毛

图 9-23　牛仔服装的部分细节处理设计

4. 生态牛仔服装的色彩设计

生态牛仔服装的审美价值和生态环保性能的表达，在很大程度上受到服装色彩的影响。绿色设计是反映人们对生态环保生活美的追求，通过生态牛仔服装的美去认知世界和展示美的感受，色彩设计成为生态牛仔服装设计要素中的重要组成部分。

生态牛仔服装的色彩设计，是以各种生态环保的面料为素材，运用造型形式美法则和服装色彩设计理论来塑造完整的服装色彩形象。

图 9-24　牛仔服装的双缉线、
铆钉、皮牌

图 9-25　牛仔服装的洗白、拉毛、破洞设计

在传统牛仔面料中，靛蓝色和黑色占据主导地位，经过水洗、打磨、洗白等面料处理工艺可以表达出丰富的色彩层次变化。随着现代纺织科技的发展，大量新型面料不断涌现，新的低污染印染技术和面料装饰处理技术在牛仔服装生产中得到广泛的应用，使牛仔服装面料的色彩更加丰富多彩，丰富和扩展了设计师对生态牛仔服装需要表达的形式和内容。

（1）经典的靛蓝主题。在生态牛仔服装的色彩设计中，传统的靛蓝色仍然是主色调，象征着美国西部牛仔热烈、奔放的历史特色和返璞归真的心灵感悟。靛蓝色成为牛仔服装永恒的主题（图 9-26~ 图 9-28）。

图 9-26　靛蓝色的女装创意设计效果图（毕嘉佳设计）

图 9-27　阿玛尼的靛蓝色牛仔女装　　　　　图 9-28　经典的靛蓝色牛仔女装（陈啸设计）

（2）个性化流行色。除传统色彩面料外，设计师往往更注重对利用牛仔面料正反面色差的拼接设计，或用不同质地、不同色彩的面料进行搭配设计，进而打造出丰富的视觉效果。例如，牛仔面料与牛筋面料、精梳面料、超薄面料搭配，牛仔面料与皮革、皮草、绸缎、薄纱等面料搭配。

近年来，由于牛仔面料纺织和染整技术的发展，使牛仔服装的色彩变化更加五彩缤纷，由深蓝到浅蓝色调、由黑色到浅灰色调，以及白、绿、红、橄榄绿等颜色的牛仔产品都有出现，极大地丰富了牛仔服装的色彩体系。高纯度的色彩，使牛仔服装的个性更加鲜明（图 9-29~ 图 9-31）。

图 9-29　范思哲个性化流行色牛仔服装

图 9-30　个性化流行色牛仔服装效果图
（潘璠设计）

图 9-31　活泼、灵动的牛仔女装
（陈镜元设计）

（3）色彩的生态安全性。设计中，我们除遵循服装色彩设计的基本规律和特性外，更应该强调生态牛仔服装色彩的环保特征。牛仔服装的色彩是通过洗、磨、印、染、织、绣、绘等工艺处理依附于服装面料上的，在对面料的色彩处理工序中会使用到各种染料、助剂、溶剂、整理剂，这些染料和溶剂不得含有对人体有害和危害健康的残留物质。设计师在生态牛仔服装彩色设计的过程中必须重视这些安全环保措施，使服装的色彩设计符合生态环保要求。

5. 装饰设计

装饰设计是生态牛仔服装设计的重要组成部分，点、线、面装饰设计要素构成了丰富而富有牛仔文化特色的服装装饰语言。

（1）点装饰。金属铆钉和后腰标牌，这种点装饰形式是传统牛仔裤的主要特征。后来随着牛仔服装品种和款式的不断增多，在服装结构的装饰部位所采用的装饰材料和装饰工艺等方面都有了进一步扩展。

牛仔服装点装饰设计一般是在服装的衣领、口袋、门襟、肩、袖、裤脚、裤线等部位采用生态环保装饰材料，通过点的排列组合设计表现牛仔服装富有装饰个性的美感。

（2）线装饰。线装饰是极具牛仔服装特色的装饰风格，是通过服装的结构线或相关部位的装饰线的几何形状、线迹体量、色彩、位置、材料的巧妙设计，使牛仔服装的款式构成和装饰效果达到和谐、统一的艺术效果。

（3）面装饰。面装饰是生态牛仔服装装饰艺术设计的核心要素。常用的面装饰工艺有：石洗、猫须纹处理、人工损伤装饰、抽须处理、印染、喷绘、喷砂、植绒、手绘等工艺。面装饰设计使服装款式、色彩和风格更加丰富多彩（图 9-32~ 图 9-34）。

6. 加工生产设计

生态牛仔服装清洁化加工生产设计是一项复杂的系统工程。在生态牛仔服装生命周期绿色设计中，要求加工企业的生产条件和生产环境必须满足相关标准要求并符合有关的环

图9-32　韩国牛仔服装的点、线、面装饰综合设计

图9-33　范思哲牛仔服装点、面装饰设计

点装饰　　　　　　　　　　线装饰　　　　　　　　　　面装饰

图9-34　牛仔服装点、线、面装饰设计（陈镜元、陈磊设计）

保法规，同时应取得环境标志认证。

　　生态牛仔服装生产企业进行环境标志认证的对象，包括单一产品或制造商两类。企业的环境标志认证，是以生产条件为认证对象。因此，生态牛仔服装企业需要加强管理、实施节能减排新技术，才能通过绿色环境标志认证，也只有实施清洁化生产的产品才有可能通过绿色标志产品的认证。

　　（1）成衣整理工序。牛仔服装的成衣整理加工工艺包括洗水、特殊洗染和深加工，工艺流程如下：手擦、猫须、手针—服装翻底—退浆—酵素／石磨—漂洗—干衣—喷白—过草酸—套色—制软—脱水—烘干—整烫。

洗水是牛仔服装成衣整理加工中的重要工序，是一个耗时长且过程复杂的化学和物理处理过程。通过水洗工序使服装面料退浆软化，同时通过水洗后整理会产生牛仔服装独特的视觉效果，如色彩渐变、破损、雪花、做旧、流苏、套色叠加等效果。

特殊染色是在洗水的基础上进一步提升服装的色彩、外观和手感等效果，它包括重漂、雪花洗、碧纹洗、蜡洗、扎洗等工艺。

牛仔服装深加工是为了制造更加个性化的产品，它通过对牛仔服装的局部处理包括喷砂、手擦或机擦、手针、猫须、手绘、人为损伤和激光雕刻等工艺，生产个性化的高附加值产品。

（2）传统成衣整理工艺是造成环境污染的主要污染源。该工艺排放的工艺废水含有大量的短纤、浮石、染料、浆料、各种化学助剂、重金属离子等污染物，是牛仔服装生产的主要污染源。所以，该工序必须采用节能、减排、环保的新工艺、新技术、新设备，才能使牛仔服装生产企业走向绿色生态发展之路。

（3）新工艺的应用和质量检验。牛仔服装的后整理工艺复杂、流程长、变化因素多，常规设计和理论数据与实际操作工艺并不完全一致。在实际应用中，应根据不同面料特点和款式的不同需求选取最佳的后整理设计方案。牛仔服装成衣后整理工序须经长时间的化学和物理方法进行处理，所以在洗水前后均应检查服装的缝合质量和纽扣、拉链等辅件和装饰件的牢固程度。

7. 废旧牛仔服装的再利用设计

牛仔服装经过长期服用后会出现局部磨损、色泽变浅、式样陈旧等现象，多会被视为"废旧服装"而遭遗弃，造成资源浪费和环境污染。如果废旧的牛仔服装经重新洗涤、消毒处理后再进行重新设计剪裁、缝制或经洗染后整理加工等改造，使其变成全新的服装或其他服饰产品，那么就是节约资源、保护环境的有效措施。

比利时服装设计师马丁·马吉拉对时装进行了重新定义——"谁说破了的衣服就要丢掉"，把平淡无奇的废旧服装拆散重组、重新设计，表现出一种旧的、不完美中的完美感。对批量生产的成衣，也可以通过做旧处理使其成为一种新的时尚，这种环保主义设计理念对时尚界产生了重要影响（图9-35）。

（1）废旧牛仔服装利用与"破牛仔服装"流行的契合。20世纪90年代，"破牛仔服装"开始流行，后逐渐成为一种消费时尚。对废旧牛仔服装的重新利用，是对这种消费时尚的有机契合。

（2）拼接设计法。以旧牛仔服装为设计主体，通过对领、袖、口袋、下摆、裤腿等部位进行局部改造或艺术处理，掩盖磨损处，增加美观性和实用性；也可把不同质地或相同质地面料进行重新组合拼贴，设计出新的牛仔服装或其他服饰产品。

（3）结构改造法。通过对旧牛仔服装进行结构改造，变长为短、变肥为瘦、变大为小，按此原则重新设计牛仔服装产品，进而达到充分利用旧牛仔服装材料的目的。

（4）洗水整理法。对色泽陈旧、过时的旧牛仔服装可用洗水整理进行改造，结合改造目标重新设计洗水整理工艺流程和装饰工艺，使其翻旧如新、做旧如旧，达到重新进入市

图 9-35　马丁·马吉拉做旧牛仔服装设计

场的质量标准和生态标准。

　　设计实例①——旧牛仔服装水洗整理改造设计。该组服装是利用拼接设计法设计的牛仔女装，上衣将深蓝、浅蓝、淡蓝、黑色四种不同色调的旧牛仔服装面料通过色彩组合与旧针织牛仔服装拼接组合，形成一款新服装。裤子通过膝部拼接设计，不仅掩盖了磨损处，而且形成了新的装饰创意（图 9-36）。

图 9-36　旧牛仔服装水洗整理改造设计

　　设计实例②——旧牛仔服装拼接改造设计。将其重新消毒、洗水整理，对肩、领、下摆、裤腿部位用拼接法装饰，形成一款造型新颖、色彩柔和、装饰古朴的新款服装（图 9-37）。

设计实例③——旧牛仔服装改制"乞丐装"设计效果图。旧牛仔服装经消毒、水洗、整理、染色、磨损撕裂装饰处理等工艺可制成流行款"乞丐装"。磨损撕裂是在易磨损部位做出磨旧脱色的痕迹，撕裂和破洞会产生优美的垂坠感和弧度，展现出放浪不羁的粗犷个性（图9-38）。

图9-37　旧牛仔服装拼接改造设计　　　　图9-38　旧牛仔服装改制乞丐装

四、生态牛仔服装的生态质量评价

　　生态牛仔服装的生态质量，必须从设计阶段就要植入到牛仔服装产品中去。设计师要依靠质量和生态技术标准来保证产品的品质和生态环保特征，并要将对产品的质量和生态环保要求贯彻到整个牛仔服装生命周期设计中去。这要求设计师采取一种预制的先导性设计方法。

（一）生态牛仔服装的质量标准
　　生态牛仔服装质量是整个生命周期中都不容忽视的重要因素，是由市场导向决定的。设计师所设计的产品必须符合相关的质量标准要求，以达到或超过消费者对生态牛仔服装的消费期望，同时质量标准与确定产品的用途和市场销售方向也是和生态牛仔服装设计目标密切相关的。

1. 国家标准
　　基础质量标准和生态质量标准共同构成了生态牛仔服装标准的主体。
　　（1）基础质量标准：
　　FZ/T 81006—2007《牛仔服装标准》；GB/T 1335.1、GB/T 1335.2、GB/T 1335.3，（号型设置）；GB/T 1335.1、GB/T 1335.2、GB/T 1335.3，（成品部位规格）；GB/T 18401—2003《成品使用说明》；FZ/T 13001—2001《色织牛仔布标准》；FZ/T 72008—2006《针织牛仔

布质量标准》；FZ/T 34007—2009《黄麻混纺布质量标准》。这些标准主要规定了牛仔服装和牛仔面料的技术要求、试验方法、检验方法和规则、判定的原则及包装、标志、使用说明等范围。

（2）牛仔服装生态标准：GB/T 18885—2009《生态纺织品技术要求》；HJ/T 307—2006《环境标志产品技术要求生态纺织品》；GB/T 24002《环境管理体系》；GB/T 18685—2008《纺织品维护标签符号法》。上述生态纺织品标准是生态牛仔服装生态性质量标准的主体，GB/T 18885—2009 标准检测项目与 2009 年版的欧盟 Oeko-Tex Standard 100 标准基本相同。

2. 欧盟等国际标准

虽然许多国家都制定了生态纺织品标准，但在世界上最具权威性、影响最大的生态纺织品标准是欧盟标准。

与欧盟等国家进行外贸商务合作，则需要执行国际标准化组织（ISO）的规定和合作方国家的相关标准，与生态牛仔服装相关的生态纺织品标准有：

Oeko-Tex Standard 100《生态纺织品》标准；Oeko-Tex Standard 200《生态纺织品检法》；Eco-Label《共同体纺织品生态标签生态标准》；47/1999/EC《环境保护法规》；34/1999/EC《消费者保护法规》生态标准等；ISO 14000《环境管理体系》标准等。

3. 生态牛仔服装绿色设计中有毒有害物质的限量标准

内销产品按我国 GB 18401—2010《国家纺织产品基本安全技术规范》相关生态指标执行，或按推荐标准 GB/T 18885—2009《生态纺织品技术要求》执行。

按产品的最终用途进行分类来设定产品有毒有害物质的限量值，如 36 个月以内的婴儿用品适用于标准中有关婴幼儿有毒有害物质的限量；牛仔衬衫、牛仔背心、牛仔裤等产品属于直接接触皮肤类产品，适用于标准中直接接触皮肤类产品限量标准；牛仔夹克、风衣、外套等产品属于非直接接触皮肤类产品，适用于标准中非直接接触皮肤类产品的限量标准进行限量检测。

若为出口产品，应按商业合同约定执行相关国家规定的限量标准。

（二）牛仔服装绿色设计生命周期评价

1. 目标和范围确定

牛仔服装以产品分类设定评价目标和范围，现以纯棉牛仔裤为例说明。

（1）评价目标：以纯棉生态牛仔裤为评价对象，通过对牛仔裤生命周期的绿色设计使其产品的基本性能要求符合 FZ/T 81006—2006《牛仔服装标准》，产品生态性能和有毒有害物质限量标准符合 GB/T 18885—2009《生态纺织品技术要求》，牛仔裤生产企业通过 GB/T 24002《环境管理体系》验收并符合 HJ/T 307—2006《环境标志产品技术要求　生态纺织品》标准要求，具有为产品申请绿色环境标志产品的企业资质。

（2）评价范围：通过生命周期的清单分析来评价纯棉牛仔裤的整个生命周期中的主要生态环境影响。纯棉牛仔裤的整个生命周期包括：棉纤维获取、面料生产、产品加工生产、消费使用、回收处理五个主要环节，从产品生命周期中分析出各环节的生态环境负载，从而找到改善环境措施、提高产品生态性能的目的。

2. 清单分析

（1）纯棉牛仔裤的生命周期定性清单分析（表9-3）。

表9-3　纯棉牛仔裤的生命周期定性清单分析

生命周期单元及工序	环境影响的定性评价
原料获取： 1. 棉纤维生产 1.1 土地占用 1.2 农药使用 1.3 化肥使用 1.4 其他	 耕地占用状况，是否引起耕地紧张，是否与粮争地 是否造成土壤和地下水污染，生物毒性农药在纤维上的残留状况 化肥使用，残留化肥对人和环境的危害分析 除草剂等化学助剂残留对纤维和环境污染调查
2. 纺纱织造 2.1 噪声粉尘污染 2.2 污水排放 2.3 浆料和油剂使用 2.4 资源和能源消耗 2.5 下脚料	 噪声对生产环境、周边环境和人体健康造成伤害的调查，粉尘传播影响健康和职业病的调查 纤维洗涤和脱胶洗渍水大量排放污染环境，洗涤剂等化学助剂污染环境 浆料和油剂使用的残留物排放，残留物随废水排出污染环境状况，违禁浆料PVA等是否使用 资源是否合理使用和再生利用，是否使用新能源 下脚料纤维、接头、废纱等固体废弃物是否回收利用
3. 染整工序 3.1 水资源消耗 3.2 能源消耗 3.3 三废排放 3.4 染料和化学助剂使用	 消耗水资源状况，是否造成水资源紧张 消耗燃料、电力状况 废水中产生高 pH 值、高温、有色悬浮物、表面活性剂、有机卤化物、金属络合物等有毒有害物质的废水对环境污染和人体健康危害调查，废气含有甲醛、二氧化氮、氯化物等有害气体调查，废弃物、废染化物、废化学助剂等处置引起对生态环境污染调查 禁用染料和化学助剂调查，排放污水是否含有致癌致敏物质，对生态环境和水体生态平衡的影响分析
4. 成衣加工生产 4.1 面料和辅料消耗 4.2 洗整工艺 4.3 服装配件使用 4.4 边角的合理利用 4.5 不洁空气排放 4.6 能源消耗	 在满足功能条件下原辅料消耗的合理性 洗水整理消耗水资源状况，排放废水中是否含有酵素、氯化物、染色剂和其他化学助剂，对污染环境危害人体健康的分析 是否使用含有造成过敏反应的镀镍、铜、锌等元素的配件 边角料的利用或回收方案 洗水整理、熨烫等车间不洁空气调查 蒸汽、电力消耗及热能回收利用状况
5. 产品消费使用 5.1 产品标志 5.2 回收说明 5.3 消费保养条件 5.4 包装材料 5.5 消费服务	 产品的商品标志和环境标志是否符合相关规定 是否向消费者提供回收处理和回收再生信息 是否向消费者提供产品储存条件、洗涤方法、保养措施 是否是绿色包装和使用绿色包装材料 消费服务产生的运输、仓储、动力消耗等环境因素
6. 产品废弃物回收处理 6.1 产品废弃物回收再利用 6.2 废弃物再利用 6.3 废弃物回收 6.4 材料分离处理	 废弃物回收再利用方法和对环境的影响程度 废弃物是否可再利用制成新产品 废弃物是否有组织地进行回收 可再生或再利用原辅料与不可回收利用材料可否分离处理

生态纺织服装绿色设计

176

（2）纯棉牛仔裤的定量清单分析（表9-4）。

表9-4　年产200万件的纯棉牛仔裤生产工艺清单分析

环境参数	缝纫工序	洗漂工序	后整理工序	包装工序	合计	单位
电耗	4	6	9	1	20	$10^4KW \cdot h$
煤耗	480	720	1080	120	2400	t/a
化学助剂	—	180.5	9.5	—	190	t/a
废水	—	137004	58716	—	195720	M^3/a
pH	—	7.42	7.42			
SS	—	9.38	4.02	—	13.40	t/a
CODcr	—	56.57	24.25	—	80.82	t/a
BOD_5	—	15.18	6.50	—	21.68	t/a
氨氮	—	1.46	0.64	—	2.13	t/a
磷酸盐	—	0.16	0.07	—	0.23	t/a
废气	1135	1816	1362	227	4540	$10^4Nm^3/a$
SO_2	5.8	9.28	6.96	1.16	23.20	t/a
NOx	0.72	1.14	0.86	0.14	2.86	t/a
固体废弃物	96.8	580.8	290.4	4	972	t/a
噪声	58.5	58.4	56.8	57.3	—	dB（A）

注　本表根据广东东莞某牛仔服装生产企业环评报告编制。

3. 评价结果及建议（表9-5）

表9-5　牛仔裤绿色设计生命周期生态评价矩阵

评价指标	纤维获取	纺纱织造	成品加工	漂洗整理	消费使用	回收处理
资源消耗						
能源消耗						
土地占用						
水污染						
大气污染						
固体废物						
噪声						
生物毒性						
重金属						

注　表中白色框表示轻负载或无负载，灰色框为中度负载，黑色框为重度负载。

（1）生产企业和产品检查。生产企业按国家标准 GB/T 24002《环境管理体系》标准检验，经技术改造后达标。该产品经企业自检并请有检验资质的第三方检验，产品基本性能符合行业标准 FZ/T 8006—2006《牛仔服装标准》，生态性能和有毒有害物质限量指标符合国家标准 GB/T 18885—2009《生态纺织品技术要求》标准要求，经技术改造后达标。

（2）评价结果分析。从牛仔服装生命周期评价中可以看出，其环境影响主要集中在纤维获取、染整、成品加工三个环节，特别是牛仔面料生产染整工序和成衣加工中的水洗和整理工艺，对环境影响尤为严重。因此，要解决牛仔服装的环境问题，首先须重点改善这三个环节。另外，绿色设计中要大力倡导绿色消费，牛仔服装在消费中对资源和能源的消耗也是值得重视的问题。

（3）建议。牛仔服装的绿色设计不仅是技术问题，而且关系到牛仔服装产业可持续发展的全局，需要从产业结构和技术创新方面全面分析牛仔服装产业发展。

①调整产品结构，适应市场需求。我国生产的牛仔裤产品，中低档产品占 85% 以上。其中，70% 为粗厚产品，30% 为轻薄产品，档次、品种、价格与国际水平相比有很大差距，竞争力低，基本上是以数量和牺牲环境为代价求效益的生产模式。

②创新发展，使用新材料、新技术、新设备。近年来，彩色棉、有机棉等新棉品种的出现和多种混纺牛仔面料、仿牛仔面料的出现也为牛仔服装的生态化提供了更大的选择空间。彩色棉具备天然的色泽，不仅减少了纱染成本和化学染料对环境及人体的危害，而且不排放废水，是很有发展前景的牛仔服装原料。

在染整工序环节，要淘汰落后产能，积极引进新技术、新设备，如气流纺、生化洗后整理技术、激光水洗工艺、激光印花等新工艺。

③调整产业结构与国际接轨。我国牛仔服装生产企业中的绝大部分属于中小型企业，现在仍处于传统经营模式状态，管理水平低、技术能力弱，通过欧盟 Eco-Label《生态纺织品标志》、Oeko-Tex Standard 100《生态纺织品》标准和 ISO 14000《环境管理体系》标准认证的产品很少。因此，在面对国际贸易中的"绿色壁垒"中受到极大的冲击和制约，影响了企业的可持续发展。

所以，我国应大力发展绿色设计技术，通过技术进步、机制创新、体制创新、技术创新、产业结构调整，走出一条以创新为主体、实现科技含量高、经济效益好、资源消耗低的牛仔服装产业发展新路。

第二节　低碳服装的绿色设计

低碳经济发展的核心是有效地利用资源和最大限度地减少废水、废气和废弃物的产生及减少温室气体的排放。低碳经济的概念由此产生，并被认为是现代社会经济发展的必由之路。

现代科学的发展使人们对低碳生活理念的认知逐步深化，越来越重视纺织服装的生态安全性和对低碳环保服装的渴盼和追求。保护环境、节约资源、减少排放和污染是纺织服装业可持续发展的基础，而绿色设计则是解决纺织服装业环境污染、减少温室气体排放的根本途径之一。

经济发达国家利用其经济和技术方面的优势，为低碳服装产业的发展制定了一系列的生态技术标准和环保标准，并设置了严格的低碳产品认证和市场准入制度。这一方面有利于促进国际纺织服装产业向着低碳化方向发展，但同时也制约了发展中国家纺织服装产业的发展。我国是受到这种冲击和影响最大的国家。

因此，我国的服装产业技术创新和转型升级势在必行。技术创新，就是应用节能减排的新技术、新设备、新材料，促进企业向低碳化方向发展；转型就是走企业创新驱动的发展道路，构建以低碳和节能环保为产业特征的服装产业体系；升级就是要全面优化产业结构、产品结构，为国内外市场提供绿色、生态、环保、安全的低碳服装产品。

在服装产业实现低碳和生态化的过程中，技术创新是首要的，而低碳服装产品生命周期绿色设计的应用和开发研究是促进低碳服装产业快速发展的重要途径。

一、低碳服装和绿色设计的概念

（一）低碳服装和碳标签

"低碳服装"是一个宽泛的服装环保概念，泛指在生产和消耗的全部服装生命周期过程中产生的碳排放总量更低的服装，其中包括选用总碳排放量低的服装，选用可循环利用材料制成的服装以及提高服装利用率、减少服装消耗总量的方法等。

在美国等一些较为重视环保理念的国家，已经开展了服饰上的"碳标签"认证。香港的服装企业可持续发展联盟2010年在服装生产上进行低碳流程设计，并转化为成衣上的"碳标签"。

"碳标签"是服装生产厂商推行服装生产工序透明化的手段之一，利于消费者更快地掌握服装的环保性能，也更利于服装界环保事业的健康发展。

目前，我国尚未出台服装业的"碳减排标准"，国内市场对服装低碳要求也并不多，但随着低碳理念渐渐深入，低碳服装必将成为服装产业关注的热点和新的经济增长点。

（二）低碳服装绿色设计的内涵

从低碳服装的设计目标和评价体系来看，服装产品生命周期的绿色设计和评价方法是实现服装低碳化绿色设计的主要技术措施。

低碳服装的低碳化是通过对服装产品生命周期中各关键环节的生态化、清洁化来实现的。在产品生命周期绿色设计中，除满足低碳服装的功能、实用、审美性要求外，同时要求服装产品从原辅料的获取、产成品加工、消费使用、废弃物处理全过程中，节约资源、降低能耗、减少排放、清洁化生产、绿色消费、废弃物回收再利用。这些要求和措施也正是低碳服装所期望达到的产品目标和价值（图9-39）。

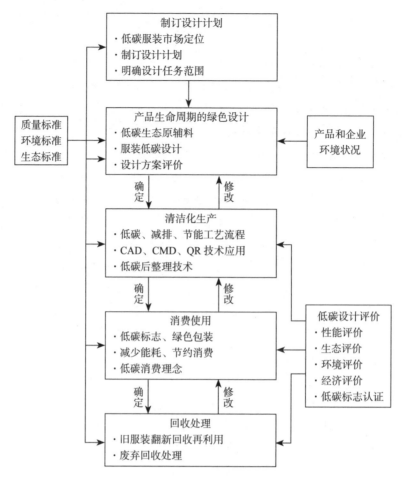

图 9-39　低碳服装生命周期绿色设计流程图

二、低碳服装的绿色设计

材料、结构、色彩是低碳服装设计的三要素，低碳服装材料的选择是低碳服装产品生命周期的起点，同时也是服装低碳化构成的主要物质基础。

（一）服装设计风格的低碳化

在低碳经济时代，低碳环保的生活态度和绿色的生活方式已经成为时尚潮流。在服装风格上舍弃繁复和奢华，追求自然和简约更能协调地表达出低碳服装的高雅格调和生态美，极简主义、解构主义、自然主义、环保主义、减量化设计等设计理念，对低碳服装的结构设计都产生了深远的影响。

20 世纪 90 年代，在全世界兴起的绿色消费浪潮和生态环保理念的冲击下，服装设计领域出现的新简约主义设计观更是充分地体现出这种反对浪费资源、强调低碳环保和废物再利用的设计理念。

可见，低碳服的风格特征不仅是生态经济社会的具象表达，而且蕴含着人们对服装文化本真内涵的追求，这种追求是构成服装设计风格低碳化的基础。在这种设计理念的影响下，服装设计师应该更多地关注服装本源的思考，用节省的材料和最简练的设计语言去展现低碳服装的美感，这在世界著名服装设计师的作品中都得到了充分的体现。例如，吉尔·桑德（Jil Sander）、乔治·阿玛尼、卡尔文·克莱恩等都是服装低碳化设计风格的代表（图9-40~图9-42）。

图9-40　卡尔文·克莱恩
自然风格作品

图9-41　阿玛尼田园风格作品

图9-42　吉尔·桑德极简风格作品

（二）低碳服装材料选择设计

低碳服装在消耗过程中产生的碳排放总量的高低与服装所选用的服装原材料有着极为密切的相关性，选用低碳、环保、可循环再利用的原材料，可以有效地降低碳排放的总量。

近年来，随着低碳经济发展和纺织科学技术的进步，新原料、新设备、新技术、新产品不断地得到开发利用，为低碳服装材料的选择提供了更广阔的空间。

1. 低碳服装材料选择设计的原则

低碳服装材料的选择设计是服装低碳化的基础，这不仅要求材料应具有良好的服用功能，同时要求在产品生命周期中二氧化碳排放量低，即具有资源利用率高、能源消耗低、环境影响小、对人体健康无危害、可回收利用或自动降解等低碳服装材料特性。

因此，对材料的选择设计一般采用"5R"原则，即减量化（Reduce）、重复利用（Reuse）、再循环（Recycle）、再生（Regeneration）、拒用（Rejection）。

低碳服装的材料选择通常是在设计初期决定的，原辅料的选择基本上决定了低碳服装的功能性、生态性、经济性等服装产品构成要素，同时也是对整个产品生命周期中各环节的生态环境和二氧化碳排放量产生重要影响的关键环节。

支持回收再利用材料的应用，利用可循环再利用材料制作服装，能源消耗低、对环境污染小，而且加工工艺简单，降低了服装的碳排放量。

2. 低碳服装材料

低碳服装材料是指具有良好的服用功能性，对生态环境和人体健康无害或少害，并在产品整个生命期中碳排放量低的原料和辅料。

根据低碳服装材料的来源、种类、生产方法、用途的不同，可将其分为绿色天然纤维素纤维类、生物工程技术纤维类、绿色人造纤维素纤维类、新型再生蛋白质纤维类、新型合成纤维类、旧服改制及废料利用六大类。

（1）绿色天然纤维素纤维：具有服用功能性强、生态环保、可回收再利用、碳排放量低等特点，包括有机棉、不皱棉、丝纤维、毛纤维、竹纤维、麻纤维、桑皮纤维等。

（2）生物工程技术纤维：具有天然纤维特点、不染色、节约资源、节能、减排、采用现代生物工程技术生产，包括转基因棉、彩色棉、天蚕丝、基因彩色蚕丝、彩色兔毛、无染色羊毛等。

（3）绿色人造纤维素纤维：采用新型溶剂法生产，具有减少污染、资源丰富、低碳环保、可再生循环利用等特点，包括黏胶纤维、天丝纤维、莫代尔纤维、再生麻纤维、再生竹纤维等。

（4）新型再生蛋白质纤维：具有天然纤维良好的服用性能、节能环保、碳排放量低、可循环利用等特点，包括再生植物蛋白纤维（玉米、大豆、花生蛋白纤维等）、再生动物蛋白纤维（牛奶、蚕蛹蛋白纤维等）。

（5）新型合成纤维：采用环保节能技术生产，功能优于天然纤维、低能耗、低排放、高附加值，包括超细纤维、细特纤维、仿生纤维、异型截面纤维等。

（6）旧服改制及废料利用：旧废服装经过清洗、消毒、重新设计成新产品，或者利用废料重新设计成新产品再利用，实现低碳环保、节约资源的低碳设计目标。

随着现代纺织科技的发展，低碳服装材料不再局限于天然纤维类的棉、毛、丝、麻等纤维面料，各种经高新技术生产的低碳纤维服装材料以其低碳环保、穿着舒适等优良特性受到人们喜爱。例如，利用基因工程技术生产的彩色棉，避免了纺织印染工艺中使用的大量染料、助剂等化学原料对生态环境的污染和材料的腐蚀，不仅具有低碳环保特征，而且在纤维强度、韧度等功能特征方面均优于天然棉纤维。

同样，天丝纤维材料是一种不经化学反应而直接采用溶剂溶解方法生产的新一代再生纤维素纤维材料。天丝纤维具有良好的服用特征，强度大、悬垂性好、光泽度高、透气吸湿性好并且具有资源丰富、可生物降解等低碳纺织材料的特点。莫代尔纤维也是一种采用山毛榉木浆粕为原料制成的低碳纺织材料，但价格低于天丝纤维，应用更为广泛。

生态纺织服装绿色设计

（三）低碳服装的结构设计

低碳服装绿色设计的目标是节约资源、减少污染、提高资源的利用率、降低二氧化碳排放，而服装的结构设计是实现这一目标的有效措施。在绿色设计中，要求用现代低碳科学理念与艺术手段去表达低碳服装材料的特征和美感，并从生命周期的全过程去考虑结构设计与其他环节相互影响的关系。

1. 低碳服装的减量化结构设计

减量化（Reducing）结构设计是通过绿色设计的技术手段设计出合理的服装款式结构，进而达到减少原辅料的种类和数量、降低能耗、节约资源、减少废弃物产生、利于清洁保养、增加回收再利用的低碳化设计目标。这是低碳服装充分利用资源，减少二氧化碳排放的基本途径之一。

低碳服装的减量化结构设计应遵循以下两个原则：

（1）"减量化设计"原则，即在保证低碳服装服用功能的条件下，通过对产品简约、明快的结构设计，重视面料的再开发和使用，舍弃不必要的功能和装饰，构筑成新的简洁造型。

（2）倡导非物质化设计，充分发挥服装创意的创新性和艺术表现力，通过"少即多"的款式结构设计原则和服装材料的本身特性，使服装设计具有最简洁的结构、最节俭的材料、最精干的造型和最纯净的装饰效果。

在设计中还应关注服装的可搭配性、清洁保养性、品牌建设性等非物质化设计因素。

设计实例①——卡尔文·克莱恩春夏女装设计。该组服装是美国著名服装设计师卡尔文·克莱恩设计的一组春夏女装设计图，服装结构设计的艺术构思是立足对低碳生活理念的表达，通过对黑白两种颜色的天然纤维丝绸和羊毛低碳面料的运用，用简洁的设计、纯净的色调去表达减量化设计原则的形式美。连衣裙结构造型单纯、线条柔和、色彩和谐，与人们追求低碳环保的社会大环境相适应，表达出着装者活泼、青春、靓丽的气质（图9-43）。

设计实例②——唐娜·凯伦（Donna Karan）极简风格设计作品。她的设计理念是"人们有许多选择，而我只想简化生活、简化穿衣方式；服装要符合现实生活的需要"。唐娜·凯伦以注重可以简化、相互搭配的服装设计理念而闻名于服装界，在设计中剔除了一些无实际功用的繁复设计因素，以简约、单纯、典雅的风格深受消费者青睐（图9-44）。

图9-43　卡尔文·克莱恩春夏女装设计

图 9-44　唐娜·凯伦极简风格
设计作品

2.低碳服装的解构主义设计理念的应用

20 世纪 80 年代，服装设计领域掀起了解构主义（Deconstruction）热潮，这种全新的设计理念冲击着服装设计的传统模式。

解构主义放弃了对服装风格的单一追求，通过对结构的再造达到充分利用服用功能转换、造型多样、宽泛性的服饰内涵，使解构主义风格服装有了更丰富的多种搭配方式，为低碳服装的发展注入了新的活力。

日本著名服装设计师川久保玲是解构主义服装设计的典型代表。她拒绝常规的轮廓和曲线的造型法则，采用布料塑造突出块状的立体造型模式，创造出一种全新的风格，为服装设计注入了新的活力（图 9-45）。

另一位解构主义服装设计大师是比利时设计师马丁·马吉拉。他不断创造时装的新理念，在服装款式和着装理念上进行大胆创新，除基于对环保的设计概念外，所设计的破洞装、做旧装、旧衣改制等生态设计理念，对服装绿色设计和服装低碳化都产生了重大的影响（图 9-46）。

图 9-45　川久保玲解构主义风格
设计作品

图 9-46　马丁·马吉拉解构主义风格设计作品

低碳服装的解构主义设计，主要是把服装结构分解，对服装的款式、面料、色彩进行改造，加入新的设计元素进行重新组合，通过省道、分割线、打褶、拼接、翻折、伸展、折叠、再造等手法，构建全新的款式和造型。

解构主义设计理念的拓展延伸，使服装的再利用结构设计得到进一步扩展和应用。再利用结构设计是指在进行低碳服装结构设计时要充分考虑到服装在服用后的再利用问题，在再利用结构设计中重点应考虑以下两个原则。

（1）低碳服装的整体再利用：对废旧服装或过时服装进行清洁化处理并重新解构设计成具有独特个性的新款服装产品。这种独到的环保理念和设计风格得到了业界和消费者推崇，成为现代服装流行的时尚。

（2）局部再利用：在低碳服装设计中尽量减少结构的复杂性，增大服饰组合的通用性和互换性，并使回收处理过程简单易行。

3. 回收再生循环结构设计

回收再生循环结构设计是实现废旧低碳服装的合理回收和再生利用的设计手段之一。再生循环结构设计是在产品设计的总体策划阶段，对原辅料选择时就应对原辅料回收利用的可能性进行分析，制定服装回收再生循环结构设计技术方案，并注意以下关键环节：应选用低碳环保型原辅料；减少所利用材料的种类和数量；避免使用多种复合材料；避免使用高污染、高排放的回收处理工艺。

图 9-47 所示为一款回收再生服装设计图，该款服装设计是通过对色泽陈旧、过时的牛仔服装进行消毒、水洗整理、结构改造设计，掩盖磨损处，增加美观性和实用性，变长为短、变大为小、变肥为瘦，在肩、领、下摆部位运用拼接法进行装饰，形成一种款式造型新颖、色彩柔和、装饰古朴的新款服装。

图 9-47　回收再生服装设计图

（四）低碳服装的色彩设计

色彩设计是低碳服装绿色设计的重要环节之一。在低碳服装的色彩中，色感是通过低碳服装面料的质感和肌理来体现的，并与着装的环境有着相互衬托、相互融合的统一关系。因此，在低碳服装产品的生命周期中，色彩设计是最能营造低碳服装的艺术氛围和价值的关键设计环节。

同时，色彩设计与各环节的低碳排放指标又密切相关，无论是原辅料的选择，还是后期的印染、整理、加工等生产工序，都和低碳服装的碳排放有关。例如，低碳服装所用的染料品种、有毒有害物质含量、生产加工节能减排状况等与低碳服装的色彩构成都有着极为密切的相关性。

低碳服装的色彩设计直接反映了低碳经济社会下人们的精神风貌和追求低碳环保的价值观念，人是服装和色彩设计表现的主体，色彩设计是以人为本来表现人体的美和精神气质的。

低碳服装的色彩设计与服装款式结构、线条以及面料的原料、肌理、花型、感观等都有着密切关系。色彩设计必须围绕低碳服装设计主题，运用配色美学的原理和艺术手法来考虑服装色彩组合的面积、位置、秩序的总体协调效果，设计出与人和低碳社会环境相匹配的服装色彩，以表达出人们对审美的追求和对绿色生态环境的和谐，这是低碳服装色彩设计的重要文化内涵。

1. 低碳服装色彩设计的应用原则

（1）视觉美感与实用功能协调、统一的配色原则。在低碳服装的审美中，最有视觉冲击力的是服装的色彩。以人为本的色彩设计表现的是人们在绿色和低碳浪潮下的觉醒，借助服装的色彩来展示真正低碳生活的美感。

低碳服装色彩设计，除满足审美需求外，还具有实用性、视觉识别、职业识别、色彩心理平衡等实用功能。所以，要使低碳服装色彩设计的效果达到视觉审美与实用功能的和谐统一，服装的配色变化来自面料的材质、染料、染整工艺等综合因素。由于在设计时对低碳面料选择的材质和组织结构不同，染料上的差异就形成了独特的材质特性和色彩特征。

为了形成统一、和谐的色调，可利用材质的异同进行组合，通过肌理变化、材质组合拼接对比、时装元素搭配，产生既富于变化又协调统一的色彩效果。

（2）色彩与低碳环境和谐发展的原则。低碳服装的色彩是以人的生理和心理的共同需求为基础，在其生活环境下自然发展形成的。这里的低碳环境包括自然环境和社会环境。

色彩与低碳环境和谐发展的原则要求，低碳服装无论是材质的自然本色或经印染加工所形成的色彩，都必须符合低碳服装的生态技术标准和环境标准。

低碳服装的色彩是与市场需求密切相关的。随着低碳服装市场的发展，低碳服装色彩更加注重与现代审美意识的结合，融合现代时尚，把握流行色彩潮流，使低碳服装的色彩设计成为市场竞争的重要手段之一。

2. 低碳服装色彩的设计方法

低碳服装色彩的设计方法一般分为以下三种。

（1）运用服装材料进行色彩设计。在低碳服装色彩设计中，最为直接的色彩构成因素是材料本身。第一步，根据服装材料的特点，用直观的材质样品的色彩、肌理、质地等因素探寻色彩创作的灵感；第二步，根据材料色彩，以服装效果图的形式表现出服装色彩效果；第三步，根据效果图确定色彩设计的可行性方案（图9-48）。

（2）运用自然色彩重构进行色彩设计。许

图9-48　吉尔·桑德服装色彩设计

多低碳服装色彩设计的创作灵感来源于大自然。大自然中蕴藏着丰富、绚丽的色彩，是服装色彩设计取之不尽、用之不竭的资源宝库。自然色彩是指自然界所具有的一切色彩，如天空、海洋、土地、植物、动物等物质的色彩。以自然色彩作为服装设计灵感，经过提炼、加工、创新，运用联想和重构手段，把客观的色彩转化到主观的色彩设计中，从而营造出低碳服装色彩设计的艺术氛围。图9-49所示为运用自然色彩低碳服装设计，该款服装造型运用青春、活泼、灵动的设计语言，色彩以大自然中白、绿、紫、蓝的花卉为主色调，利用同色调的精致花样装饰，表达出服装纯净、青春的自然。

（3）运用色彩要素进行低碳服装配色设计。低碳服装的色彩通过材料的并置与组合运用，可以直观地体现服装的色彩特点和风格特征。在低

图9-49　卡尔文·克莱恩自然色彩重构低碳服装色彩设计

碳服装配色设计中一般采用同种色配置、邻近色配置和对比色配置三种基本配色设计方式。同种色系配置，即利用同一色系的面料之间的配置形成色彩的明度层次，也可利用不同面料质感进行调节，使之产生丰富的视觉效果。

三、生产过程低碳化

利用先进的生产工艺技术进行清洁化、高效化生产，降低服的生产时间和能源消耗，提高原料的利用率，是产品实现低碳化的重要措施之一。

在新技术的支持下，服装生产企业需要对生产加工环节进行技术革新，采用新技术、新设备，开发生产新型低碳面料、染料、助剂等，严格控制生产环节的污染和温室气体排放。

在生产和原料储存环节，应最低限度地使用防腐剂、防霉剂、防蛀剂等化学制剂；纤维原料的织造过程应减少各种氧化剂、催化剂、增白剂、去污剂等化学助剂的使用；在印染环节，严禁使用偶氮染料，严格控制甲醛和重金属离子的污染；采用绿色包装技术，采用绿色可降解、可循环利用的包装材料，树立企业低碳化产品形象。

四、消费促销一体化

服装消费环节是资源和能源消耗的重要环节，也是控制碳排放的重要环节之一。树立正确的低碳消费观，不仅是生产者的责任和义务，也是消费者绿色消费、低碳生活态度的需求。低碳服装绿色设计应发挥指导和引领作用。指导作用是指，低碳服装产品应向消费者提供正确的低碳消费信息，包括使用、保养、洗涤、储存及废旧服装回收等方法，并应以明显的信息标志告知消费者，进而指导消费者的低碳消费行为。引领作用是指，低碳服

装绿色设计应发挥普及低碳消费理念，促进产品市场开发的引领作用。当前，国内消费者对低碳服装产品的认知度还不够高，低碳服装绿色设计应在广大消费者中普及宣传绿色消费理念，根据纺织服装行业特征和低碳服装产品特点引导消费者科学消费，并且应在消费环节开展多样化促销活动，让消费者充分认知低碳服装产品的附加价值，唤起消费者的低碳消费热情。

第三节　童装的生态和机械安全性绿色设计

在"绿色、低碳、生态、环保"消费理念的影响下，对童装的生态安全性和机械安全性的重视程度在世界范围都提升到了前所未有的重要地位，世界各国都相继制定了一系列法律、法规、标准和检验规则来确保童装的生态安全、机械安全性。

我国是世界上生产、消费和出口童装的第一大国，全国有童装企业近万家，年产童装近 50 亿件，其中内销近 20 亿件，外销近 30 亿件。

根据我国第 6 次人口普查统计，我国 0 ~ 14 岁的儿童超过 2.2 亿，占全国总人口的16.6%。随着人民物质和文化生活水平的提高，我国对童装的数量、质量及服装的生态和机械安全性的要求也在不断提高。童装的安全、健康、舒适、环保已经成为消费者选择商品的第一要素。这种日益增长的消费需求，每年以 10% 以上的速度递增。

童装被称为儿童的第二层皮肤，童装产品的生态和机械安全性问题受到广泛的关注。据中国消费者协会和一些省市相关机构对童装产品的生态性和机械安全性调查，合格率仅为 30%，有些地区合格率甚至不到一成。不合格的项目主要集中在违规使用致癌、致敏、可分解的芳香胺染料，甲醛含量、pH 值、重金属含量、色牢度、纤维含量等生态限量指标不合格，以及绳索、拉带、纽扣及小部件脱落等机械安全性指标不合格，这些不安全因素已严重影响到童装产业的健康发展。

在国际市场上，我国是世界上最大的儿童服装出口国之一，同时，我国的童装产业也是受到国外绿色技术壁垒制约最严重的行业之一。近年来，我国出口欧美等国的服装被召回的数量激增，其中 80% 以上是童装。从召回的原因上看，主要集中在童装有毒有害物质限量超标和上衣、帽、腰、膝等部位的绳索、拉带、纽扣等小部件容易脱落等机械安全性问题，仅输往欧盟被要求召回的童装就占我国输欧纺织品的 85% 以上，给企业造成了巨大损失。

2009 年 8 月 1 日，我国国家质检总局和国家标准化委员会颁布了 GB/T 22704—2008《提高机械安全性儿童服装设计和生产实施规范》，2010 年 1 月 1 日颁布了 GB/T 18885—2009《生态纺织品技术要求》，2011 年 1 月 1 日颁布了《国家纺织产品基本安全技术规范》，2015 年 5 月 26 日颁布了《婴幼儿及儿童纺织产品安全技术规范》。这几个标准从儿童服装的机械安全性和生态安全性的术语、设计细节、款式结构、材料要求、生产环节、成品要求及检验测试等多方面通过规范的设计程序控制来保证童装产品的生态和机械安全性。

一、童装生态和机械安全性设计概念

（一）童装生态和机械安全性绿色设计

在纺织产品法规中，通常将0~14岁的儿童所穿着的服装定义为童装。

童装按年龄分类主要有：婴幼儿童装、小童装、中童装、大童装；按功能可分为：内衣、外衣等。

生态儿童服装是指采用对环境无害或少害的原料和生产过程所设计和生产的对儿童健康无害的童装产品。国际上对生态纺织品的分类方法，是按照产品（包括生产过程各阶段的中间产品）的最终用途，分成三类：

（1）婴幼儿装：年龄在36个月及以下的婴幼儿服装；

（2）直接接触皮肤服装：在穿着时，其大部分面积与人体皮肤直接接触的服装（如衬衫、内衣、睡衣、裤、裙、T恤等）；

（3）非直接接触皮肤服装：在穿着时，不直接接触皮肤或其小部分面积与人体皮肤直接接触的服装（如外套、夹克、大衣、罩衫等）。

童装的机械安全性设计是指设计儿童服装时，不仅要考虑产品的型号规格，同时要考虑到童装在各种情况下的物理机械性危害，包括失足、摔倒、滑倒、哽塞、呕吐、血液循环受阻、窒息等。设计中应考虑每一种可能的风险，并采取相应的安全性设计手段来降低危险发生的可能性。

童装生态和机械安全性绿色设计，是建立在生态纺织品服装技术要求和儿童服装安全技术规范的原则下，充分考虑到儿童的生理和心理特征，在保证童装的功能性、卫生性、舒适性、审美性、质量、成本的同时，要满足童装的生态技术标准和机械安全技术标准的设计要求。

童装生态和机械安全性绿色设计，是实现儿童服装绿色生态化和机械安全性要求的设计，其目的是克服儿童服装中存在的有毒有害物质含量超标，服装设计安全性和服饰配件安全性等存在的安全性风险，使所设计的儿童服装不仅符合生态纺织品服装的生态要求，同时满足童装的机械安全性设计要求。

（二）童装生态和机械安全性绿色设计原则和依据

1. 树立保护儿童、关爱儿童与生态环境和谐发展的设计理念

童装的生态和机械安全性绿色设计的目的是保护儿童身体健康、培育儿童绿色生活理念、美化儿童生活。因此，童装不仅要具有良好的服用功能，而且要倡导卫生、健康、安全、绿色环保的穿衣理念。

童装生态和机械安全绿色设计理念的构建，是设计理念创新和现代纺织服装科技创新相融合的过程，也是童装产业界的科技和艺术发展水平的综合反映。

童装生态和机械安全性绿色设计，这种要求以保护儿童健康和安全为目标的设计需求，从设计策划、方案制定、原辅料选择、加工生产、销售储运、消费使用、回收处理等整个产品生命周期全过程均应实现产品安全、生态化、清洁化的设计模式。

2.依据儿童生理和成长特点规范设计需求

儿童是服装消费群体中的特殊群体，有着有别于成人的生理、心理和行为特征的特殊需求，而且随着儿童不同成长阶段年龄的变化，这种需求也将对服装的结构、材料、色彩、安全、卫生、健康、形态、装饰等提出更多的消费需求。例如，0~36个月年龄段的婴幼儿服装是婴幼儿的第二层皮肤，此范围内的婴幼儿身体尚处于成长发育阶段，骨骼柔软、皮肤薄嫩、抵抗力弱、免疫能力低、行为活动不能自理、自我保护能力低等特点。这些因素决定了对婴幼儿服装的生态和机械安全性设计的特殊要求。在36个月~14岁的年龄段中，如4~6岁（学龄前）、7~11岁（少儿期）、12~14岁（少年期）的男童女童等不同年龄段和不同性别的儿童服装也必须根据不同的生长发育阶段的身体特征、行为特性、生理和心理特点、社会环境等因素，去规范服装的材料选择设计、款式结构功能设计、色彩和审美设计及部件和配件细节设计的生态环保性和机械安全性能。

二、童装生态和机械安全性绿色设计

（一）童装生态和机械安全性绿色设计的内涵和要求

根据对童装生态安全和机械安全性绿色设计的内涵要求，童装安全性绿色设计原则应包括以下两个方面。

第一，满足童装产品的功能性、生态性、机械安全性、审美性和经济性服装设计要求；

第二，童装产品要从初始原料、辅料和附件的选择设计阶段到产成品完成，直至消费使用和回收利用，在整个产品生命周期全过程中实现生态化、机械安全性和清洁化的绿色设计模式。

童装生态和机械安全性绿色设计的过程，实际上是实现产品功能、生态化和机械安全性与经济效益相平衡的过程。产品的安全性绿色设计就是一种促进童装产业与生态和谐发展的重要技术手段。

根据童装产品在产品生命周期中不同阶段对生态安全和机械性安全的不同要求，将绿色设计要求归纳为策划创意、原料选择、结构设计、加工生产、消费使用五个阶段。

（二）绿色设计的设计程序和流程

1.绿色设计程序

第一步，根据市场需求确定设计方案，童装的生态和机械安全性绿色设计源于市场对儿童服装生态安全和机械性安全的市场需求，将市场需求与生态和机械安全性需求转化为童装绿色设计需求，规划出童装产品的总体绿色设计方案。

第二步，总体方案确定后，按童装产品的功能性、生态性、机械安全性、经济性要求进行产品生命周期各环节的详细设计，得到产品设计方案。

第三步，对所设计的童装产品进行综合性评价，确定设计方案的可行性。

2.绿色设计流程

如图9-50所示，为童装生态和机械安全性绿色设计流程图。

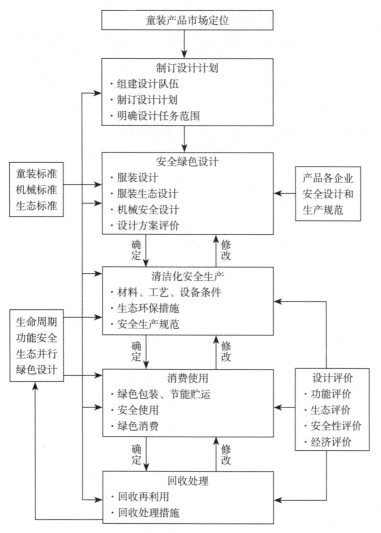

图 9-50　童装生态和机械安全性绿色设计流程图

（三）中外童装的生态和机械安全性法规和标准

欧盟、美国、日本等是我国童装产品的主要出口国，这些国家推出了多项有关儿童服装产品生态纺织品和童装机械安全性的技术法规、标准和生产规范，以此保护儿童的健康和安全。

近年来，我国在吸收国外先进标准的基础上也颁布了一系列有关儿童服装的生态技术标准和童装机械安全性标准。

1.国外童装的生态技术标准

国外童装的生态技术标准以欧盟 Oeko-Tex Standard 100《生态纺织品》标准最具有权威性和代表性，在该标准产品分类中，按产品最终用途分为婴幼儿服装（0～36个月），其他年龄阶段童装的有害物质限量及标准，均应按照直接接触皮肤类产品和不直接接触皮肤类产品执行。该标准适用于纺织品、皮革制品以及童装生产各阶段的产品，包括纺织及非纺织的配件附件。凡经过 Oeko-Tex Standard 100 标准认证的儿童服装产品，都要经过该机构分布在世界范围内隶属于国际环保纺织协会授权的知名纺织鉴定机构的测试与认证，并授予生态纺织品认证标签。

2. 国内童装的生态技术标准

国内相继颁布了行业标准 FZ/T 81014—2008《婴幼儿服装》；2010 年 1 月 1 日，国家质检总局和标准化委颁布了 GB/T 18885—2009《生态纺织品技术要求》；2011 年颁布的国家标准 GB 18401—2010《国家纺织品基本安全技术规范》；2015 年颁布的国家标准 GB/T 31888—2015《中小学生校服》；拟在 2016 年 6 月 1 日实施的国家标准 GB 31701—2015《婴幼儿及儿童纺织产品安全技术规范》。其中：GB 18401、GB 31701 标准为强制性标准。

在这些标准中对婴幼儿服装、童装和中小学生校服的生态技术指标都做了相关规定。内容包括：童装的分类，规定了各项限量值指标和检测方法。各类产品的有毒有害物质的限量值指标和检测方法均有明确规定，对进一步规范我国的童装生产发挥了重要作用。

但是，从标准的生态技术指标和控制范围来看，国内童装的生态技术标准仅限于国内市场销售，对出口产品没有国际通用性（表 9-6）。

表 9-6　国内外童装绿色设计生态技术指标要求

限量值比较项目	单位	Oeko-Tex 婴幼儿服装	GB 18885—2009 婴幼儿服装	Oeko-Tex 童装	GB 18885—2009 童装
适用年龄范围		0~36 个月	0~36 个月	4~14 岁	4~14 岁
pH 值		4.0~7.5	4.0~7.5	B：4.0~7.5 C：4.0~9.0	B：4.0~7.5 C：4.0~9.0
游离甲醛 ≤	mg/kg	16	20	B：75 C：300	B：75 C：300
六价铬 ≤	mg/kg	检测限值以下	低于检出限	检测限值以下	低于检出限
五氯苯酚（PCP）≤	mg/kg	0.05	0.05	B：0.5 C：0.5	B：0.5 C：0.5
可分解芳香胺、致癌、致敏染料 ≤	mg/kg	禁用	禁用	禁用	禁用
四氯苯酚（TeCP）≤	mg/kg	0.05	0.05	B：0.5 C：0.5	B：0.5 C：0.5
邻苯基苯酚（OPP）≤	mg/kg	50	50	B：100 C：100	B：100 C：100
富马酸二甲酯（DMF）≤	mg/kg	禁用（合格限值 0.1PPM）	无要求	禁用（合格限值 0.1PPM）	无要求
有机锡化合物（TBT）≤	mg/kg	0.5	1.0	0.5	1.0
石棉纤维 ≤	mg/kg	禁用	禁用	禁用	禁用
阻燃整理剂	mg/kg	禁用	禁用	禁用	禁用
可萃取的金属离子 ≤	mg/kg	锑：30.0，砷：0.2，铅：0.2，镉：0.1，铬：1.0，钴：1.0，铜：25.0，镍：1.0，汞：0.02	锑：30.0，砷：0.2，铅：0.2，镉：0.1，铬：1.0，钴：1.0，铜：25.0，镍：1.0，汞：0.02	锑：30.0，砷：1.0，铅：1.0，镉：0.1，铬：2.0，钴：4.0，铜：50.0，镍：4.0，汞：0.02	锑：30.0，砷：1.0，铅：1.0，镉：0.1，铬：2.0，钴：4.0，铜：50.0，镍：4.0，汞：0.02

注　B：不直接接触皮肤童装限量值；C：直接接触皮肤童装限量值。

3. 国外童装的机械安全标准

欧美等发达国家为保证童装的机械性安全和健康相继出台了一系列涉及儿童绳带安全性的技术法规和标准，国外主要的童装机械安全性法规有以下八项。

（1）欧盟 EN 14682—2007《童装绳索和拉带安全要求》。

（2）BS 7907—2007《提高机械安全性的儿童服装的设计和生产实施规范》。

（3）UKSI 1976No.40《儿童服装（帽带）的要求》。

（4）EN 12586—1999《儿童护理物品：安慰奶嘴安全要求和试验方法》。

（5）BS 3084—2006《拉链技术规范》。

（6）美国 CPSC《儿童外套上绳带的安全指南》。

（7）16CFRPart1500.48—1500.53，1501《联邦法规危险物品管理和实施规定》。

（8）日本 JIS Product Liability Law《日本产品责任法》。

4. 我国童装的机械安全标准

根据童装产业发展的需要，我国在参照欧美标准的基础上也颁布了多项儿童服装机械安全的技术标准和实施规范。其中，GB/T 22705—2008《童装绳索和拉带安全要求》标准，是参照欧盟 EN 14682—2007《童装绳索和拉带安全要求》标准制定的；GB/T 22704—2008《提高机械安全性的儿童服装设计和生产实施规范》标准，是参照英国 BS 7907—2007《提高机械安全性的儿童服装设计机械生产实施规范》标准制定；GB/T 22702—2008《儿童上衣拉带安全规格》是参照美国 ASTM F1816—2004《儿童外上衣束带标准安全规范》标准制定。

我国童装机械安全性标准主要有以下八项。

（1）GB/T 22702—2008《儿童上衣拉带安全规格》。

（2）GB/T 22704—2008《提高机械安全性的儿童服装设计和生产实施规范》。

（3）GB/T 22705—2008《童装绳索和拉带安全要求》。

（4）GB/T 23155—2008《进出口儿童服装绳带安全要求及测试方法》。

（5）SN/T 1522—2005《儿童服装安全技术规范》。

（6）SN/T 1932.8—2008《进出口服装检验规程第 8 部分：儿童服装》。

（7）FZ/T 81014—2008《婴幼儿服装》。

（8）FZ/T 73025—2006《婴幼儿针织服装》。

5. 中外童装机械安全标准的比较

我国儿童服装机械安全标准与国外相关标准相比仍有较大差异，具体表现在以下三个方面。

（1）标准的法律主体性差异。国外标准多以法律、法规、指令等具有法律效力的形式颁布，具有法律效力和在世界范围内的通用性；国内标准有行业标准和国家标准之分，标准为推荐性标准，不具法律效力，仅为国内标准，不具备世界范围的通用性。

（2）标准适用范围和安全性技术指标的差异。我国童装产品分类是以 14 岁以下儿童的年龄和最终用途分为婴儿服装和其他儿童服装；国外童装产品分类更为科学和细致，不仅考虑到年龄，而且考虑到性别上的差异，有男童和女童之分。在安全性指标检测的侧重点上，我国侧重在童装上衣的绳带、绳索和拉带，国外标准的检测重点是童装的绳索和束带是否符合安全性规范并对童装的风帽及颈部、腰部、袖及其他部位都有明确而具体的安全规范要求。

（3）合格判定标准的差异。我国童装机械安全性标准虽然多参照国外相关标准制定，与国外的标准比较接近，但因国外标准是具有法律效力的强制性标准，在判定合格性指标上采用更为详尽的图文并茂的形式表述，特别对小部件的判定更为具体和严格。

童装产业将成为我国纺织服装行业的一个新的增长点和出口创汇的支柱型产业。长期以来，我国童装产业对童装的生态性和机械安全性的重视都较为不足，内在品质和外在质量都难以满足消费者对生态、健康、安全、环保的消费需求，出口童装产品因生态和机械安全性问题被召回案例也在不断增加。加强童装的生态和机械安全性绿色设计研究，有助于满足国内外对绿色和安全的童装产品的需求，也是设计师和童装产业克服"绿色技术壁垒"的重要使命。

三、童装生态安全性绿色设计

材料选择、色彩、款式结构是童装生态安全性设计的三要素，在童装设计过程中要同时兼顾各要素的生态性、功能性、审美性。

（一）材料的选择

童装材料的选择是童装生态和机械安全性绿色设计的关键环节，所选择的材料不仅要具有适应不同年龄段、不同性别儿童的服用功能需求和安全性标准要求，而且要求在童装的整个生命周期中对资源消耗少、生态环境影响小、对人体健康无危害，符合生态纺织品相关技术标准。

近年来，随着生态经济和纺织科学技术的发展，新材料、新技术、新设备和新产品不断地涌现，为童装材料的选择提供了更广阔的空间。

根据童装材料的来源、种类、生产方法和不同年龄段儿童服装用途的差异性要求，可将其分为天然纤维面料、生物工程纤维面料、再生蛋白质纤维面料、可降解合成纤维面料、新型合成纤维面料五大类（表9-7）。

表9-7　童装面料的种类和特点

童装面料种类	纤维材料名称	面料特点	适用范围
天然纤维面料类	有机棉、不皱棉、毛纤维、丝纤维、麻纤维、竹纤维等	吸水性强、透气性好、柔软度高、穿着舒适	适用于各类童装，婴幼儿服装更宜用棉纤维面料
生物工程纤维类	转基因棉、彩色棉、天蚕丝、基因彩色蚕丝等	具有天然纤维特点、无污染、抗菌、保健	婴幼儿产品和直接接触皮肤产品，如童装内衣、衬衣、睡衣等
再生蛋白质纤维类	大豆蛋白改性纤维、玉米蛋白纤维、牛奶蛋白纤维、花生蛋白纤维等	透气、吸水、排汗、柔软、舒适	婴幼儿产品和童装内衣、衬衣、睡衣、外套、罩衫、裙等

童装面料种类	纤维材料名称	面料特点	适用范围
可降解合成纤维类	天丝纤维、莫代尔纤维、再生竹纤维、麻材黏胶纤维等	具有天然纤维特点、生态环保、保健、抗磨损、易保洁	各类童装，如外套、夹克、内衣、运动装等
新型合成纤维类	细特纤维、超细纤维、异型截面纤维、仿生合成纤维等	采用环保节能技术生产，具有超天然纤维功能，生态环保、舒适耐磨	高档童装外套、夹克、大衣、裤、裙等

随着现代纺织科技的发展，童装材料不再局限于对棉、毛、丝、麻等天然纤维面料的应用，各种采用低碳环保技术开发生产的生态纺织品材料以其生态环保、健康安全、穿着舒适等优良特征受到儿童的喜爱。例如，转基因棉、彩色棉等生物工程纤维，天然棉纤维面料在种植过程中易受农药化肥污染和大量染料、化学助剂对环境及材料的腐蚀，转基因棉在纤维强力、韧度、环保安全、穿着舒适等功能特性方面更优于天然棉纤维。

（二）款式结构

童装的款式结构设计是根据儿童在不同年龄段的体型特征、生理特点和对服装功能的需求，运用形式美法则，从服装的外形轮廓、比例尺寸、分割线、内部细节设计等方面综合设计出的童装款式结构。儿童处于不同的生长发育阶段，对服装的功能性需求也有很大差别。

（1）婴儿期（0~1岁）：婴儿的体型特征是头大、身小，胸、腰、臀围区别很小，增长速度快。0~6个月时，睡眠时间长，7~12个月时，由学爬行至学走路。这时期的婴儿装要求穿脱方便、采用H型结构设计，衣身连体或分开，前开襟或后开襟，下裆部位采用门襟设计，颈部设计为领口宽松或无领，结构线简洁可减少对婴儿皮肤的摩擦。

（2）幼儿期（1~3岁）：幼童身心成长较快，身高可达75~100厘米，体型特征是头大、颈短、腰挺、肩窄。这时期的儿童活动性增强，思维、感觉、意志行动都得到进一步成长。对幼儿服装的设计应注意性别的差别，服装设计要求宽松、灵巧、活动方便，以适应体型为主。幼儿装造型要避免卡腰线设计，保证腰部宽松，吊带裤、裙等是常用的款式。为了适应幼儿生理和心理活动特点，幼童装应选择简洁、单纯而富于变化的造型和充满童趣的装饰图案设计，使幼儿装充满活泼、天真、可爱的个性。

（3）小童期（3~7岁）：此时期的儿童处于幼儿园学习时期，儿童发育成长较快、活泼好动、思维和观察能力增强，对服装的款式结构要求是以适应成长和生活环境的组合式服装为主，服装大小必须合体，领、肩、腰、膝部位不能过紧，以免影响儿童活动。随着年龄、意志力和智力的加强，可在童装上装饰些知识性和童趣性图案，增强服装的活泼性。小童期服装的款式造型可适当借鉴一部分成人服装的流行元素，使款式更为丰富。针对小童活泼、好动的特性，服装要便于穿脱和适体，并在面料选择和色彩搭配上尽量体现出耐磨、耐洗、耐脏的特点。

（4）中童期（7~12岁）：此时期的儿童处于小学学习阶段，生长发育渐趋平稳，体型变得匀称。这时，男童和女童的身高也逐渐发生变化，低年级男生身高一般高于女生。在小学高年级（10~12岁）时，儿童体格进入快速生长阶段，男女儿童的体型特征逐渐显现出差异。这时期是儿童智力成长的关键时期，学习和课外活动是儿童的主导活动，款式结构要简洁明快、活泼自由，能充分表达出儿童健康、整洁、活泼、美观的朝气。中童期服装款式结构设计要以性别特征和体型特点作为设计依据，男童装要体现出活泼、刚毅的男童特质，女童装要有美丽大方的造型效果。无论是男中童装或女中童装，在服装款式结构设计上都要强调儿童天真、活泼的性格。

（5）大童期（12~14岁）：此时期的儿童处于初中学习时期，也是儿童德、智、体、美全面发展的青春发育时期，在身体特征上表现为身体迅速长高、体重增加、身体比例接近成人、男女童性别特征出现明显差别。这个时期的儿童是少年向青年的成长过渡期，男女体型特征更为明显，审美情趣、时尚的追求更趋个性化。所以，大童期的服装设计，除考虑男女生的不同需求外，还应与青年流行时尚相结合，并以简洁适体、青春活泼、富有时代气息的造型来表达青春少年的朝气。

（三）色彩设计

童装的色彩设计是按儿童的生理和心理的成长规律，把审美需求和审美教育相融合的艺术设计活动。在色彩设计中，设计师不仅要了解儿童在不同年龄段对色彩的敏感性、趣味性、健康性，同时应把童装的色彩设计与审美教育结合起来，使童装色彩设计给儿童以美的启迪和丰富健康的审美情趣。

婴儿对色彩的视域和易见度尚在发育过程中，视觉神经发育未完全。在此阶段，婴儿服装的色彩宜采用高明度、低纯度的纯洁白色、柔和的奶黄色、娇嫩的浅粉色、清新的淡绿色和典雅的浅蓝色等浅色系，避免强烈的色彩过度刺激婴儿的视觉神经系统，也可避免婴儿装使用过多的染料造成对婴儿皮肤的伤害。在配色设计上，单色婴儿服是服装配色的主要组成部分，配饰设计可用可爱的卡通动物、花朵、玩具等图案装饰婴儿服饰，表达出儿童天真、可爱的浪漫童趣。

小童装的色彩设计，首先取决于色彩的搭配和面料的选择。小童装宜采用鲜艳活泼的对比色、三原色，给人以明快、生动的色彩感觉。例如，小童装的上下装色彩、内外装色彩、服装与配件配饰的色彩、服装与面料肌理的明度对比、节奏变化、色彩间隔等色彩设计，可使小童装达到色彩丰富、活泼可爱的服饰效果。

中童期是儿童的学龄期，男女童对色彩的感悟已有明显的差别，对着装服色和式样的审美评价都有了不同的偏好。学龄期的中童因受其学习和活动的生活环境因素影响，不宜过分亮丽，一般采用调和的色彩来取得悦目的效果。春夏季，中童装色彩可选用以中性的白色、纯正的天蓝色、优雅的深紫色、活泼的淡黄色等为主色调的色彩；秋冬季，中童服装可选用表现清纯蓝色的明色系，如天蓝、普蓝、群青、牛仔靛蓝、亮灰、咖啡、暗红等色彩，通过色彩的搭配和面料肌理的组合设计，可以产生生动、活泼的着装效果。

大童装的生活装的色彩设计应更接近青年装的流行色，但不应过于华丽。男童装以白色、牛仔蓝、深紫、暗红、亮灰、褐色、黑色等色彩为主，女童装宜采用白色、浅蓝、红色、紫罗兰色等，但学生装的色彩应主要体现大童青春向上的精神风貌。

童装色彩设计是一个系统的设计，它必须与款式结构和面料设计形成一个综合设计的整体，通过色彩展示儿童的个性美。

四、童装机械安全性绿色设计

在儿童服装的绿色设计过程中，除了要考虑生态环境对儿童身体健康的影响外，儿童服装的机械安全性设计也是一项极为重要的工作。在我国童装出口被召回的案例中，童装绳带等存在的安全隐患占被召回总数的80%以上。

（一）童装机械安全性绿色设计要求

在童装的款式结构设计中，必须考虑到不同年龄段儿童的行为能力和号型的匹配，以及着装环境和活动范围可能存在的服装在各种情况下的机械性危害，包括失足、滑倒、摔倒、呕吐、缠绊、裂伤、血液循环受阻、窒息伤亡等每一种危险，并采取相应措施降低危险发生的可能性（表9-8）。

表9-8　童装机械安全性设计要求

童装材料和部件	GB/T 22704—2008	BS 7907—2004
面料	1. 不应对穿着者产生机械性危险或危害；2. 用于支撑、缝合的部件（如纽扣）在低负荷时不应被撕破，宜在缝合处使用加固材料	1. 面料不存在机械性安全风险；2. 用于支撑、缝合的部件（如纽扣）的面料不应被撕破，需要时缝合处可使用加固材料；3. 应用网眼、毛绒、提花织物等面料，要考虑使用部位、用途和着装者年龄
填充材料	1. 衬里或絮料不得含有尖或硬物体；2. 带有絮料或泡沫服装，其填充料不得被儿童获取；3. 生产时确保包覆材料线牢固以防断裂、脱落	1. 填充物不得含有尖或硬物体；2. 具有填充物服装应确保填充物不被着装者直接接触
线	1. 童装制作中不应使用单丝缝纫线；2. 在低负荷下缝合部件（如纽扣）的缝纫线不应被拉断；3. 12个月以下童装，在手或脚处不应有松线和长度超1cm未修剪的浮线	1. 童装生产中不能使用单丝缝纫线；2. 在手或脚部位不应有松线或长度超10mm的未修剪的浮线；3. 缝纫线应有足够强度
纽扣	1. 童装纽扣应进行强度测试；2. 两个或两个以上刚硬部分构成的纽扣不得应用于3岁及以下童装；3. 纽扣边缘不允许尖锐；4. 与食物颜色或外形相似的纽扣不允许应用于童装	1. 童装纽扣应通过机械强度测试；2. 纽扣外部不应存在锐利边缘、内部不存在可能造成伤害的尖锐物；3. 组合扣不应存在潜在的危险；4. 纽扣不能与食物有任何相似之处；5. 备用纽扣不存在潜在风险
其他部件	1. 3岁及3岁以下童装不应使用绒球；2. 花边、图案、标签应保证经多次服装后整理后不脱落	绒球和流苏在36个月以下的童装上不予使用

童装材料和部件	GB/T 22704—2008	BS 7907—2004
拉链	1. 5岁及5岁以下男童服装的门襟区域不得使用功能性拉链；2. 男童裤装拉链门襟应设计至少2cm宽的内盖，覆盖拉链开口，沿门襟底部将拉链开口缝住	1. 超轻拉链不用在婴幼儿服装上；2. 接触皮肤拉链应选用塑料拉链，拉链上止口和链牙应无尖锐边缘；3. 5岁以下男童装尽量不使用功能性拉链；4. 男童裤装拉链门襟应设计至少20mm宽内盖，覆盖拉链开口，沿门襟底部将拉链开口缝合
松紧带	1. 松紧带的使用应避免给着装者带来伤害；2. 袖口过紧、过硬会阻碍血液循环，特别是在婴幼儿服装中更应注意；3. 生产说明书应写明面料伸缩性和弹性测试说明	1. 松紧带应有与服装使用部位相对应的强力和延展性；2. 松紧带长度应适合服装松紧部分；3. 工艺应注明童装松紧部位的松弛和拉伸尺寸
绳索和拉带	设计的绳索和拉带部件应遵循GB/T 22705、GB/T 22702标准要求	设计的绳索和拉带应符合BS EN 14682标准要求
其他部件	应符合相关童装标准要求	符合BS 7907—2004相关要求

资料来源：根据GB/T 22704—2008标准和BS 7907—2004标准整理。

（二）童装机械安全性绿色设计内容

1. 信息交流和危险评估

童装设计策划阶段，设计应与材料采购和生产部门进行信息交流（包括可能发生的所有危险的评估结果），保证各部门了解细节并向其他部门提供足够的信息，合作完成具有机械安全性的服装。

2. 设计内容

童装机械安全性设计内容主要包括童装的设计意图、目标消费者年龄；纽扣或四合扣位置；拉链、粘扣带、填充物、松紧带、绒球、蝴蝶结、花边、绳索、风帽等的功能和位置描述及风险评估的设计。

3. 材料和部件的选择

童装材料和部件应从有质量保证的生产商处采购，产品应按GB/T 8685—2008《纺织品使用符号的维护标签规范》的标准，重复频率至少五次的后整理后不被损坏和破裂。出口童装产品可参照进口国相关标准或按ISO 3758—2005《纺织品使用符号的维护　标签规范》进行评价。

（三）童装机械安全性绿色设计实例分析

实例1

如图9-51所示：带风帽的小童装上衣设计，适龄儿童为4~6岁，服装的机械安全性设计欠缺如下：

第一，头部、颈部区域绳带设计不合格；

第二，服装的风帽和颈部有自由端，呈松散自由状态，存在被钩、缠、拖、拉风险。

图9-51　头部、颈部区域及绳带设计不合格

实例 2

如图 9-52 所示：女幼童裙设计，适龄儿童 2~3 岁，服装机械安全性设计欠缺如下：

第一，头部、颈部区域及绳带、绒球设计不合格；

第二，颈部装饰物有自由端和绒球装饰物，标准规定 3 岁以下儿童服装不得使用绒球，存在缠绕、钩、拉、夹、误食等风险。

按我国 GB/T 22704—2008 和欧盟 EN 14682：2007 标准要求，这两个产品的机械安全性均为不合格产品。

实例 3

如图 9-53 所示：女童裙装设计，适龄儿童为 4~6 岁学前儿童，服装机械安全性设计欠缺如下：

第一，腰部束带有自由端，设计不合格。标准要求：当服装平放以最大尺寸展开时，每端伸出长度超过 140mm；

第二，腰部束带未缝合在服装上；

第三，存在脱落、缠绊、钩、夹等风险；

第四，适用标准：我国 GB/T 22705—2008 和 EN14682：2007 及美国 ASTM F1816—97 标准，按上述标准要求，该产品机械安全性不合格。

实例 4

如图 9-54 所示：男童棉大衣设计，适龄儿童为 7 ~ 12 儿童，服装机械安全性设计欠缺如下：

第一，腰部束带有自由端，设计不合格。标准要求：每端伸出长度超过规定限值 140mm；

第二，服装底边绳索超出下边缘，设计不合格。标准要求：臀围线以下的服装下摆，底边处的拉带、绳索不应超出服装下边缘；

第三，存在钩、缠、拉、夹等风险；

第四，适用标准与实例 3 标准相同，按上述标准要求，该产品机械安全性不合格。

实例 5

如图 9-55 所示：女童裙设计，适龄儿童为 2~3 岁女童，服装机械安全性设计欠缺如下：

第一，蝴蝶结未固定，设计不合格；

第二，蝴蝶结尾端超过 5cm，按标准规定 3 岁以下（身高 90cm 及以下）童装蝴蝶结应固定，尾端长度不得超过 5cm，末端应充分固定。

图 9-52 头部、颈部区域及绳带绒球设计不合格

图 9-53 女童裙束带设计不合格

图 9-54 男童棉大衣束带和底边绳索设计不合格

图 9-55　女童裙蝴蝶结装饰设计不合格

第三，适用标准与图 3 相同。

实例 6

如图 9-56 所示：男童上衣纽扣设计，适龄儿童为 2~3 岁男童，服装安全性设计欠缺如下：

第一，纽扣为尖锐的牛角纽扣，设计不合格；

第二，纽扣颜色和形状易与食物混淆，设计不合格；

第三，按照标准要求，纽扣边缘不可尖锐，与食物颜色外形相似的纽扣不允许用于儿童服装。

实例 7

如图 9-57 所示：女童连衣裙绒球装饰设计，适龄儿童为 2~3 岁女童，服装安全性设计欠缺如下：

第一，童裙上的绒球装饰设计不合格；

第二，按标准要求：3 岁及 3 岁以下童装不允许使用绒球装饰。

图 9-56　男童上衣牛角纽扣设计不合格

图 9-57　女童连衣裙绒球装饰设计不合格

第四节　生态皮革服装的材料选择设计

随着世界生态经济的发展，生态皮革服装已经成为皮革服装行业发展的主流，国际上绿色设计技术成为皮革服装和其他皮革制品生态化发展的重要技术支撑。

在世界上，我国是皮革和皮革制品生产、消费和出口的第一大国，年制皮革 2 亿标准张，年产皮革服装近亿件、皮鞋五十多亿双。但是，我国的皮革行业也是受到"绿色技术壁垒"和"绿色关税壁垒"影响最严重的行业之一。

国际市场对皮革制品的生态环保要求严格成为制约我国皮革制品进入国际市场的主要障碍。每年因产品不符合国际生态技术标准被退货和索赔，给皮革业造成了很大的损失，仅 2012 年 1 ~ 11 月，我国皮革制品的出口就下降了 14.1%。

为了更好地与国际接轨，促进我国皮革制品向生态环保方向发展，2003 年 1 月，中国皮革工业协会开始实施《真皮标志生态皮革规范》和《真皮标志生态皮革实施细则》。2006年，中国国家质检总局和国家标准化委员会发布国家强制标准 GB 20400—2006《皮革和毛皮有害物质限量》。2009 年，环保部颁布 HJ 507—2009《环境标产品认证技术要求 皮革和合成革》等标准，并经 2010 年、2013 年版的修订，使生态皮革制品有毒有害物质的控制范围更加向国际标准靠拢，但从指标控制范围和控制手段等方面与国际相关法规和标准的要求仍存在不小的差距。

因此，我国皮革服装产业在经济全球化下，必须加快产业结构调整，走自主创新和低碳经济发展的道路。发展生态皮革服装产业，技术创新是首要的，而生态皮革服装绿色设计技术的研究、开发、推广、应用是促进我国生态皮革服装业可持续发展的重要途径。

一、生态皮革服装材料的概念

生态皮革服装材料是一个广义的概念，泛指构成皮革服装的原料和辅料的各项生态指标均符合相关的生态质量标准要求的皮革服装材料。

可以说生态皮革服装材料是一种绿色材料，它是采用对环境无害或少害的清洁化生产工艺，所生产的对人体健康无害或少害的皮革服装材料，采用生态皮革服装材料生产加工并符合相关生态技术标准的服装可称为生态皮革服装。

目前，世界上对生态皮革服装的认定存在两种观点：

一种观点是以欧盟"Eco-Label"为代表的"全生态皮革服装"概念。这种观点认为生态皮革服装的特性应体现在其生命周期的全过程中，如皮革原料获取和生产未受到污染，生产加工和消费过程不会对环境和人体产生危害，使用后的废弃物可回收再利用或可在自然条件下自动降解。

另一种观点是以国际生态纺织品研究与检测学会为代表的"有限生态纺织品（包括皮革服装和人造革服装）"概念。这种观点，认为生态皮革服装的最终目标是在穿着使用过程中不会对生态环境和人体健康产生危害，但对生态皮革服装上的有害物质应进行限定合理范围，以不影响人体健康为限度原则，同时建立相应的产品生态质量控制体系和方法。

生态皮革服装生命周期的绿色设计，是把生态皮革服装产品的整个生命周期中的绿色程度作为设计目标，设计过程中要充分考虑到从原辅料获取、加工生产、销售储运、消费使用、废弃回收处理等产品生命周期中实现生态化、精细化、清洁化的绿色设计模式。

绿色设计涉及生态皮革服装的整个生命周期，所以设计是一个"系统设计"的过程，体现了系统统筹设计、清洁化生产、生命周期过程、多学科融合的特点。从生态学观点来看，生态皮革服装生命周期的绿色设计是一个充分考虑到生态皮革服装的资源、环境和人体健康的系统工程设计。

在生态皮革服装生命周期的各个环节中，原辅料的获取是绿色设计的关键环节之一。

二、生态皮革服装绿色设计中的材料选择

（一）材料选择的原则

生态皮革服装材料包括服装的面料和辅料，在构成生态皮革服装材料中，除面料以外，其他材料均为辅料。

面料中包括：天然皮头层革、二层革、贴膜革、绒面革、印花革、发泡革、面料再造革、合成革等。

辅料中包括：里料、衬料、垫料、填充料、缝纫线、纽扣、钩环、拉链、绳带、商标、使用明示牌及号型尺码带等。

生态皮革服装材料的选择，通常是在产品设计的初期决定的，根据不同产品的要求，从大量备选的原料和辅料中选择符合产品功能要求和生态要求的材料。

传统皮革服装材料的选择，主要侧重在服装材料的功能性、审美性、耐用性、经济性等相关性能，很少考虑到材料的生态性、环保性、安全性及产品与环境的和谐性。生态皮革服装绿色设计材料选择的原则是根据产品的特点，将产品的功能属性、生态环境属性、经济属性相结合，综合平衡后进行材料选择。

在材料的选择方法上，传统的皮革服装材料的选择方法有：经验法、试选法、筛选法、价值分析法等，但对绿色设计的生态皮革服装产品，还必须考虑以下因素：

（1）生态皮革服装材料对生态技术标准的要求。

（2）面料和辅料生产过程的生态环境。

（3）产品加工生产过程对生态环境的影响。

（4）面料和辅料的生态指标要求的细化分类。

（5）面料和辅料使用后废弃的回收处理问题。

（二）材料选择与绿色设计的相关性

生态皮革服装材料是绿色设计的载体，它是构成服装最基本的要素，不仅是服装色彩和款式构成的基础，同时与生态皮革服装的服用性能、加工性能、生态性能密切相关。

生态皮革服装材料性能是由基本的物理性能（皮革面料的结构、强度、耐用性等）、化学性能（理化性能、稳定性能）、审美性（外观、色彩、舒适性）和生态环保性（环境影响、安全健康）等要素构成。

在绿色设计中，生态皮革服装材料的选择与产品整个生命周期各个环节都有极为密切的相关性。材料的绿色属性是通过产品生命周期的绿色评价，在保证材料符合功能性、审美性要求下，使材料对生态环境的影响降到最低，同时需要在原辅料和产成品的生产加工过程中采用清洁化的生产技术，以及在消费过程中的绿色消费理念和废弃回收的再利用或无害化处理技术，来保证产品的绿色生态性。

材料的选择直接影响产品生命周期各环节的生态性和功能性，而各环节也将对材料的选择提出生态属性的要求。

如图9-58所示，可进一步体现出生态皮革服装材料选择与绿色设计关键环节的关系。

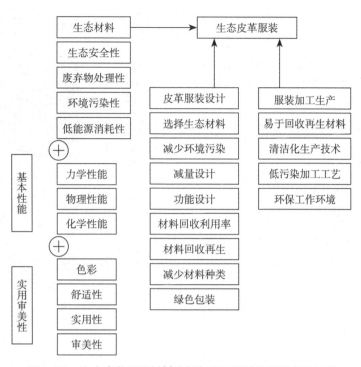

图 9-58　生态皮革服装材料选择与绿色设计关键环节的关系

三、影响材料选择的因素

生态皮革服装材料选择的影响因素主要包括：实用性能因素、生态性能因素、加工性能因素、生态环境因素、经济因素、政策法规因素等。

（一）材料的实用性能因素

皮革材料由非常细微的蛋白质纤维构成，不同的原料经不同的加工方法，将产生不同的外在风格和内在品质的皮革服装面料。

在服装设计上，可选用单一品种的天然皮革作为面料，也可根据产品流行趋势和设计风格的需要，进行与不同品种皮革、合成革、纤维材料组合，扩展皮革服装材料的多样性和丰富性（图9-59、图9-60）。

图 9-59　吉尔·桑德天然皮革男装设计

图 9-60　范思哲拼接风格皮革女装设计

近年来，皮革服装材料的再造技术得到快速发展，通过对皮革服装材料的拼接、重组、轧褶、编结、镶嵌、机绣、喷画、手绘等工艺手段对面料进行改造，使皮革服装材料产生更具个性化的服饰风格和独特的艺术魅力（图9-61~图9-64）。

生态皮革服装材料外在的感观特征，如柔和的手感、适合的强度、良好的透气性、色彩均匀性、牢固性等，是受生态皮革面料的皮革类型、物理性能（几何尺寸、重量、撕裂力、负荷伸长率、摩擦色牢度、耐折牢度等）、化学性能（pH值、耐光色牢度、耐干洗水牢度、收缩温度等）、审美性能（外观、色彩、舒适性）、保健和卫生性能等因素的影响和制约。良好的材料性能特征使产品更适于加工制作和穿着。

世界各国所采用的皮革服装材料的标准不尽相同，若产品为国内市场销售，则应符合我国QB/T 1872—2004《服

图9-61　范思哲皮革浮雕风格设计

图9-62　阿玛尼皮革装饰风格设计

图9-63　皮尔·卡丹皮革镶嵌风格设计

图9-64　卡尔文·克莱恩彩色皮革组合设计

装用皮革标准》，若产品为出口产品，其质量标准应执行进口国标准或合同约定标准。

我国皮革服装主要出口国为欧盟、美国、俄罗斯等国，其中欧盟是我国的主要贸易伙伴。许多国家均有本国的国家标准，鉴于欧盟皮革服装材料标准在欧洲的权威性，一旦欧盟委员会（CEN）标准颁布，欧共体国家都要采用。

根据我国皮革产业发展的实际情况，我国引用了部分国外先进标准指标和检验方法，但在标准的部分内容与检验方法上与国外仍有差异（表9-9）。

表 9-9　我国与欧盟皮革服装材料标准比较表

比较项目类型	我国 QB/T 1872—2004 服装用皮革标准	欧盟 CEN ISO 14931—1998 ISO/DIS 14931：1998 标准	备注说明
产品分类	羊皮革，猪皮革，牛、马、骡皮革，剖层革及其他小动物革	不分类	我国服装用皮革种类多、差异大，要求各不相同，欧盟等国种类单一
撕裂力	（双边法，ISO 3377—2），9N ~ 13N	（单边法，ISO 3377—1）：≥ 20N，标准认为 10N 以上可满足要求，但设计应采取措施	试验方法不同，结果不同
规定负荷伸长率	（ISO 3376）25% ~ 60%	无要求	控制规定负荷伸长率有利于保证产品使用
摩擦色牢度	（ISO11640）干擦（50）次：光面革 ≥ 3/4，绒面革 ≥ 3；湿擦（10）次：光面革 ≥ 3，绒面革 ≥ 2/3	（ISO 11640 ~ 11641）干擦（50）次：≥ 3，湿擦（20）次 ≥ 2/3，耐汗色牢度（10）次 ≥ 2/3	我国标准将光面革、绒面革分开，光面革要求比欧盟高，欧盟重视耐汗色牢度要求
收缩温度	≥ 90℃	无要求	—
感观要求	有要求	无要求	我国标准中有感观、分级和检测规则要求，欧盟这些要求在合同中体现
分级	有要求	无要求	
耐光色牢度	无要求	（ISO 105—B02）蓝度表：苯胺涂饰 ≥ 2/3 NUBUCK 革 ≥ 3 其他涂饰革 ≥ 4	欧盟标准重视耐光色牢度、耐水斑点色牢度、耐干洗色牢度要求，这些标准对产品加工工艺和化工材料有更高要求
耐水斑点色牢度（24 小时残留水斑情况）	无要求	ISO 15700 ≥ 3 级（皮革表面无水泡、永久性变化或盐析出）	
耐干洗色牢度	无要求	ISO 11643，国际灰度表 ≥ 3 级（涂层无损坏现象）	
耐折牢度	无要求	用颜料涂饰的皮革，2000 次无损坏	—
推荐性要求	无要求	耐水色牢度 ≥ 3 级，涂层粘着牢度 ≥ 2N/10mm，涂层在零下 10℃无冷裂	—

资料来源：根据中华人民共和国商务部"皮革制品出口商品技术指南"资料整理。

（二）材料的生态性能因素

在上述质量因素满足生态皮革服装材料要求的情况下，材料的生态性能应根据产品市场目标地（国家或地区）所规定的生态质量技术标准严格选择。

无论选择何种类型的皮革面料或辅料，都有可能带有对人体健康有毒有害的物质，为保证产品的生态性和安全性，材料的生态性能必须符合相关国家或地区制定的生态皮革服装材料标准。

现以我国《真皮标志生态皮革规范》和 HJ/T 507—2009《环境标志产品认证技术要求

皮革和合成革》、Eco-Label《欧盟生态产品标志认证标准》、Oeko-Tex 100《生态纺织品标准（适用于皮革和合成革）》为例，说明不同标准对材料的生态性要求（表9-10）。

表9-10 我国皮革服装生态标准与欧盟标准部分生态参数比较表

限量值比较项目	单位	真皮标志生态皮革规范	HJ 507—2009标准	Oeko-Tex 100标准	Eco-Label标准
pH 值		无要求	3.5~7.5	A、B：4.0~7.5 C：4.0~9.0	3.5~7.5
游离甲醛 ≤	mg/kg	A、B：75 C：150	A：30，B：70 C：300	A：16，B：75 C：300	A、B：3.0 C：300
六价铬 ≤	mg/kg	5.0	5.0	0.5	A、B：3.0
五氯苯酚（PCP）≤	mg/kg	5.0	A：0.05 B、C：0.5	A：0.05 B、C：0.5	0.05
芳香胺、致癌、致敏染料 ≤	mg/kg	禁用（合格限值30）	禁用（合格限值30）	禁用（合格限值：芳香胺20，其他50）	禁用（合格限值30）
四氯苯酚（TeCP）≤	mg/kg	无要求	A：0.05 B、C：0.5	A：0.05 B、C：0.5	0.05
邻苯基苯酚（OPP）≤	mg/kg	无要求	A：0.05 B、C：1.0	A：0.05 B、C：1.0	未明确要求
富马酸二甲酯（DMF）≤	mg/kg	无要求	无要求	禁用（合格限值0.1PPM）	禁用（合格限值0.1PPM）
烷基酚聚氧乙烯醚（APEO）≤	mg/kg	无要求	禁用	NP：1000 NPES：1000 OP：100 OPES：1000	NP：1000 NPES：1000 OP：100 OPES：1000
短链氯化石蜡 ≤	mg/kg	无要求	禁用	禁用	禁用
有机锡化合物 ≤	mg/kg	无要求	A：TBT 0.5 B、C：TBT 1.0	A：TBT 0.5 B、C：TBT 1.0	禁用
金属离子 ≤	mg/kg	无要求	对总铬、镉、铅、砷、镍、锑、钴、铜、汞等均有限量要求	对总铬、镉、铅、砷、镍、锑、钴、铜、汞等均有限量要求	仅对染料、颜料、废水有限量要求；铅、砷、镉禁用

注 A：婴幼儿产品限值；B：直接接触皮肤产品限值；C：非直接接触皮肤产品限值。
资料来源：根据上述标准资料和2014年修订版资料整理。

（三）经济影响因素

经济影响因素，包括材料的生产成本、运贮费用、消费使用费用、回收处理费用等。这些经济因素是影响材料选择的重要判断条件，也是企业经济效益构成的重要指标。

（四）法律、法规和标准

生态皮革服装是近20年来出现的新生事物，我国在有关生态皮革服装的法律、法规和标准的建立、检验方法及检测手段等领域与国外发达国家相比较还有较大差距。特别是近年来，国际上关于生态皮革服装的立法非常快，监控的领域和范围不断扩展，检测的精度和技术手段要求也越来越高。

我国在生态皮革产品立法方面虽然紧跟国际发展动态，但受到企业发展水平和科技水平的制约，在标准设立和法规建设方面与世界先进水平仍存在的差距主要有以下三个方面。

（1）我国标准主要是以非强制性标准的形式提出对产品的具体要求，很少以法律、法规形式加以管控。

（2）在我国的标准体系中，多侧重在产品标准方面，而欧美等国则多侧重在产品的安全性、环保性，通常以法律、法规等法律性文件颁布，标准体系中主要是试验方法标准。

（3）检测仪器设备和测试方法差距。在我国已颁布的有关生态皮革制品标准中，还不能对所有项目进行检测，仅可根据国际贸易的需要和我国的国情选择一部分项目进行检测。

（五）动态的选择标准

生态皮革服装材料判断的标准，是以为产品的生态环境负荷设限的技术标准。随着科技进步和人类环保意识的不断增强，对生态环境的要求越来越高，这个标准也将是一个不断完善和提高的动态过程。

国外生态皮革服装所依据的生态质量标准是一个动态的变化过程。以 Oeko-Tex Standard 100 标准为例，它的推出即带有明显的技术和商业特征。第一版标准公布后，又经多次的修订和补充，对产品的类别、监控范围、监控标准等进行多次调整和修订。

2009 年推出了新版的 Oeko-Tex Standard 100 标准，新版在 2008 年版的基础上新增了总铅和总镉含量内容，将 PFOS 和 PFOA 全部列入监控范围；2012 年版，将有毒有害物质种类增至 20 项；2013 年版又在 2012 年版基础上对检测项目和限量值等方面进行了修订和补充，增加了对邻苯二甲酸盐（DPP）、富马酸二甲酯（DMFu）等物质的管控。

2014 年 4 月 1 日开始实施的新版 Oeko-Tex Standard 100 标准，增加了三氯苯酚，将 OP（EO）物质扩展至 OP（EO）1-20，新增考察项目 PFUdA、PFDoA、PFTrDA、PFTeDA，对"可萃取的重金属"中镍的释放量调整为"该指标仅适用于金属附件及经金属处理之表面"，修订调整了"残余表面活性剂"的 OP、NP、OP（EO）、MP（EO）四类考察物质的总量和 PFCs、PFOA 的限量要求。

又如，2009 年欧盟发布 2009/251/EC 指令，禁止含有富马酸（DMFU）产品进入市场；2010 年欧盟颁布 2009/425/EC 指令，进一步限制皮革制品中有机锡的使用；2014 年 3 月 25 日，欧盟委员会颁布（EU）NO301/2014 条例，对 Reach 法规附件《受限物质清单》中六价铬的限量标准进行修订，禁止六价铬含量 3mg/kg 的直接接触皮肤类（或部分直接接触皮肤类）皮革制品进入市场。

同样，美国、日本等国对皮革制品的受限物质的种类、监控范围也存在动态变化现象。

我国的相关标准为国际标准接轨，如《皮革和毛皮有害物质限量》《真皮标志生态皮革规范》《环境标志产品认证技术要求 皮革和合成革》等也经过多次调整和修订，但总体上调整的节奏和范围与国际上仍有较大距离。国际上每一项新标准的推出和受限物质种类的修订，都对我国生态皮革制品的出口产生重要影响。

四、材料选择的要求和方法

（一）选择的要求

在绿色设计中，对材料的选择是以生态皮革服装的整体性出发，从产品的功能性、生态性和工艺要求角度，充分运用现代生态皮革材料和生态环保辅料的特点来表达生态皮革服装的现代绿色时尚理念。

1. 生态性要求

生态皮革服装绿色设计材料的选择，应符合产品目标市场所在国或地区制定的产品生态环保质量标准或相关政策法规。

我国生态皮革服装材料，应符合《环境标志产品认证技术要求 皮革和合成革》标准或《真皮标志生态皮革规范》及《皮革和毛皮有害物质限量》和 GB/T 24004《环境管理体系》等标准要求，产品应获得中国"环境标志"产品认证或"真皮标志生态皮革"认证（仅限天然头层革产品）。

出口产品应符合相关国家所制定的生态技术标准，如欧盟 Eco-Label 标准、Oeko-Tex 100 标准，并取得相应的产品环境标志认证，如欧共体"欧洲之花"环境标志、德国"蓝天使"环境标志等。

2. 功能性要求

（1）满足产品款式结构造型要求，应考虑材料的种类、几何尺寸、厚度、挺括性、悬垂性、弹性等物理特性。

（2）满足产品外观审美需求，包括材料手感、色彩、纹理结构、装饰图案、光泽度、明度、色差等材料特性。

（3）满足产品服用性要求，包括材料的透气性、保暖性、耐磨性、易保养性等。

（4）满足产品可加工性要求，包括材料的组织、密度、伸缩性、滑脱性等加工工艺要求及与辅料、配件的可匹配性。

（5）满足产品流行性要求，关注皮革面料、辅料、配件的流行趋势，把握材料流行动态，使材料选择具有时代感。

（6）满足经济性要求，对材料的价格、产品实用性、审美性、生态性做出准确的性价比判断，并以此作为材料选择的决策参考。

（二）选择方法

1. 确定选择方向，编制材料选择指南

为了使产品在绿色设计中更有针对性地选择生态皮革服装材料，一般在设计前期要根据产品的品牌定位或客户要求进行市场调研，并根据生态皮革服装产品要求控制的质量标准和生态标准来确定选择的方向和编制材料选择指南，进而指导材料的选择工作。

2. 分析面料和辅料的性能要求

（1）对材料的产品标准、生态标准和产成品目标市场准入标准进行比较分析。

（2）面料和辅料的生态性要求：分析产品生态技术标准中有毒有害物质限量标准要求，通过材料生态标志和检测数据作为选择依据。

（3）材料的功能性要求：依据经验和实验检测数据作为选择依据。

3. 筛选材料

当确定了材料的生态性和功能性要求后，即可对材料进行筛选。在筛选过程中，根据生态皮革服装的市场需求，把材料的各项经济指标和生态环境指标作为材料选择的必要条件，确定材料选择方案。

4. 评价所选材料

对满足功能性要求的材料进行生态学评价，考虑材料有毒有害物质限量、材料回收再利用性等因素，最终确定最佳材料。

5. 验证所选材料

批量生产的生态皮革服装应以所选材料制成样衣，并经功能性、生态性检验合格，确认无误后方可投入市场，而且应以市场反馈的生态信息和质量信息作为材料选择改进的依据。

生态皮革服装材料的选择和应用是产品生命周期绿色设计最重要的设计环节，是实现产品生态化和绿色设计的基础和保障，具有综合性、多学科专业协作的特点。在材料选择上，必须体现多学科、多专业的协同设计原则，在充分掌握国内和国际生态皮革服装发展趋势、标准、法规的基础上，要尽量选择生态环保性能优良的原辅料进行设计，同时根据流行时尚做好面料二次设计的再创造，设计和生产高档的生态皮革服装产品，满足国内外市场的需求。

第五节　生态皮革服装的绿色设计

受到世界生态经济的影响，皮革产业的产业结构、产品结构、生产技术水平、消费理念和国内外市场竞争的格局，也必将随着全球化的绿色消费浪潮的冲击进行重大的调整和改变。在这种绿色、环保、生态的经济发展模式和产业形态发展趋势的驱动下，生态皮革服装行业绿色设计的兴起对皮革业的生态化发展具有重要意义。

皮革服装产业是关系到人类生存状态的民生产业，产品直接为人类穿用，对生态环境和人类健康都会产生直接的影响。现代科学技术的发展，为制革产业提供了大量品种繁多的化学助剂、印染剂、整理剂等化学品，同时也产生出大量对生态环境污染和危害人体健康的有毒有害物质。因此，人类对皮革产业的生态环境和产品的安全性也会越来越重视。

世界许多国家为促进本国皮革产业生态化发展，相继制定了一系列的政策、法规和标准，特别是经济发达国家利用其技术和经济优势，对生态皮革服装制定了严格的生态技术标准和法规。这虽然有助于促进皮革产业的生态化发展，但是客观上限制了发展中国家皮革产业的发展，起到了"绿色技术壁垒"的作用。国际市场对皮革服装的生态环保要求严格成为制约我国皮革服装进入国际市场的主要障碍之一。因此，我国皮革服装业在经济全球化下，必须加快产业结构调整，走自主创新和生态经济发展的道路。发展生态皮革服装产业，技术创新是首要的，而绿色设计技术的研究、开发、推广应用成为促进我国生态皮革服装业可持续发展的重要途径。

一、生态皮革服装绿色设计的概念

（一）生态皮革服装

生态皮革服装（Ecological Leather Clothing），现在并没有一个严格的定义，泛指采用生态皮革原料和清洁化的生产过程，所生产符合相关生态技术标准的皮革服装产品。

国际上的生态皮革服装的概念，源于1991年4月国际生态纺织品研究和检验协会发布的 Oeko-Tex Standard 100《生态纺织品》标准和欧盟委员会2002年5月颁布的《生态产品标志（Eco-Label）认证——生态纺织品认证标准》。前者首先以行业组织名义提出"生态纺织品"概念并设定相应科学而完整的管控措施，后者则以法律的形式强化了"生态纺织品"的法定意义，上述两个标准均将皮革及人造革服装包括在内。

我国生态皮革服装的概念参照和采用了2002年版的欧盟 Eco-Label 标准和 Oeko-Tex Standard 100 标准的相关内容，并在2002年版的《生态纺织品技术要求》中明确提出适用范围包括皮革和人造革产品。在2008年版的《生态纺织品技术要求》中，取消了皮革制品参照执行的内容。

目前，我国生态皮革服装的生态学技术指标，基本上是以中国皮革工业协会发布实施的《真皮标志生态皮革规范》和《真皮标志生态皮革实施细则》为主要参考。该规范虽然是商业性注册商标，但在皮革服装质量和生态技术指标控制方面，向消费者提供了生态皮革服装所具有的生态、环保、优质的信息和可信度。

（二）生态皮革服装的基本前提

第一，皮革服装材料可再生或重复利用。

第二，在皮革材料生产过程中不会造成环境污染和不利影响。

第三，皮革服装在穿着或使用时，不会对人体健康造成危害。

第四，生态皮革服装在生产和消费过程中，具有功能性、审美性与生态安全性、低污染、省能源、可回收利用性等相结合的特点。

第五，生态皮革服装须经法定部门检验，具有相应的生态环保标志。

二、生态皮革服装的绿色设计

（一）生态皮革服装生命周期绿色设计的概念

生态皮革服装生命周期绿色设计（Life Cycle Design，LCD），通常也被称为绿色设计（Green Design，CD）、生态设计（Ecological Design，ED）或环境设计（Design for Environment，DFE）。这些概念在初期虽然有所侧重，但目前则趋于表达同一概念，即设计目的是使生命周期过程中的资源消耗和环境影响降至最小以及经济效益和环境效益得到优化的设计目标。

在生态皮革服装设计过程中，要充分考虑到从原辅料获取、加工生产、销售储运、消费使用、废弃回收处理等产品生命周期全过程中实现生态化、精细化、清洁化的绿色设计模式。

绿色设计是生态皮革服装整个生命周期的设计，是"系统设计"的过程，体现了系统统筹设计、清洁化生产、生命周期过程、多学科融合的特点。

从生态学观点来看，生态皮革服装生命周期的绿色设计是一个充分考虑到生态皮革服装的资源、环境和人体健康的系统工程设计，是一种从源头上控制皮革业污染和突破"绿色技术壁垒"束缚的有效措施。

（二）绿色设计与传统设计的比较分析

生态皮革服装的绿色设计，是在传统设计的基础上将生态环境设计作为产品的设计目标之一，使所设计的生态皮革服装满足生态环保性要求，提高产品的市场竞争力。但在设计理念、设计方法、设计内容、评价体系等方面与传统皮革服装设计又有很大不同（表9-11）。

表 9-11　生态皮革服装绿色设计与传统设计的比较表

比较因素	传统皮革服装设计	生态皮革服装设计
设计相似性	须考虑产品功能、质量、审美、经济特性	须考虑产品功能、质量、审美、经济特性
设计目标	以实用、审美、时尚为产品设计目标，很少考虑生态性	在保证产品实用、审美基础上，重视生态性、环保性、安全性设计
设计依据	据市场或合同需求，综合考虑产品功能、审美、质量、成本因素	依据产品生态技术标准，包括环境要求和功能、审美、质量、成本因素
设计标准	依据皮革服装质量标准	依据皮革服装生态技术标准和质量标准
设计内容	以款式、材料、色彩为设计要素进行产品结构和加工设计	以产品生命周期各环节的生态环保特征和生态技术指标限量标准进行设计
设计方式和产品生命周期	串行开环设计，产品→使用，线型生命周期	闭环生命周期整体优化设计，原料获取－产品加工－消费使用－回收利用
设计人才	基本不考虑产品的生态环境要求和产品加工环境及消费、回收处理等环境因素	多学科合作，组成设计组，在产品生命周期中均要重视节约资源、降低能耗、减少污染、回收处理问题
产品	传统皮革服装产品	环境标志认证皮革服装产品或真皮标志生态皮革认证产品

如表9-11所示，生态皮革服装生命周期绿色设计与传统设计的根本区别在于，绿色设计要求在创意阶段就要把节省资源、降低能耗、减少污染、回收利用和保护生态环境与保证产品的功能、审美、经济等要求列为同等的设计目标。

（三）生命周期绿色设计的要求

1. 生态性要求

世界各国对皮革服装的生态技术指标的要求和所执行的标准不同，其中以欧盟等国的生态技术标准和相关的指令、法规、标准等最具有代表性和权威性。但是，因为这些标准中对所设限的有害物质限量指标的要求和条件设置等限制因素，发展中国家生态皮革服装产品要满足上述标准要求尚有许多绿色技术壁垒要克服。皮革服装的生态化是国际皮革服装产业发展的大方向，积极创造条件面对这种发展趋势，也是我国皮革服业必须面对的课题。

根据我国皮革产业发展的实际，我国生态皮革服装产品的生态技术指标应符合《真皮标志生态皮革规范》中对游离甲醛、六价铬、五氯苯酚、致癌致敏芳香胺染料所规定的限量标准，同时应满足规范实施细则的要求并取得真皮标志生态皮革标志认证。

为保障消费者的生态和环境安全，我国相继出台了强制性标准 GB 20400—2006《皮革和毛皮有害物质限量》、HJ 507—2009《环境标志产品技术要求 皮革和合成革》等标准，进一步强化了我国对皮革服装的生态性监管。

对于出口生态皮革服装产品，应按合同约定的生态技术标准和出口国家的相关法规和标准要求执行。但是，国际生态技术标准并不是固定不变的，随着经济和科学的发展，检测手段不断完善，生态技术标准要求越来越高，限量的种类和标准也越来越严格，出口企业必须随时掌握这种动态的变化过程。

2. 功能性要求

生态皮革服装功能的本质是满足人们的物质和精神需求，具体体现在生态皮革服装的实用性和审美性上，所以服装的款式结构、材料选择、色彩处理、加工工艺等都应从属于功能性的需要。

生态皮革服装是以人为本的设计，在构成服装整体美的过程中，是服装设计师和消费者共同创造了服装的功能价值和艺术价值。因此，除对服装本身的款式结构、材料、色彩设计要素进行深入、细致的策划外，还需对国际流行趋势、消费者审美理念和实际需求、国际和国内市场需求等影响因素进行综合性研究，并能根据不同产品的要求有所侧重。

3. 经济性要求

生态皮革服装要保持市场竞争优势，成本和价格等经济因素是设计的重要因素之一。在生态皮革服装的产品设计阶段，应建立能准确反映产品生态环境成本和经济效益的财务核算体系。在有了产品生命周期成本核算后，环境影响因素低的设计就会达到降低成本的目标。

4. 政策法规要求

政策、法规方面的要求对生态皮革服装的设计是十分重要的。世界各国有关生态产品的政策、法规、指令等都是具有法律效力的强制性要求，是产品进入市场的准入证。达不到相关法规要求，产品不仅进入不了市场，而且有可能受到罚款、撤销许可证、被起诉等处罚。所以，对生态皮革服装产品市场目标的定位国家或区域的相关法律法规的认真研究十分必要，应由企业内负责管理、生产、环境、健康、安全工作人员、法律顾问等人员组成设计小组，共同辨识相关产品的法律要求，进而寻求最佳的生态设计方案。

（四）设计的内容和范畴

1. 设计流程

生态皮革服装生命周期绿色设计，是一种把产品的生态需求和功能需求相结合的设计模式，只有在对产品进行充分的市场调查研究、环境评估和具有一定技术储备的基础上才能做出科学的产品总体设计方案。

　　总体设计方案确定后，按产品生命周期的关键环节进行详细设计。在设计过程中，除考虑生态皮革服装的基本功能设计要素以外，应着重考虑产品生命周期各环节的生态环境因素要求和产品目标市场的生态技术标准要求，精心设计得到产品的具体设计方案。

　　通过对设计方案的质量、技术、资源、环境、能源、经济性能的绿色评估和差异性分析，确定方案的可行性。若方案不能满足设计要求，则应进行再设计，直至获得满意的设计方案（图 9-65）。

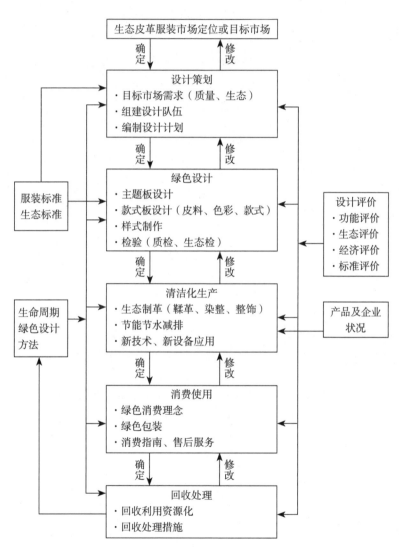

图 9-65　生态皮革服装生命周期绿色设计流程图

　　对生态环境的需求设计，通常是以目标市场的相关法规、标准作为设计依据，并以生态技术标准中有毒有害物质限量值的标准范围来确定产品的设计要求。产品限值确定后，即可对生态皮革服装生命周期中各关键环节进行设计。通过各环节的协调，达到节约资源、降低能耗、减少污染的设计目标。

2.产品关键环节设计

（1）原料和辅料的选择。原料皮经过不同的加工工艺和染色处理得到不同的外观效果和内在品质的皮革服装材料。目前，国际的发展趋势是使皮革材料更具有天然的特质和生态、环保、安全的服用特性。随着现代生态制革技术的发展，各种生态鞣制、染整、整饰技术的应用和废弃物的合理处置，为生态皮革面料的选择提供了更广阔的选择空间。

生态皮革服装的材料选择是产品生命周期绿色设计的起点，它要求从备选材料中选择符合产品市场要求、功能要求、生态环境要求、审美要求、经济要求的材料（表9-12）。

表 9-12　影响生态皮革服装材料选择的影响因素

影响因素	材料特性	选择标准或方向	备注
市场要求	确定产品品牌定位目标或客户要求	满足市场消费需求，获取市场准入资质	不同国家或地区法规、标准不同，市场准入条件不同
功能要求	服用功能及可加工性（撕裂力、负荷伸长率、色牢度、耐折度、水牢度、收缩温度等）	国内：GBT 1872—2004《服装用皮革标准》国际：执行产品出口国标准，或合同约定标准	中国服装皮革种类多，差异大，要求各不相同，国外皮革种类较单一，加工要求高
生态环境要求	对人体和环境有毒有害物质的限量和监控	国内：符合 HJ507—2009、GB20400—2006、GB24004等标准或符合真皮标志生态皮革规范要求国际：符合产品出口国生态技术标准要求	国际生态技术标准是动态标准，受控设限物质种类、范围、标准，每年都进行调整和修订
审美要求	外观、色彩、舒适性、流行性、可搭配性等	手感、色彩、装饰、光洁度、明度等	中国标准有感观、分级要求，国外标准在合同中体现
经济要求	材料成本、环境成本	综合评价影响因素，作为材料选择决策参考	

传统皮革服装材料选择，主要利用经验法、筛选法、试选法等传统方法，侧重点在材料的功能性、审美性、实用性和经济性要求，基本不考虑材料的生态环境属性。生态皮革服装生命周期绿色设计的材料选择，除功能、审美、实用、经济因素外，还必须重点考察：产品目标市场的政策法规和生态技术标准要求；服装原辅料生产过程的生态环境；原辅料的生态技术指标；材料使用后废弃物处理等相关影响因素。

（2）款式结构设计。生态皮革服装款式结构设计，是对生态皮革服装材料的特性、造型形式进行系统加工的目的性创造。绿色设计最根本的目标是提高资源的利用率和对生态环境的影响最小化，而服装的款式结构设计是实现节约资源目的的重要措施。

与一般的皮革服装设计一样，生态皮革服装款式构成与实用性和审美性密切相关，在设计中更加注重人体健康和生态安全性。这样使生态皮革服装的实用功能进一步深化，精神和物质的需求更加融合，协调地表现出生态皮革服装具有的形式美，简约、明快、自然的高雅格调和生态美特征。

减量化（Reducing）结构设计，是一种减少资源消耗和废弃物产生、完善回收利用的绿色设计方法，是生态皮革服装绿色设计充分利用资源、减少污染的途径之一。例如在设计上，采取简洁结构、选用轻质原辅料、避免过多装饰等设计手段。

减量化结构设计与自然主义、极简主义、环保主义设计风格有高度的契合性，在设计理念上追求"回归自然"的舒适和自由，款式结构方面注重服装的功能性。减量化结构设计倡导简约和单纯，以减法为设计手段，舍弃繁琐的装饰，用最节省的材料、最简洁的造型、最精练的细节处理，来表达设计师对生态皮革服装的设计理念。

国际著名服装设计师，如吉尔·桑德、詹尼·范思哲、卡尔文·克莱恩、唐娜·凯伦等人在皮革服装设计作品中对减量化设计方法的演绎，充分表达了服装结构的本质特

图 9-66　吉尔·桑德 2014 年秋冬设计作品

征。例如图 9-66 所示，吉尔·桑德 2014 年秋冬设计的皮革服装，其中的男装夹克造型极为简洁、明快，充分体现了服装廓型与人体的协调关系，尤其强调肩线、胸线和腰线的表达，弱化了无关紧要的细节处理，利用皮革材料柔软、光洁、滑润、挺括的特点和色彩的大胆运用，使服装整体上呈现简约、优雅、活泼的设计意境，其设计思想体现了现代生态皮革服装结构设计的发展潮流。吉尔·桑德的皮革女装上衣设计，廓型简洁、大方，舍弃了细节装饰，宽肩和领部设计体现了女性典雅、庄重的气质。男式皮革风衣和西服套装设计是吉尔·桑德极简主义风格皮革服装的代表作，该款服装用料极其讲究，黑色的弹力绵羊皮制作的男式风衣造型简约大气。设计师刻意营造的宽松结构体现了男性的阳刚之气和时尚感。皮革西服套装设计用料精良、线条严谨、追求服装的整体感，表达出硬朗和潇洒的美感。

（3）非物质化设计。随着生态经济的快速发展，消费者逐渐成为推动服装流行和再创造的主体力量。在这种形势下，生态皮革服装设计必须满足消费者的生理和心理需求，而这种需求既有物质的，如材料质地、色彩搭配、结构尺寸、加工品质等，也有非物质化设计内涵，如服装品牌的营造、产品设计创意、功能和结构设计、消费使用和搭配性设计等非物质化设计因素。在生态皮革服装绿色设计的全产业链过程中，非物质化设计所占的比重将越来越高。

在生态皮革服装设计中，通过精心构思和非物质化创意，使服装的设计技巧和审美意识得到升华。意大利著名时装品牌玛尼（Marin）设计的极简风格女士立领绵羊皮衣，为我们提供了一个很好的范例。如图 9-67 所示，该款服装对服装线条的运用达到了极为流畅和精致的水准，整体结构完美而纯净，把皮革材料光泽度高、柔韧性大、弹性好、延伸性强的材料特征与 H 型的结构造型设计达到了完美的统一。设计师舍弃了装饰细节，注重人体与廓型的关系，以肩部造型和别致的立领设计突出设计的重点。服装没有刻意追求女性曲

图 9-67　玛尼设计作品

线的身体结构，而带有现代人追求个性和自由的中性化趋势。服装保持了品牌的简约风格，将物质化因素设计和非物质化因素设计实现了完美的结合。

（4）再利用的结构设计。再利用结构设计的设计理念是扩展生态皮革服装绿色设计的内涵，达到合理利用资源、增加服装使用寿命和提高消费者主动参与性的设计。

再利用的结构设计可以从三个方面来考虑：一是生态皮革服装的整体再利用，使设计的产品有利于维护和保养，可以进行服装功能的转换和重复再利用，具有良好的服饰可搭配性和多种穿搭方式。二是局部再利用，在产品设计过程中，应尽量减少结构的复杂性，增大服饰组合的通用性和互换性，并使回收处理过程具有良好的可行性。三是局部优化设计扩展使用功能，通过对生态皮革服装局部的部件进行优化设计而实现新的构成，如对服装的衣领、口袋、袖口等部件的形状、色彩或材料的改变，为消费者的服装搭配提供更大的自由空间。

3. 生态皮革服装的色彩设计

在生态皮革服装的色彩设计中，色感是通过生态皮革面料的质感来体现的。同时，它与生命周期中各环节的生态环境密切相关，包括生态皮革服装材料的选择、产成品加工工序等都和服装的色彩生态技术指标有关。例如，生态皮革服装面料所用的染料品种、有毒有害物质含量、重金属含量、生产过程的节能减排状况等，都与生态皮革服装的色彩构成有着极为密切的相关性。

生态皮革服装色彩设计是通过与款式的结构、面料的色差和肌理的综合考虑，运用配色美学原理来考虑皮革服装色彩组合的面积、位置、秩序总体协调效果，设计出与人和生态环境相匹配的服装色彩，以表达出人们对审美及和谐生态环境的追求，这是生态皮革服装色彩设计的重要文化内涵。生态皮革服装色彩设计的方法是多种多样的，常用的方法有以下三种。

（1）运用服装面料材质进行设计。在生态皮革服装色彩设计中，最为直接的构成因素是面料材质本身。第一步是根据皮革服装面料，用直观的材质样本的色彩、色差、肌理、质地等因素探寻色彩创作的灵感。第二步，将面料色彩以服装效果图的形式制作成服装彩色效果图和款式结构图。设计师把彩色效果和结构结合表现出来，借此准确表达出色彩和款式结构相统一的服装主题。第三步，根据彩色效果图和结构图比较分析，确定色彩设计方案。

范思哲品牌在 2014 年春夏"全皮潮"发布会上，发布了两款极简主义风格色彩的全皮服装。夏装为圆领无袖直身短裙，选用黑底金花薄软绵羊皮料，服装格调简洁，注重体块感的整体表达，以直线和几何曲线为主，弱化了细节表现。色彩设计上，极具极简主义风格代表性的黑色呈现出服装的典雅、庄重和时尚感，耀眼的装饰纹样构成了现代前卫风格，这也是服装设计大师范思哲设计作品的经典特征之一。

范思哲设计的极简风格女士风衣，在色彩设计上追求表达快乐、健康、自由的中性色。服装采用高纯度棕黄色皮革面料，使服装富有极强的视觉冲击力和穿透力，中性化的造型使服装产生另类的美感，呈现别样的优雅特质。随着动感理念在极简风格女装中的渗透，中性的色彩更显得明亮和生动（图9-68）。

图9-69是法国服装设计师赛琳·薇琵娜（Celine Vipiana）设计的皮革服装作品。在这一款女士大衣设计上，选用玫瑰红色机压花纹轻薄绵羊皮革服装面料，款式结构采用极简主义风格经典的流畅线条，大块面料的巧妙利用减少了拼接和接缝，以领部造型和前襟设计为重点。舒适合体的造型，同色同质单纽扣细节处理和拼色裤装的搭配，进一步强调了服装的现代时尚感与极简主义风格的融合。

图 9-68　范思哲彩革设计作品

图 9-69　赛琳·薇琵娜
设计作品

（2）运用面料色彩重构进行服装色彩设计。运用现代科技手段，在吸收天然皮革优点基础上，通过新工艺处理，制成印花革、发泡革、水鞣革、揉纹革、喷涂革等色彩丰富、新颖别致、手感舒适的服装革。这些新型制革材料极大地丰富了皮革服装的色彩表现力。

近年来，采用皮革面料再造技术，通过对皮革服装面料的重组、轧褶、编结、拼接、镶嵌、机绣、喷画、手绘等艺术手段，使皮革服装的色彩更富个性化的艺术魅力。

图9-70为范思哲2012年设计的一组秋冬皮革女装作品。在这组作品中。设计师采用了轻薄的皮革面料，结构简洁而单纯，每一件服装的色彩都有鲜明的独特性。黑色抹胸裙的金属光泽和装饰纹饰的处理，表现出女性的潇洒和帅气；浅褐色连衣裙装，使人联想到大自然的浑厚和稳重，展现出传统和现代相融合的审美情趣；银灰色的女式套装，色彩象征着优雅和清纯，精细的领部褶皱和裙身纽扣的细节处理更加强调出色彩的高雅风格；橙色抹胸裙的色彩设计，采用了高纯度橙色的轻质皮革面料，色彩明亮、华美而热烈，配以紫色毛披肩和谐又富于变化。这些绚丽的色彩设计极大地丰富了服装的艺术表现力。

图 9-70　范思哲设计作品

（3）运用自然色彩元素重构进行服装色彩设计。许多生态皮革服装的色彩设计灵感来自于大自然，大自然中蕴藏着丰富的色彩，是生态皮革服装色彩设计取之不尽的灵感源泉。

自然界色彩是指自然环境本身所具有的一切色彩，如天空、土地、海洋、动物、植物等色彩。以大自然色彩作为生态皮革服装色彩设计的灵感，经过提炼、加工、创新，运用联想和重构手段，把客观的色彩转化到主观的色彩设计中，从而营造出生态皮革服装独特的服饰魅力和风格特征。

生态皮革服装生命周期绿色设计是实施皮革服装产品生态化的重要技术措施。皮革产业是资源消耗和环境污染比较大的行业，产业对节能环保新技术的应用相对滞后，已经成为制约我国皮革产业的主导因素。突破绿色壁垒束缚，满足日益增长的消费需求是皮革产业保持可持续增长的重要途径，而皮革服装产业要实现技术创新，发展绿色设计技术是一项重要的工作。

第六节　生态经济下服装风格的流行趋势研究

服饰是一种社会文化形态，它不仅是政治、经济、文化、科技和审美理念的载体，同时受到当代社会政治经济、文化艺术、科学技术的影响和制约，在不同的历史发展阶段呈现出不同的精神风貌和鲜明的时代特征。

服装风格是通过服装设计要素，包括款式、结构、材料、色彩、装饰、配饰等形成的协调一致的外观效果，能在瞬间传达出服装的总体特征，具有独特的表现形式，从而在本质上反映出社会经济、民族文化和时代精神的文化内涵及价值取向。

服装风格作为一种社会文化现象，必将受到现代绿色生态的新观念、新思潮的影响和冲击，使服装的传统意识和原有的社会功能将随着时代的发展而不断增加新的文化内涵。因此，服装设计理念的创新和绿色消费理念、生态生活方式的变化，也必将被融入服装风格的变革中去。

现代生态经济的快速发展和绿色生活方式，给服装的生态化发展提供了机遇和挑战。从传统服装设计的形式美法则和绿色设计的自然生态美相融合的创新关系来分析，正是这种创新的驱动才使服装风格的多样化发展有了更广阔的发展空间。它不仅满足了消费者对绿色生态服装产品的消费需求，同时提升了纺织服装业创新的活力和生态环保的社会责任感。

生态经济时代，服装绿色设计创意思维的核心是更关注消费者对服装产品的生态、环保、健康、安全的心理感受和对生态环境的协调，使服装的物质性和精神性更加融合。这种协调和融合就是强调服装风格设计的现代感，这也是服装风格设计的依据和出发点。现在人们对服装风格、款式、质地的追求不再是单纯的华丽外观效果，而是更加倾向于服装的健康、安全、美观和自然，以及与生态经济社会生活大环境的适应和协调，这样才能充分展现出服装的高雅风格和艺术美感。生态环保、简约单纯、舒适自然、功能灵动是目前服装设计风格发展的主流。

一、影响服装风格形成的因素

（一）社会和经济因素

自第一次工业革命以来，由于社会和经济的高速发展，人类对资源无节制的大规模开发和利用，创造了当代的工业化文明。然而，世界也由于这种发展模式而显现出资源耗尽、气候恶化、环境污染、健康威胁等一系列全球性生态环境问题。

纺织服装业是关系到人类生存状态的重要民生产业，产品直接为人类穿用，服装的生态性对生态环境和人类的身体健康必将产生重要的影响。

工业化社会现代纺织科学技术的发展，为纺织服装产业提供了大量品种繁多的天然纤维和化学纤维，同时也消耗了大量的土地资源和石油、煤炭等不可再生资源，在纺织服装生产过程中需要使用大量的农药、化肥和各种化学溶剂、助剂、印染剂、整理剂等化学品。据统计，全世界生产的化学品25%用于纺织服装业，从纺织服装的原材料获取、生产加工、消费使用、废弃物回收等全产业链过程，都会产生出大量严重威胁生态环境和人体健康的废水、废气、废弃物的排放，不仅对生态环境造成污染，而且在服装产品上也有多种有毒有害物质残留。因此，人类对纺织服装产业的生态环境和产品的生态安全性越来越重视。

自20世纪80年代以来，在全世界掀起了一场声势浩大、影响深远的绿色生态革命，它对世界社会经济的发展和人类的生产模式、生活方式、消费理念都产生了巨大的冲击作用，构建生态经济社会、建立可持续发展模式成为世界的共识。

1987年，联合国发布了"我们共同未来发展报告"，正式向全世界提出了实施绿色工程的任务，而绿色纺织服装产业和绿色纺织服装产品是绿色工程的重要组成部分，对纺织服装产品的生态意识达成共识，并得到世界各国政府和广大消费者的高度重视。

社会和经济的发展影响并决定着服装设计风格的形成和发展趋势。现代服装设计主要依据现代生态经济社会的生产力发展水平、现代科学技术、文化发展状态和人类对审美理念的追求。服装风格的流行趋势也必将成为生态经济社会的一种必然反映，其设计的理念与生态经济社会的生活理念高度契合，要求突破固有的奢华繁复风格束缚，强调以人为本的设计理念，关注服装功能性、生态性、审美性的结合，力争以简约明快和生态环保的表现形式来满足人们对绿色生活方式的本能需求，赋予服装更多的文化品位和时代气息，成为现代服装风格重要的表达形式。

（二）生活理念和消费的需求

随着社会的进步和生态经济的发展，使人类的生产生活方式和着装理念也将随之产生根本的变化，人们对服装的心理和个性化需求，使消费者更加关注服装所传达的生态安全环保意识和绿色消费的精神内涵。

20世纪80年代在全世界掀起的绿色浪潮，不仅是纺织服装产业结构的重要变革，同时也是绿色生活理念和绿色消费的革命。服装的风格选择也日益成为人们对生态环保的生活态度、爱好追求和消费方式的重要特征。

现代工业的高速发展，人们承受着资源、环境、社会的沉重压力和生活节奏加快的影响，更加渴望回归自然的本真。现代人着装的理念不再局限对服装的功能性需求，更多的是通过服装来表达自己生态美的理念、对绿色时尚的追求和个性价值的释放。在这方面，服装风格的流行趋势扮演着先导性和引导性的重要作用。

在生态经济社会，重视生态、安全、环保的愿望是现代消费者所具有的共同特点。通过对绿色生活方式的追求，人们对服装风格的选择与生活方式就更为密切，可以说生活决定了服装风格的价值取向。

在服装风格流行的过程中，绿色生态纺织科学技术的进步是服装风格获得发展空间和保持旺盛生命力的重要基础，而市场则为风格的流行提供了更广阔的空间。自20世纪80年代以来，世界各国为发展本国的生态纺织服装产业，特别是西方一些经济发达国家利用其科技优势制定了一系列严格的生态纺织品标准和市场准入制度。这些生态纺织品标准和法规一方面对发展中国家纺织服装业形成绿色壁垒，但在另一方面对推动生态纺织产业发展却有积极的促进作用。规范化的生态纺织品市场，为服装产品提供了符合生态标准的纺织品材料、绿色设计技术、清洁化的生产技术，这一切为生态经济下服装风格的形成和流行提供了技术支撑和坚实的物质基础。

服装风格的形成、流行、发展与市场有着良性互动的关联性，市场具有引领时尚、引导消费的功能，而服装风格所代表的社会文化理念是服装设计的灵魂，也是市场开拓的前沿，是把握消费者内心需求和拓展消费市场的基石，只有做到服装风格和市场的辩证统一，才能赢得市场先机。

二、生态时代服装的风格和流行

绿色服装设计追求的境界是风格的定位和设计，生态服装风格应充分反映出生态经济的时代特色和设计师独特的创意思维及艺术追求，并借助现代生态纺织高科技的手段来诠释现代服装的功能性、生态性、安全性和审美性。只有对服装的功能和生态实现完美的结合，才能创作出符合时代要求的作品。目前，对生态经济时代影响较大的服装设计风格有以下三种。

（一）休闲风格的盛行

"回归自然"一直是现代服装风格流行的主题之一。工业污染对生态环境的破坏、城市的拥堵和嘈杂、高速快节奏的工作和生活、激烈的竞争压力等，使人们更渴望获得精神的舒缓和自由，追求生态、安全、平静的绿色生活方式，回归自然的心理需求和对自然物态的重新塑造成为休闲风格服装盛行的主要原因。休闲风格服装对天然生态的材料选择、舒适自然的款式结构、朴实无华的色彩格调，正是这种设计理念的最好表达。

休闲（Casual）的概念在服装领域具有广义的内涵，休闲服装（Casual Wear）泛指除严谨和庄重及特殊功能服装以外的所有服装，包括生活休闲装、时尚休闲装、运动休闲装、职业休闲装等多种类型，涵盖不同年龄、性别、民族、职业的消费群体，是目前世界服装最为流行的时尚风格。

休闲风格服装的主要特征是强调人与自然的高度协调，追求轻松、自然、舒适的设计理念，能充分表达出着装者悠闲自在的心理感受，具有一种悠然、宁静的美。这种风格服装具有较强的活动机能，同时融入现代时尚气息，对现代人的日常生活、职场工作、休闲旅游、体育活动均有较大的适应性，迎合了现代人的需求。

休闲风格服装设计的特点是摒弃奢侈、华丽的艺术传统和繁琐、华贵的装饰雕琢，而以简约、明快、清新为主要服饰特征，在情趣上呈现一种单纯、质朴而又自然、亲切的美感。

在材料选择上，棉、麻、毛、丝等天然材料是常用的休闲风格服装材料。随着现代生态纺织科学技术的发展，大量新型生态环保纺织材料也得到了广泛应用。例如，新型天然纤维材料、新型合成纤维材料、新型蛋白质纤维材料、新型再生纤维材料等，使休闲风格服装有了更多的选择性。

休闲服装的色彩设计，设计师经常从大自然中汲取设计灵感，蓝天、大海、树木、花草等自然色和中性的类似自然色调为主，使服装色彩展现出更为和谐、纯净和朴素的形象。

世界著名服装大师，如皮尔·卡丹、乔治·阿玛尼、詹尼·范思哲、三宅一生等都善于从大自然中汲取服装造型要素精华进行灵动组合设计来满足人们追求舒适、休闲的心境，并创建了对世界服装风格有重大影响的休闲服装品牌。

目前，休闲和时尚相融合，各类生活装、职业装、运动装、时装等，更多地向着休闲化方向发展，成为现代服装风格的重要特征（图9-71~图9-73）。

图9-71 皮尔·卡丹作品

图 9-72 乔治·阿玛尼设计作品　　　　图 9-73 詹尼·范思哲设计作品

（二）极简风格时尚

受世界生态经济的影响，20世纪末期是极简主义风格在服装界发展的鼎盛时期，极简主义风格服装以"少就是多"和"否定、减少、净化"的设计理念，重视服装的功能性，以减量化为设计手段，剔除繁复的细节处理和装饰，用更加卓越的功能、经济的成本、先进的技术、简洁的造型和纯粹的形式及精练的设计语汇来表达出服装的风格特征和人们绿色生活理念的现代意识，使得极简风格服装成为现代服装设计的主流，并成为一种国际流行的服装风格。

服装的生态环保性设计与极简风格服装的设计有着极为密切的交集和融合，首先表现在与服装本真理念的契合性。服装的生态环保性设计强调服装的生态安全、环保意识，重视服装的功能性和机能性，强调人与自然、环境的和谐。在生态经济社会高速发展的现实中，人们都渴望回归本真的绿色生活方式，未来的发展趋势是服装的消费者将从服装的被动消费转向主动的选择，生态环保意识和绿色生活理念将带动消费者对服装提出更高的追求，受到生态经济的影响，服装的生态安全性和极简风格服装设计理念的交汇和融合，将为极简风格服装的流行提供更广阔的市场基础。

实质上，极简风格服装并不是单纯的简单、简化，相反在简约的造型设计中蕴含着精心的构思和精巧的结构，体现了服装艺术更高层次的创作境界，极简风格服装重视人体与廓型的协调关系，更注重对服装整体的把握和对细节的精确设计，使服装的整体特征呈现出简约大方、自然亲切、清新朴素的自然生态美感。

在款式设计上，以服装的基本款式为主进行款式变化，因此在细节设计上要求高度的明确和集中，所以对服装的整体性设计提出了更高的要求。

在材料选择上，服装的极简风格提升了对服装材料的要求，设计师更侧重利用面料的机理和结构来表达服装的本质特征，除常用的质感较强的天然面料外，现代的各种生态纺织面料也得到广泛应用。

生态纺织服装绿色设计

极简风格服装的色彩倾向于朴素、柔和、自然，偏中性的黑、白、灰是主打色调，此外来源于自然色的明度较低的蓝色、米色、咖啡色、红色、绿色、黄色等常作为辅助色出现。

极简风格服装更加注重细节的精致设计，色彩更为丰富，特别对各种生态高科技材料的应用，使之成为现代服装风格设计的基本法则之一，也是未来世界服饰文化时尚流行重要的表现形式。

在极简风格服装流行过程中，欧洲和美国服装设计师起到了重要推动作用并形成了许多在服装界产生重要影响的极简风格品牌。例如，德国设计师吉尔·桑德、意大利设计师乔治·阿玛尼、美国设计师唐娜·凯伦、卡尔文·克莱恩等对国际极简风格服装的流行和推动都产生了重大影响（图 9-74、图 9-75）。

图 9-74　吉尔·桑德作品

图 9-75　卡尔文·克莱恩极简风格服装设计作品

（三）解构主义风格的拓展

服装业界解构主义风格兴起于20世纪90年代，现已发展成为有重要影响力和市场竞争力的服装风格。

服装设计领域，解构主义（Deconstruction）服装设计风格对传统设计观念和结构持否定的态度，以全新的设计思维对已经固定的形式和内容进行重新的构建和再创造，从而创造出一种新的服装架构和表达形式。

著名服装学者凯洛林·里诺兹·米尔布克对解构主义做了全面的解释，"解构主义时装，最显著的特点是在身体与服装之间保留空间。这类服装应用了多样化的方法，配合多样化创意，顺着身体的曲线设计，但并不是穿着者的第二层皮肤，大部分面料是依附于穿着者身上的"。

"简单的结构，复杂的空间"是解构主义风格服装设计的核心内涵。日本著名的解构主义服装设计师三宅一生对解构主义服装设计做出了这样的解释，"掰开、揉碎、再组合，在形成惊人奇特结构的同时，又具有寻常宽泛、雍容的内涵"。这说明，解构主义风格服装放弃了对传统审美理念和结构单一化的追求，拒绝传统公认的轮廓和曲线的服装造型原理，通过改变服装结构中各部分的关联性、独立性，形成无序的结构状态。

解构主义风格服装的款式结构设计，主要通过对服装结构的重组和新的创意再造来塑造形体，在分解和重组的过程中，把原有服装裁剪结构进行分解，对款式、材料、色彩进行改造，融入新的设计元素形成新的组合，通过服装的分割线、省道、拼接、伸展、折叠、再造等手法构建全新的服装款式和造型，表现出随意性、非常规性的特点。

服装色彩是解构主义风格服装设计的重要环节，其构成因素是多方面的，受其生态经济社会环境的影响，人们更向往大自然纯净、古朴的原始美。解构主义风格服装色彩总的趋向是采用与自然界更为接近的自然色调，大地的黑、森林的绿、海洋的蓝、天空的白、沙滩的黄等为设计师所崇尚。在配色设计上充分体现了解构和重构的设计理念和技巧，对色彩丰富、造型复杂的素材采用提取、分解、切割的配色手段，对服装色彩的色调、形状、面积进行重构和再创造，对简单的素材一般采用注入新的色彩元素来重构，使服装整体色彩更鲜明、结构更协调。解构主义风格服装色彩重构和解构设计主要通过服装面料的色彩、质地、肌理的搭配设计或服装加工工艺中的镶嵌、拼接、滚边、绣花等来实现。

现代生态经济社会，环境和消费需求不断推动解构主义风格服装的发展，材料是解构主义风格服装重要的设计要素和实现设计理念的载体，现代各种天然和合成生态纺织材料，极大地丰富了解构主义风格服装的设计灵感和创作空间，"面料再造"、"面料作旧"、"旧衣改制"、"服装搭配设计"、"DIY设计"等一系列解构主义设计理念的拓展和延伸，不仅节约资源、生态环保，同时使极具环保意识的解构主义风格服装成为生态经济时代的一种时尚。

解构主义服装在造型上打破传统设计模式，演绎风格鲜明、新颖奇特、丰富多样的服装形象，正契合了现代人追求自然、舒适、生态的生活理念和现代人求新求变、追求自我人生价值和突出个性的特点，生态经济社会的发展和绿色消费的个性化需求成为解构主义风格流行的主要动因。

川久保玲、马丁·马吉拉（Martin Margiela）等服装设计师倡导的解构主义理念和设计技巧，将服装与人体合而为一，为解构主义风格服装注入了新的活力（图9-76、图9-77）。

图 9-76　川久保玲设计作品

图 9-77　马丁·马吉拉解构主义
服装设计作品

　　现代纺织服装业正向着生态化方向发展，服装风格作为社会文化的外在体现，也必然会鲜明地呈现出生态社会的时代特征。无论是自然休闲、极简风格、解构主义风格都从不同角度拓展了绿色服装设计的方向，指引人们把生态环保的理念与服装艺术风格和审美功能创新结合，并把这种设计理念贯彻到服装设计风格中去，使服装风格更加生态环保和绚丽多彩。

第七节　极简主义风格在生态纺织服装设计中的应用

　　20 世纪 80 年代，随着全球产业结构调整和人类追求健康、自然、和谐的生活理念的兴起，在全世界掀起了以节约资源、降低能耗、保护环境、减少污染为目标的“生态经济”和“绿色消费”的浪潮，人们开始更加深刻地去反思整个工业化历程，寻求在更深层次上去探究人类的生存环境与社会经济和谐发展的新途径。同时，随着社会和经济的高速发展，高速的生活节奏和较大的生存压力使人们更加渴望追求一种简约单纯、轻松自然的生活状态和绿色环保的生态环境，极简主义风格的生态纺织服装以其独特的生态环保优势和本真、简约、舒适、自然的风格特色，顺应了当下人们追求绿色生活方式的潮流。

　　生态纺织服装产业兴起的“生态学”现象和“极简主义”风格，反映了生态纺织服装产品新的消费时尚，它要求生态纺织服装产品具有资源消耗低、能源损耗少、对环境污染和人体健康负面影响小等生态环保性能，来满足人们对服装简约自然的个性化需求，从而在产品—消费者—社会—环境之间建立起生态和自然和谐发展的机制。

225

一、极简主义生态纺织服装的风格特征

生态纺织服装极简主义风格追求"否定、减少、净化"的设计理念，舍去奢华和繁琐，遵从简约和单纯，用最精练的设计语言去展现服饰文化的本真，将艺术设计提高到一个极为理性和宁静的境界。这种设计风格在生态纺织服装设计领域产生了巨大的影响，自20世纪90年代已演变成纺织服装设计的一种风尚，尤其在美国和欧洲所形成的极简主义浪潮，使极简主义风格生态纺织服装成为世界服装界流行最为广泛、影响最为深远的设计风格和流派之一。

极简主义风格生态纺织服装设计，不仅是一种对设计风格的设计，其本质是追求服装的社会属性和自然属性的回归，包括服装优良的内在品质和服装综合的生态环境属性，主要的风格特征表现在以下四个方面。

（一）强调功能设计的主体特征

极简主义风格生态纺织服装设计是源于满足消费者本源的物质生活和精神文明需求而设计的服装产品，设计上更加强调人的整体着装状态，把服装的功能性、生态性、审美性作为设计的中心环节，通过简约的款式结构、生态环保的材料、清新而单纯的色彩组合，利用精致的缝制工艺和生态纺织材料的生态环保特性，设计出具有功能完善、简洁舒适、安全环保的生态纺织服装产品。

（二）倡导简洁、单纯的几何造型

极简主义风格的生态纺织服装设计是以减量化的设计手段，弃繁从简，以获得服装本质元素的充分表达，用最纯粹的精巧结构呈现服装构成要素的精华，用高度概括的简约表达无限创意，达到实现"少即多"的设计创意理念，其中包括服装的款式结构、材料、色彩等物质化要素的设计处理和非物质化设计内涵，从而赋予服装简约、实用、高雅的时代气息。

（三）重视服装的整体性和细节优化设计

简约风格的生态纺织服装设计追求服装设计的整体性，遵从简单中见丰富，纯粹中见典雅，删除过多繁复细节，保留精华细节设计，以精练的设计语汇表达出服装整体性设计概念。当把服装的细节设计与服装整体的连接都优化至精华，产品的设计技巧和审美性才会得到升华。

（四）生态环保时尚与极简主义风格的融合拓展

在生态纺织服装设计领域，极简主义风格不仅是一种艺术流派，更是一种社会理念和生活方式的表达，而世界生态经济的高速发展和绿色生态理念及消费模式的驱动，对极简主义风格生态纺织服装的流行和发展产生了重要的推动作用。

在以节约资源、低能耗、低污染、倡导生态环保的现代生态纺织服装产业发展中，生态纺织服装极简主义风格的产生和拓展正是以现代生态经济为背景，强调简约单纯、反对繁复浪费的极简主义理念，迎合了生态经济社会的发展和消费者绿色环保的消费需求，所以才能使极简主义风格生态纺织服装有更广阔的发展空间。

世界许多著名服装设计大师为极简主义风格生态纺织服装的发展和传播作出了重大贡献，他们的创作思想和设计理念引起广泛关注，其作品成为极简主义风格生态纺织服装设计的典范，对极简主义风格纺织服装的流行产生了重要影响。

二、极简主义风格在生态纺织服装设计中的应用

极简主义风格生态纺织服装设计强调的是生态性前提下的功能性发挥，追求的是绿色生态和功能的结合，强调结构和形式的统一，以符合生态标准的服装材料选择、简约科学的款式结构设计、清新含蓄的色彩配置为设计要素开展设计工作。

（一）设计风格的发展趋势

生态纺织服装以其生态环保的属性和轻软舒适的可穿性被人们列为现代流行的服饰产品而深受消费者的喜爱。现代生态纺织技术的发展和各种新型纺织材料的应用为极简风格的生态纺织服装设计向着时装化、个性化、多样化方向发展提供了坚实的物质基础。

1. 时装化

极简主义风格生态纺织服装自在服装界兴起就一直在引领时尚潮流，作为极简风格生态纺织服装的设计手法不仅追求服装"简而美"和"简单而不失高贵"的设计理念，而且在简约的结构中融入诸多精致的细节处理，加之丰富多彩的生态面料的运用和精准的裁剪加工，使生态纺织服装在整体简约设计中透出时尚气息。这种特征决定了其设计服装的精品化和高档化的时装方向。

2. 个性化

在重视绿色生活方式的时代潮流中，人的个性表达和对不同生活方式及生活品位的追求，使消费者对生态纺织服装风格的选择愈来愈个性化，服装的设计也不再局限于服装本身，而是介入到消费者心理需求和生活态度的全面设计。

极简风格的生态纺织服装与现代生态环保生活理念的高度协调性，更能满足消费者的个性化需求。

3. 多样化

服装消费者是一个庞大而复杂的消费群体，不同的消费者对服装的功能性需求和审美价值的判断不同，生态纺织服装设计的任务是引领和满足消费者对服装的多元化需求。

极简风格生态纺织服装，极简的款式、单纯的色彩、精致的细节处理，为消费者多元化的需求提供了可能，使服装呈现多样化的发展趋势，时装、礼服、生活装、休闲装等众多品种百花齐放，不同性别、职业、年龄结构的消费者都可在极简风格的生态纺织服装中找到满足自我需求的服装。

（二）生态纺织服装材料的选择

材料是构成极简主义风格生态纺织服装设计最重要的设计要素和物质基础，材料的选择直接影响产品的实用功能和生态性，并最终影响到生态纺织服装整体的极简风格设计效果。

1. 生态纺织服装材料的质量和生态标准

自 20 世纪 90 年代，世界经济发达国家相继实施了纺织服装产品生态认证制度以来，我国也加速了纺织服装产业的生态化研究。我国在借鉴国际先进标准和检测方法的基础上结合纺织服装产业发展的实际，相继颁布了相关的规范和标准。这些规范和标准主要有以下四种。

（1）GB/T 22282—2008《纺织纤维中有毒有害物质限量》。

（2）GB/T 18885—2009《生态纺织品技术要求》。

（3）GB 18401—2010《国家纺织品基本安全技术规范》。

（4）HJ/T 307—2006《环境标志产品技术要求》。

上述标准，初步形成了我国的生态纺织品的标准体系，标准规定了生态纺织品的技术要求、试验方法和规则、判定原则、包装、标志使用说明等范围。

这些规范和标准，除 GB 18401—2010 为强制标准外，其他均为推荐性标准，出口产品应按合同约定执行。

按《国家纺织品基本安全规范》和《纺织纤维中有毒有害物质限量》要求，选择生态纺织服装材料需满足以下要求：

第一，纺织纤维材料中含的有毒有害物质限量，应符合 GB/T 22282 标准要求；

第二，材料及产品中的 pH 值、甲醛含量、染色牢度、异味、致癌致敏芳香胺染料等有毒有害物质限量必须符合 GB 18401 标准要求；

第三，材料在符合生态要求的同时应符合服装纺织品面料的相关标准。

2. 原料和辅料的选择

极简主义风格生态纺织服装对面料材料的选择提出了更高的要求，不但要求服装面料的种类、外在感官特征、物理化学性能、审美特征、生态环境因素等要符合相关质量标准和生态标准，而且要求在外在感观特性和审美特征上要能体现出极简风格纺织服装的品质。因此，极简风格纺织服装设计非常侧重面料的颜色、粒面细致性、手感、光泽和平整结构等材料物理特性，同时也关注材料的生态特性。

（1）功能性要求：包括材料的结构特征（厚度、挺括性、悬垂性等）、服用性（纹理、色彩、光泽度、透气性、防水性、保温性等）、可加工性（密度、伸缩性、脱滑性等）、流行性（面料、辅料的流行趋势等）。这些性能分析是服装的穿着和加工制作的基础。

（2）生态性要求：主要包括材料的生态环保性、安全性和材料生产环境因素等。无论是选择天然纤维材料或合成纤维材料，都有可能在材料上残留带有危害人体健康的有害物质。为保证材料的生态性和安全性，材料的生态性能必须符合产品目标市场国家的相关生态纺织品技术标准。

极简主义风格生态纺织服装常用面料以优雅、轻软、透气、悬垂感强、色彩丰富、自然环保的天然纤维为主。近年来，随着纺织科学技术的发展，新原料、新技术、新设备、新产品层出不穷，出现了许多生态纺织服装中广为使用的新材料，如新型天然纤维、新型合成纤维、新型再生纤维等新型纺织服装材料。这些新技术、新材料的开发，为生态纺织服装生态材料的选择提供了更广阔的选择空间。

随着纺织技术和面料再造技术的发展，服装面料的再造技术和艺术创意手段，从比

较狭窄的编结、织绣、滚边
等传统工艺手法，拓展到镶
饰、环结、覆盖、重叠、缠
绕、包裹、粘贴、绗缝、折
叠、堆积、钻孔、压花、饰
边、拼接、镂空等多种处理
方法和工艺，形成多种丰富
的装饰效果，进一步扩大了
极简主义风格面料的选择空
间。在生态纺织服装设计中，
各种不同种类、色彩、肌理
的纺织面料的组合搭配及各
种纤维面料的组合，都使极
简主义风格纺织服装创意设
计中的材料选择更加丰富多
彩（图9-78）。

天然纤维设计　　　新型合成纤维设计　　　面料再造设计

图9-78　生态纺织服装材料的应用

（三）款式结构设计

极简主义风格生态纺织服装款式结构设计的核心，是遵循实用、简练、朴素、灵动的造型原则。在廓型设计中，重点关注人体与廓型的协调性，用单纯、协调、减量、纯粹的形式，摒弃繁复华丽的廓型，造型设计更趋向于个性化、简单化、时装化，强调肩线的表达和分割线的多种变化，总体上呈现出自然、简约的状态。虽然极简主义服装的廓型简洁、单纯，但却蕴含着精巧、深邃的现代时尚内涵。

在款式结构设计中，要求具有与生态社会大环境相适应的融合性，通过对款式结构的高度提纯，能协调地表达出穿着者高雅的风格与美感。

1. 简约的结构设计

简约的结构设计，是根据生态服装材料特性和造型形式，利用服装设计技术，设计出简约、单纯、合理的服装款式结构，使服装在满足实用功能、生态功能和审美功能的要求下，尽量用最节俭的原辅料使用数量、最经济的资源和能源消耗、最少的废弃物产生和环保的产品回收利用等措施，来表达简约的设计理念。

在生态服装款式设计中，以服装的基本款为主，在西装、夹克、休闲服、礼服、工作服、大衣、外套、裤、裙等基础上进行构思和创意设计。在设计中，廓型是服装造型的根本，但构成服装廓型的却是服装内部细节。通常，生态纺织服装的外形是由肩线、胸围线、腰线、下摆线等分割线来控制，通过这些造型要素的长短、大小、松紧和位置的变化，便可以演化出多种风格的造型组合。

美国著名服装设计师唐纳·凯伦，2014年在法国发布的女装设计，是对极简主义风格服装的完美演绎。图9-79为唐纳·凯伦2014年设计的裙装，该款女式短袖连衣裙选择了轻薄、舒展的天然纤维面料，打造出飘逸、流动的视觉效果，高级的灰色调使服装在柔和

图9-79 唐纳·凯伦
2014年设计作品

图9-80 卡尔文·克莱恩
2014年简约女装设计

中洋溢着知性的美感。

在款式结构设计上，唐纳·凯伦放弃了服装层次感和任何装饰及细节处理的设计追求，设计线条简洁流畅、干练清爽，以领口、肩部、腰部和裙子下摆造型为重点，短袖与领口黑白相间的巧妙搭配，准确而新奇地勾勒出略显夸张的肩部设计，塑造出随性、自然的时尚感。裙子的剪裁极富创意，舒展、合体的裙子设计创造了人体和衣物之间的和谐空间。整体服装的有机组合表达出明快、优雅的节奏和温婉的女性魅力，使服装呈现出简约、冷艳的极简主义本质特征。

如图9-80所示，图为美国著名服装设计师卡尔文·克莱恩在2014年巴黎秋冬发布会上展示的极简主义风格的女装设计作品。

卡尔文·克莱恩简约主义的设计风格充分体现了美式实用主义原则，该款女装设计在色彩上采用了深灰色面料，造型强调简练、单纯、穿着合体，重点体现材质的精美，使服装整体上呈现出优雅的气质和完美的品质。造型设计上，整体感强，结构清晰而自然，没有任何多余的细节处理，以别致的立领设计和肩部造型为设计重点，精准的剪裁和舒畅流动的曲线，体现出设计师对极简主义时尚潮流的把握和运用。

2."少即是多"的设计原则

生态纺织服装设计要求简化服装结构，提倡"简而美"的设计原则，如减少口袋数量、腰带、肩带等多余装饰，或者去掉或减少垫肩、内衬，充分利用生态纺织材料本身的特性，通过创意设计达到服装预期的设计效果。

日本著名服装设计师三宅一生关注的是"跳跃的想象力和技术进步"，其实用、随性的风格对国际时装界产生了重要影响，对生态纺织服装的设计除保持一贯的极简结构和清新的色彩设计风格外，尤为重视服装的非物质化设计，追求利用最低的设计素材来表达服装丰富的创意（图9-81）。

在该款服装设计中，设计师充分利用柔软光洁、细薄质感的天然面料的特性，用简洁的手法塑造廓型，舍弃了多余的装饰，上衣短而合体，领部和门襟独具匠心的设计构成了整款服装的视觉焦点，也吻合该款服装极简风格的表现，稍宽的袖口与同色系裤装的搭配增添了一丝轻松、随性的感觉。

图9-82为意大利服装设计师乔治·阿玛尼2015年的服装作品。在这一款女装设计上，设计师选用了天然纯棉的牛仔服装面料，款式结构采用了极具极简主义风格的流畅、自然的线条。牛仔面料的巧妙利用突出了服装的洒脱和庄重的气质，以领部造型和腰部设计为重点，进一步强调了服装的现代时尚感与极简主义风格的融合。在上述两款服装设计中，

简洁的结构中蕴涵着丰富的非物质化创意设计，充分利用对设计要素的创意构思去提高服装的实用价值和审美价值，进而达到提高服装品牌价值的目标。

3. 色彩设计

在极简主义风格生态纺织服装色彩设计中，色感是通过面料的色彩、质感、纹理来体现的，并与着装环境有着相互衬托和相互融合的统一关系。因此，色彩设计是最能整体营造服装艺术氛围和价值的关键设计环节，也是影响服装生态性指标的核心要素。

清新、含蓄的黑、白、灰是极简主义的经典色调，富有优雅、浪漫气息的酒红、粉红与自然的墨绿、朱褐、浅黄、银灰等色调也被广泛地吸纳在极简主义风格生态纺织服装的色系中。

在生态纺织服装中，服装的色彩美存在于款式结构、面料、辅料、装饰等综合的服装系统中，同时生态纺织服装色彩必然和所用染料种类、重金属含量等生态性指标密切相关。因此，色彩设计将成为制约服装整体生态性的核心要素。

在极简风格生态纺织服装的色彩设计中，需要综合研究服装消费者的市场定位，从年龄、性别、职业、文化、习俗等社会环境及消费者心理和生理需求方面进行分析和协调，才能使服装色彩的设计展示出真实的个性美。

卡尔文·克莱恩在2014年美国春夏服装发布会上，发布了一组极简主义

图9-81　三宅一生极简风格设计作品　　图9-82　阿玛尼造型简洁的设计

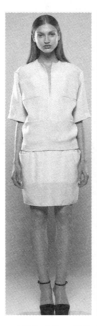

图9-83　卡尔文·克莱恩2014年女装色彩设计

风格的女装设计。该系列设计遵循了简洁、活泼、自然、年轻化的设计理念，选用了棉、麻、雪纺面料，色彩纯净、质朴，格调简洁、高雅，注重体块感的整体性表达，以直线和几何曲线为主，忽略一切多余的细节。色彩设计上，选用白、浅灰、淡黄色调，强调出服装的青春、简练、朴素和时尚感，也是服装设计大师卡尔文·克莱恩时装设计的经典特征（图9-83）。

三、展望

生态纺织服装是我国纺织服装行业应对"绿色技术壁垒"、提高产品内在质量、实施中高档生态纺织服装创建"名牌战略"的重要战略性措施。极简主义浪潮在国际服装界产生了巨大影响，对我国生态纺织服装产业的发展有着积极的促进作用，它所演绎的简约、自然、优雅的风格和摒弃繁复装饰的设计理念始终是生态纺织服装设计的灵感源泉。

面临着国内外对生态纺织服装日益增长的时尚化和生态化的消费需求，服装产业要保持可持续发展，在强化产品内在质量的基础上，极简主义风格的生态纺织服装也将成为产业未来发展的方向之一。

思考题

1. 童装绿色设计的安全性体现在哪些方面？

2. 低碳服装设计包括哪些内容？

3. 如何在皮革服装设计中体现生态化要求？

参考文献

［1］王建平，陈荣圻，吴岚，等. REACH 法规与生态纺织品［M］. 北京：中国纺织出版社，2009.

［2］邢声远，周硕，霍金花. 生态纺织品检测培训读本［M］. 北京：化学工业出版社，2008.

［3］中国质量认证中心，合肥工业大学. 消费类产品绿色评估的方法与应用［M］. 北京：中国标准出版社，2009.

［4］刘飞，曹华军，张华，等. 绿色制造的理论与技术［M］. 北京：科学出版社，2012.

［5］潘璠. 绿色服装设计的启蒙［J］. 现代服装纺织高科技发展研究会研讨会论文集，2005：231.

［6］沈雷，熊瑛. 基于生态时代的绿色服装设计初探［J］. 毛纺科技，2009（2）：60-63.

［7］靳颖，吕丽，董春宇，等. 从"绿色技术壁垒"看我国生态纺织品的发展［J］. 印染，2002（1）：41-47.

［8］刘志峰. 绿色设计方法、技术及应用［M］北京：国防工业出版社，2008.

［9］郭松珍. 生态纺织品开发对策研究［J］. 外资经贸，2011（5）：63-64.

［10］牛增元，叶曦雯，汤志旭，等. 纺织品绿色设计评价体系的建立［J］. 纺织学报，2008（8）：113-116.

［11］韩明汉，金涌. 绿色工程原理与应用［M］. 北京：清华大学出版社，2005.

［12］樊理山，张林龙. 纺织产业生态工程［M］. 北京：化学工业出版社，2011.

［13］黄瑞，孙庆智，丁雪梅. 纺织服装行业实行低碳认证的探讨［J］. 第11届功能性纺织品纳米技术应用及低碳纺织研讨会论文集，2011.

［14］马岩，刘尊文，曹磊，等. 借鉴国外经验建立与完善我国低碳产品认证制度［J］. 环境与可持续发展，2012（1）：67-69.

［15］薛福平. 低碳经济下服装产业技术路线求解［J］. 第11届功能纺织品纳米技术应用及低碳纺织研讨会论文集，2011.

［16］刘宏菊，杜江，李成刚，等. 绿色设计方法——设计领域发展的新趋势［J］. 中国环境科学，1999（1）：63-66.

［17］雷兴武. 绿色运动对现代设计产生的影响——浅谈服装的绿色设计［J］. 山东纺织经济，2012（8）：67-69.

［18］王珏，陈建伟，初晓玲. 刍论服装绿色设计及评价体系［J］. 山东纺织科技，2005（3）：29-31.

［19］国家质检总局，国家标准委. 生态纺织品技术要求［M］. 北京：国家标准出版社，2009.

［20］蔡涛，黄颖，胡美桂，等. 我国生态纺织品标准与欧盟纺织品生态标签的比较［J］. 合成纤维，2012（11）：40-43.

［21］富若松. ISO 14000 系列环境管理国际标准概述［J］. 化工环保，2006. 26.

［22］孙菲菲，张祖芳. 我国生态纺织品的现状及发展建议［J］. 纺织科技进展，2004（5）：22-23.

［23］张技术. 服装生态设计中材料的选择及应用［J］. 针织工业，2012（4）：64-66.

［24］康辉. 服装绿色设计中材料的选择［J］. 纺织科技进展，2007（1）：97-98.

［25］沈兰萍. 新型纺织产品设计与生产［M］. 2 版. 北京：中国纺织出版社，2009.

［26］张莉. 服装设计［M］. 北京：人民美术出版社，2012.

［27］周朝晖，邓美珍. 服装款式设计［M］. 哈尔滨：哈尔滨工程大学出版社，2009.

［28］陈彬. 时装设计风格［M］. 上海：东华大学出版社，2009.

［29］靳丹丹，林琳. 面料二次设计在服装设计中的应用［J］. 纺织科技进展，2008（3）：98-99.

［30］张玉明. 关于服装辅料在服装中应用的研究［J］. 民营科技，2011（2）：139.

［31］赵伟. 从环保的角度分析中国服装包装发展现状与趋势［J］. 国际纺织导报，2010（1）：78-80.

［32］李爱英. 探析牛仔服装设计的现状与发展趋势［J］. 山东纺织经济，2010（8）：47-50.

［33］梅自强. 牛仔布和牛仔服装实用手册［M］. 2 版. 北京：中国纺织出版社，2009.

［34］国家质检总局，国家标准委. 提高机械安全性的儿童服装设计和生产实施规范［S］. 北京：国家标准出版社，2009.

［35］吴惠英. 我国童装市场现状及绿色设计初探［J］. 轻工科技，2013（1）：91-92.

［36］王蔚青. 提高机械安全性的儿童服装设计和生产实施规范［J］. 上海纺织科技，2009（7）：170-180.

［37］余鹏飞，李正军. 绿色壁垒分析生态皮革求发展［J］. 西部皮革，2009（3）：30-42.

［38］商务部. 皮革制品出口商品技术指南［EB/OL］. 中国轻工业网，2013-09-06.

［39］齐秋水. 提高纺织服装业竞争力的对策和建议［J］. 科技向导，2012（5）：79-80.

［40］杨青. 转型背景下中国纺织服装业的低碳发展策略［J］. 科技管理研究，2011（15）：49-53.

［41］中国皮革工业协会. 真皮标志生态皮革实施规范［S］. 中国皮革网，2008-4-24.

［42］张文军，赖传杰，李晓龙，等. 生态皮革与纺织品安全规范的比较及行业监管［J］皮革科学与工程，2012（6）：47-49.

［43］但卫华，曾睿，但年华，等. 皮革产品的生态设计［J］. 皮革科学与工程，2005（4）：20-25.

［44］王庆珍. 纺织品设计的面料再造［M］. 重庆：西南师范大学出版社，2007：14-16.

［45］罗琳，李晓蓉，李香德. 面料再造在皮革服装设计中的运用［J］. 皮革科学与工程，2009（1）：52-56.

［46］谢国娥，金梦琪，袁琳琳，等. 我国童装出口遭遇的技术性贸易壁垒及应对措施［J］. 世界贸易组织动态与研究上海对外贸易学院学报，2011（3）：31-38.

［47］国家质检总局，国家标准委. 提高机械安全性的儿童服装设计和生产实施规范［S］. 北京：国家标准出版社，2008-12-31.

［48］吴惠英. 我国童装市场现状及其绿色设计初探［J］. 轻工科技，2013（1）：91-92.

［49］王蔚青. 提高机械安全性的儿童服装设计和生产实施规范［J］. 上海纺织科技，2009（7）：45-51.

［50］丁学华，沈丹春. 中国儿童服装机械安全法规及其标准探讨［J］. 天津纺织科技，2013（1）：34-39.

［51］窦明池，沈丹春，丁学华，等. 国内外儿童服装绳带安全性法规与标准的比较研究［J］. 上海纺织科技，2013（9）：47-50.

附　　录

附录一　　GB/T 18885—2009《生态纺织品技术要求》（节录）

1. 范围

本标准规定了生态纺织品的术语和定义、产品分类、要求、试验方法、取样和判定规则。

本标准适用于各类纺织品及其附件。

2. 规范性引用文件

下列文件中的条款通过本标准的引用而成为本标准的条款。凡是注日期的引用文件，其随后所有的修改单（不包括勘误的内容）或修订版均不适用于本标准，然而，鼓励根据本标准达成协议的各方研究是否可使用这些文件的最新版本。凡是不注日期的引用文件，其最新版本适用于本标准。

GB/T 2912.1	纺织品	甲醛的测定	第1部分：游离和水解的甲醛（水萃取法）（GB/T 2912.1—2009，ISO 14184—1：1998，MOD）
GB/T 3920	纺织品	色牢度试验耐摩擦色牢度（GB/T 3920—2008，ISO 105—X12：2001，MOD）	
GB/T 3922	纺织品耐汗渍	色牢度试验方法（GB/T 3922—1995，eqv ISO 105—E04：1994）	
GB/T 5713	纺织品	色牢度试验	耐水色牢度（GB/T 5713—1997，eqv ISO 105—EOI：1994）
GB/T 7573	纺织品	水萃取液 pH 值的测定（GB/T 7573—2009，ISO 3071：2005，MOD）	
GB/T 17592	纺织品	禁用偶氮染料的测定	
GB/T 17593（所有部分）	纺织品	重金属的测定	
GB/T 18412（所有部分）	纺织品	农药残留量的测定	
GB/T 18414（所有部分）	纺织品	含氯苯酚的测定	
GB/T 18886	纺织品	色牢度试验	耐唾液色牢度
GB/T 20382	纺织品	致癌染料的测定	
GB/T 20383	纺织品	致敏性分散染料的测定	
GB/T 20384	纺织品	氯化苯和氯化甲苯残留量的测定	
GB/T 20385	纺织品	有机锡化合物的测定	
GB/T 20386	纺织品	邻苯基苯酚的测定	
GB/T 20388	纺织品	邻苯二甲酸酯的测定	
GB/T 23344	纺织品	4—氨基偶氮苯的测定	
GB/T 23345	纺织品	分散黄 23 和分散橙 149 染料的测定	
GB/T 24279	纺织品	禁／限用阻燃剂的测定	
GB/T 24281	纺织品	有机挥发物的测定　气相色谱—质谱法	

3. 术语和定义

下列术语和定义适用于本标准。

生态纺织品（Ecological Textiles）。

采用对环境无害或少害的原料和生产过程所生产的对人体健康无害的纺织品。

4. 产品分类

按照产品（包括生产过程各阶段的中间产品）的最终用途，分为四类：

4.1 婴幼儿用品：供年龄在 36 个月及以下的婴幼儿使用的产品。

4.2 直接接触皮肤用品：在穿着或使用时，其大部分面积与人体皮肤直接接触的产品（如衬衫、内衣、毛巾、床单等）。

4.3 非直接接触皮肤用品：在穿着或使用时，不直接接触皮肤或其小部分面积与人体皮肤直接接触的产品（如外衣等）。

4.4 装饰材料：用于装饰的产品（如桌布、墙布、窗帘、地毯等）。

5. 要求

生态纺织品的技术要求见附表 1。

附表 1

项目		单位	婴幼儿用品	直接接触皮肤用品	非直接接触皮肤用品	装饰材料
pH 值 [a]		—	4.0 ~ 7.5	4.0 ~ 7.5	4.0 ~ 9.0	4.0 ~ 9.0
甲醛≤	游离	mg/kg	20	75	300	300
可萃取的重金属≤	锑	mg/kg	30.0	30.0	30.0	—
	砷		0.2	1.0	1.0	1.0
	铅 [b]		0.2	1.0 [c]	1.0 [c]	1.0 [c]
	镉		0.1	0.1	0.1	0.1
	铬		1.0	2.0	2.0	2.0
	铬（六价）		低于检出限 [d]			
	钴		1.0	4.0	4.0	4.0
	铜		25.0 [c]	50.0 [c]	50.0 [c]	50.0 [c]
	镍		1.0	4.0	4.0	4.0
	汞		0.02	0.02	0.02	0.02
杀虫剂 [e] ≤	总量（包括 PCP/ TeCP） [f]	mg/kg	0.5	1.0	1.0	1.0
苯酚化合物≤	五氯苯酚（PCP）	mg/kg	0.05	0.5	0.5	0.5
	四氯苯酚 [f]（TeCP, 总量）		0.05	0.5	0.5	0.5
	邻苯基苯酚（OPP）		50	100	100	100
氯苯和氯化甲苯 [f] ≤		mg/kg	1.0	1.0	1.0	1.0
邻苯二甲酸酯 [g] ≤	DINP, DNOP, DEHP, DIDP, BBP, DBP [f]（总量）	%	0.1	—	—	—
	DEHP, BBP, DBP（总量）		0.1			
有机锡化合物≤	三丁基锡（TBT）		0.5	1.0	1.0	1.0
	二丁基锡（DBT）		1.0	2.0	2.0	2.0
	三苯基锡（TPhT）		0.5	1.0	1.0	1.0
有害染料≤	可分解芳香胺染料 [f]	mg/kg	禁用 [d]			
	致癌染料 [f]		禁用			
	致敏染料 [f]		禁用 [d]			
	其他染料 [f]		禁用 [d]			
抗菌整理剂		—	无 [h]			

项目		单位	婴幼儿用品	直接接触皮肤用品	非直接接触皮肤用品	装饰材料
阻燃整理剂	普通	—	无[h]			
	PBB，TRIS，TEPA，pent-aBDE，octaBDE[f]	—	禁用			
色牢度（沾色）≥	耐水	级	3	3	3	3
	耐酸汗液		3~4	3~4	3~4	3~4
	耐碱汗液		3~4	3~4	3~4	3~4
	耐干摩擦[i, j]		4	4	4	4
	耐唾液		4	—	—	—
挥发性物质[l]≤	甲醛［50-00-0］	mg/m³	0.1	0.1	0.1	0.1
	甲苯［108-88-3］		0.1	0.1	0.1	0.1
	苯乙烯［100-42-5］		0.005	0.005	0.005	0.005
	乙烯基环己烷［100-40-3］		0.002	0.002	0.002	0.002
	4-苯基环己烷［4994-16-5］		0.03	0.03	0.03	0.03
	丁二烯［106-99-0］		0.002	0.002	0.002	0.002
	氯乙烯［75-01-4］		0.002	0.002	0.002	0.002
	芳香化合物		0.3	0.3	0.3	0.3
	挥发性有机物		0.5	0.5	0.5	0.5
异常气味[k]		—	无			
石棉纤维		—	禁用			

a. 后续加工工艺中必须要经过湿处理的产品，pH 值可放宽至 4.0 ~ 10.5 之间；产品分类为装饰材料的皮革产品、涂层或层压（复合）产品，其 pH 值允许在 3.5 ~ 9.0 之间。

b. 金属附件禁止使用铅和铅合金。

c. 对无机材料制成的附件不要求。

d. 合格限量值：对 Cr（Ⅵ）为 0.5 mg/kg，对芳香胺为 20 mg/kg，对致敏染料和其他染料为 50 mg/kg。

e. 仅适用于天然纤维。

f. 具体物质名单见附录 A、附录 B、附录 C、附录 D、附录 E、附录 F（详见 GB/T 18885—2009《生态纺织品技术要求》附录）。

g. 适用于涂层、塑料溶胶印花、弹性泡沫塑料和塑料配件等产品。

h. 符合本技术要求的整理除外。

i. 对洗涤褪色型产品不要求。

j. 对于颜料、还原染料或硫化染料，其最低的耐干摩擦色牢度允许为 3 级。

k. 针对除纺织地板覆盖物以外的所有制品，异常气味的种类见附录 G（详见 GB/T 18885—2009《生态纺织品技术要求》附录）。

l. 适用于纺织地毯、床垫以及发泡和有大面积涂层的非穿着用的物品。

6. 试验方法

6.1　pH 值的测定按 GB/T 7573 执行。

6.2　甲醛含量的测定按 GB/T 2912.1 执行。

6.3　可萃取重金属的测定按 GB/T 17593 执行。

6.4　杀虫剂的测定按 GB/T 18412 执行。

6.5　苯酚化合物中含氯酚和邻苯基苯酚的测定分别按 GB/T 18414 和 GB/T 20386 执行。

6.6　氯苯和氯化甲苯的测定按 GB/T 20384 执行。

6.7　邻苯二甲酸酯的测定按 GB/T 20388 执行。

6.8　有机锡化合物的测定按 GB/T 20385 执行。

6.9　有害染料中可分解芳香胺染料的测定按 GB/T 17092 执行，其中 4- 氨基偶氮苯的测定按 GB/T 23344 执行；致癌染料的测定按 GB/T 20382 执行；致敏染料的测定按 GB/T 20383 执行；其他有害染料的测定按 GB/T 23345 执行。

6.10　禁用阻燃剂的测定按 GB/T 24279 执行。

6.11　耐摩擦色牢度的测定按 GB/T 3920 执行。

6.12　耐汗渍色牢度的测定按 GB/T 3922 执行。

6.13　耐水色牢度的测定按 GB/T 5713 执行。

6.14　耐唾液色牢度的测定按 GB/T 18886 执行。

6.15　挥发性物质的测定按 GB/T 24281 执行。

6.16　异常气味的测定按本标准附录 G 执行（详见 GB/T 18885—2009《生态纺织品技术要求》附录）。

7. 取样

7.1　按有关标准规定或双方协议执行，否则按 7.2 ~ 7.4 执行。

7.2　从每批产品中随机抽取有代表性样品，试样数量应满足全部试验方法的要求。

7.3　样品抽取后，应密封放置，不应进行任何处理。

7.4　布匹试样：至少从距布端 2m 以上取样，每个样品尺寸为 1m × 全幅；服装或制品试样：以一个单件（套）为一个样品。

8. 判定规则

如果测试结果中有一项超出附表 1 规定的限量值，则判定该批产品不合格。

附录二　GB 18401—2010《国家纺织产品基本安全技术规范》（节录）

1. 范围

本标准规定了纺织产品的基本安全技术要求、试验方法、检验规则及实施与监督。纺织产品的其他要求按有关的标准执行。

本标准适用于在我国境内生产、销售的服用、装饰用和家用纺织产品。出口产品可依据合同的约定执行。

注：附录 A（详见 GB 18401—2010《国家纺织产品基本安全技术规范》附录）中所列举产品不属于本标准的范畴，国家另有规定的除外。

2. 规范性引用文件

下列文件中的条款通过本标准的引用而成为本标准的条款。凡是注日期的引用文件，其随后所有的修改单（不包括勘误的内容）或修订版均不适用于本标准，然而，鼓励根据本标准达成协议的各方研究是否可使用这些文件的最新版本。凡是不注日期的引用文件，其最新版本适用于本标准。

GB/T 2912.1	纺织品	甲醛的测定	第 1 部分：游离和水解的甲醛（水萃取法）（GB/T 2912.1—2009, ISO 14184. 1：1998, MOD）
GB/T 3920	纺织品	色牢度试验	耐摩擦色牢度（GB/T 3920—2008, ISO 105—X12：2001, MOD）
GB/T 3922	纺织品	耐汗渍色牢度试验方法	（GB/T 3922—1995, eqv ISO 105—E04：1994）
GB/T 5713	纺织品	色牢度试验	耐水色牢度（GB/T 5713—1997, eqv ISO 105—E01：1994）
GB/T 7573	纺织品	水萃取液 pH 值的测定	（GB/T 7573—2009, ISO 3071：2005, MOD）

GB/T 17592　纺织品　禁用偶氮染料的测定

GB/T 18886　纺织品　色牢度试验　耐唾液色牢度

GB/T 23344　纺织品　4–氨基偶氮苯的测定

3. 术语和定义

下列术语和定义适用于本标准。

3.1　纺织产品（Textile Products）。

以天然纤维和化学纤维为主要原料，经过纺、织、染等加工工艺或再经缝制、复合等工艺制成的产品，如纱线、织物及其制成品。

3.2　基本安全技术要求（General Safety Specification）。

为保证纺织产品对人体健康无害而提出的最基本的要求。

3.3　婴幼儿纺织产品（Textile Products for Infants）。

年龄在 36 个月及以下的婴幼儿穿着或使用的纺织产品。

3.4　直接接触皮肤的纺织产品（Textile Products with Direct Contact to Skin）。

在穿着或使用时，产品的大部分面积直接与人体皮肤接触的纺织产品。

3.5　非直接接触皮肤的纺织产品（Textile Products without Direct Contact to Skin）。

在穿着或使用时，产品不直接与人体皮肤接触，或仅有小部分面积直接与人体皮肤接触的纺织产品。

4. 产品分类

4.1　产品按最终用途分为以下 3 种类型：

——婴幼儿纺织产品；

——直接接触皮肤的纺织产品；

——非直接接触皮肤的纺织产品。

附录 B 给出了 3 种类型产品的典型示例。

4.2　需用户再加工后方可使用的产品（如面料、纱线）根据最终用途归类。

5. 要求

5.1　纺织产品的基本安全技术要求根据指标要求程度分为 A 类、B 类和 C 类，见附表 2。

附表 2

项目		A 类	B 类	C 类
甲醛含量 /（mg/kg）≤		20	75	300
pH 值 [a]		4.0~7.5	4.0~8.5	4.0~9.0
染色牢度 [b]/ 级≥	耐水（变色、沾色）	3-4	3	3
	耐酸憨子（变色、沾色）	3-4	3	3
	耐碱汗渍（变色、沾色）	3-4	3	3
	耐干摩擦	4	3	3
	耐唾液（变色、沾色）	4	—	—
异味		无		
可分解致癌芳香胺染料 [c]/（mg/kg）		禁用		

a. 后续加工工艺中必须要经过湿处理的非最终产品，pH 值可放宽至 4.0~10.5 之间。

b. 对需经洗涤褪色工艺的非最终产品，本色及漂白产品不要求；扎染、蜡染等传统的手工着色产品不要求；耐唾液色牢度应考核婴幼儿纺织产品。

c. 致癌芳香胺清单见附录 C，限量值 ≤ 20mg/kg。

5.2 可分解致癌芳香胺染料的测定按 GB/T 17592 和 GB/T 23344 执行。

注：一般先按 GB/T 17592 检测，当检出苯胺和／或 1，4- 苯二胺时，再按 GB/T 23344 检测。婴幼儿纺织产品应符合 A 类要求，直接接触皮肤的产品至少应符合 B 类要求，非直接接触皮肤的产品至少应符合 C 类要求，其中窗帘等悬挂类装饰产品不考核耐汗渍色牢度。

5.3 婴幼儿纺织产品必须在使用说明上标明"婴幼儿用品"字样。其他产品应在使用说明上标明所符合的基本安全技术要求类别（如 A 类、B 类或 C 类）。产品按件标注一种类别（注：一般适用于身高 100cm 及以下婴幼儿使用的产品可作为婴幼儿纺织产品）。

6. 试验方法

6.1 甲醛含量的测定按 GB/T 2912.1 执行。

6.2 pH 值的测定按 GB/T 7573 执行。

6.3 耐水色牢度的测定按 GB/T 5713 执行。

6.4 耐酸碱汗渍色牢度的测定按 GB/T 3922 执行。

6.5 耐干摩擦色牢度的测定按 GB/T 3920 执行。

6.6 耐唾液色牢度的测定按 GB/T 18886 执行。

6.7 异味的检测采用嗅觉法，操作者应是经过训练和考核的专业人员。

样品开封后，立即进行该项目的检测。检测应在洁净的无异常气味的环境中进行。操作者洗净双手后戴手套，双手拿起样品靠近鼻孔，仔细嗅闻样品所带有的气味，如检测出有霉味、高沸程石油味（如汽油、煤油味）、鱼腥味、芳香烃气味中的一种或几种，则判为"有异味"，并记录异味类别。否则判为"无异味"。

应有 2 人独立检测，并以 2 人一致的结果为样品检测结果。如 2 人检测结果不一致，则增加 1 人检测，最终以 2 人一致的结果为样品检测结果。

7. 检验规则

7.1 从每批产品中按品种、颜色随机抽取有代表性样品，每个品种按不同颜色各抽取 1 个样品。

7.2 布匹取样至少距端头 2m，样品尺寸为长度不小于 0.5 m 的整幅宽；服装或其制品的取样数量应满足试验需要。

7.3 样品抽取后密封放置，不应进行任何处理。相关试验的取样方法参见附录 D 的取样说明。

7.4 根据产品的类别对照附表 2 评定，如果样品的测试结果全部符合附表 2 相应类别的要求（含有 2 种及以上组件的产品，每种组件均符合附表 2 相应类别的要求），则该样品的基本安全性能合格，否则为不合格。对直接接触皮肤的产品和非直接接触皮肤的产品中重量不超过整件制品 1% 的小型组件不考核。

7.5 如果所抽取样品全部合格，则判定该批产品的基本安全性能合格。如果有不合格样品，则判定该样品所代表的品种或颜色的产品不合格。

8. 实施与监督

8.1 依据《中华人民共和国标准化法》及《中华人民共和国标准化法实施条例》的有关规定，从事纺织产品科研、生产、经营的单位和个人，必须严格执行本标准。不符合本标准的产品，禁止生产、销售和进口。

8.2 依据《中华人民共和国标准化法》及《中华人民共和国标准化法实施条例》的有关规定，任何单位和个人均有权检举、申诉、投诉违反本标准的行为。

8.3 依据《中华人民共和国产品质量法》的有关规定，国家对纺织产品实施以抽查为主要方式的监督检查制度。

8.4 关于纺织产品的基本安全方面的产品认证等工作按国家有关法律、法规的规定执行。

生态纺织服装绿色设计

9. 法律责任

对违反本标准的行为，依据《中华人民共和国标准化法》、《中华人民共和国产品质量法》等有关法律、法规的规定处罚。

附录三 GB 31701—2015《婴幼儿及儿童纺织产品安全技术规范》(节录)

1. 范围

本标准规定了婴幼儿及儿童纺织产品的安全技术要求、试验方法、检验规则。

本标准适用于在我国境内销售的婴幼儿及儿童纺织产品。

注：布艺毛绒类玩具、布艺工艺品、一次性使用卫生用品、箱包、背提包、伞、地毯、专业运动服等不属于本标准的范围。

2. 规范性引用文件

下列文件对于本文件的应用是必不可少的。凡是注日期的引用文件，仅注日期的版本适用于本文件。凡是不注日期的引用文件，其最新版本（包括所有的修改单）适用于本文件。

GB/T 3920	纺织品	色牢度试验	耐摩擦色牢度
GB/T 4841.3	染料染色标准深度色卡		2/1、1/3、1/6、1/12、1/25
GB/T 8629	纺织品	试验用家庭洗涤和干燥程序	
GB/T 14644	纺织品	燃烧性能 45° 方向燃烧速率的测定	
GB/T 17685	羽绒羽毛		
GB 18401	国家纺织产品基本安全技术规范		
GB/T 20388	纺织品	邻苯二甲酸酯的测定	
GB/T 30157	纺织品	总铅和总镉含量的测定	
GB/T 31702	纺织制品附件锐利性试验方法		

3. 术语和定义

下列术语和定义适用于本文件。

3.1 纺织产品（Textile Products）。

以天然纤维和化学纤维为主要原料，经过纺、织、染等加工工艺或再经缝制、复合等工艺而制成的产品，如纱线、织物及其制成品。［GB 18401—2010，定义 3.1］

3.2 婴幼儿纺织产品（Textile Products for Infants）。

3.3 儿童纺织产品（Textile Products for Children）。

年龄在 3 岁以上、14 岁及以下的儿童穿着或使用的纺织产品。

注：一般适用于身高 100cm 以上、155cm 及以下女童或 160cm 及以下男童穿着或使用的纺织产品可作为儿童纺织产品。其中，130cm 及以下儿童穿着的可作为 7 岁以下儿童服装。

3.4 直接接触皮肤的纺织产品（Textile Products with Direct Contact to Skin）。

在穿着或使用时，产品的大部分面积直接与人体皮肤接触的纺织产品。［GB 18401—2010，定义 3.4］

3.5 非直接接触皮肤的纺织产品（Textile Products without Direct Contact to Skin）。

在穿着或使用时，产品不直接与人体皮肤接触或仅有小部分面积直接与人体皮肤接触的纺织产品。［GB 18401—2010，定义 3.5］

3.6 附件（Attached Components）。

纺织产品中起连接、装饰、标志或其他作用的部件。

3.7 绳带（Cords and Drawstrings）。

以各种纺织或非纺织材料制成的、带有或不带有装饰物的绳索、拉带、带襻等。

4. 要求

4.1 总则。

4.1.1 婴幼儿及儿童纺织产品的安全技术要求分为 A 类、B 类和 C 类。注：本标准的安全技术类别与 GB 18401 的安全技术类别一一对应。

4.1.2 婴幼儿纺织产品应符合 A 类要求；直接接触皮肤的儿童纺织产品至少应符合 B 类要求；非直接接触皮肤的儿童纺织产品至少应符合 C 类要求。

4.1.3 婴幼儿及儿童纺织产品应符合 GB 18401，同时最终产品还应符合 4.2 ~ 4.5 的要求。

4.1.4 婴幼儿纺织产品应在使用说明上标明本标准的编号及"婴幼儿用品"。儿童纺织产品应在使用说明上标明本标准的编号及符合的安全技术要求类别（如 GB 31701 A 类、GB 31701 B 类或 GB 31701 C 类）。产品按件标注一种类别。注：按本标准要求标明了安全技术类别的婴幼儿及儿童纺织产品可不必标注 GB 18401 的安全技术类别。

4.2 织物的要求。

婴幼儿及儿童纺织产品的面料、里料、附件所用织物应符合 GB 18401 中对应安全技术类别的要求以及附表 3 的要求。

附表 3

项目		A 类	B 类	C 类
耐湿摩擦色牢度 ª/ 级 ≥		3（深色 2~3）	2~3	—
重金属 ᵇ/（mg/kg）≤	铅	90	—	—
	镉	100	—	—
邻苯二甲酸酯 ᶜ/% ≤	邻苯二甲酸二（2-乙基）酯（DEHP）、邻苯二甲酸二丁酯（DBP）和邻苯二甲酸丁基苄基酯（BBP）	0.1	—	—
	邻苯二甲酸二异壬酯（DINP）、邻苯二甲酸二异癸酯（DIDP）和邻苯二甲酸二辛酯（DNOP）	0.1	—	—
阻燃性能 ᵈ		1 级（正常可燃性）		

注 婴幼儿纺织产品不建议进行阻燃处理。如果进行阻燃处理，须符合国家相关法规和强制性标准的要求。

a. 本色及漂白产品不要求；按 GB/T 4841.3 规定，颜色大于 1/12 染料染色标准深度色卡为深色。
b. 仅考核含有涂层和涂料印染的织物，指标为铅、镉总量占涂层或涂料质量的比值。
c. 仅考核含有涂层和涂料印染的织物。
d. 仅考核产品的外层面料；羊毛、腈纶、改性腈纶、锦纶、丙纶和聚酯纤维的纯纺织物，以及由这些纤维混纺的织物不考核；单位面积质量大于 90g/m² 的织物不考核。

4.3 填充物的要求。

婴幼儿及儿童纺织产品所用纤维类和羽绒、羽毛填充物应符合 GB 18401 中对应安全技术类别的要求，羽绒羽毛填充物应符合 GB/T 17685 中微生物技术指标的要求。注：其他填充物的安全技术要求需按国家相关法规和强制性标准执行。

4.4 附件的要求。

4.4.1 婴幼儿纺织产品上，不宜使用 ≤ 3 mm 的附件，可能被婴幼儿抓起咬住的各类附件抗拉强力应符合附表 4 要求。

附表 4

附件的最大尺寸 mm	抗拉强力 ᵃN ≥
> 6	70
3~6	50
≤ 3	—
a. 对于最大尺寸 ≤ 3mm，或者无法夹持（夹持时附件发生变性或损伤）的附件，考核附件洗涤后的变化，见附录 A	

4.4.2 婴幼儿及儿童纺织产品所用附件不应存在可触及的锐利尖端和锐利边缘。

4.4.3 婴幼儿及儿童服装的绳带要求应符合附表 5 要求。

附表 5

序号	婴幼儿及 7 岁以下儿童服装	7 岁及以上儿童服装
1	头部和颈部不应有任何绳带	头部和颈部服装尺寸的绳带不应有自由端，其他绳带不应有长度超过 75mm 的自由端 头部和颈部：当服装平摊至最大尺寸时不应有突出的绳圈，当服装平摊至合适的穿着尺寸时突出的绳圈周长不应超过 150mm，除肩带和颈带外，其他绳带不应使用弹性绳带
2	肩带应是固定的，连续且无自由端的。肩带上的装饰性绳带不应有长度超过 75mm 的自由端或周长超过 75mm 的绳圈	—
3	固着在腰部的绳带，从固着点伸出的长度不应超过 360mm，且不应超出服装底边	固着在腰部的绳带，从固着点伸出的长度不应超过 360 mm
4	短袖袖子平摊至最大尺寸时，袖口处绳带的伸出长度不应超过 75mm	短袖袖子平摊至最大尺寸时，袖口处绳带的伸出长度不应超过 140mm
5	除腰带外，背部不应有绳带伸出或系着	
6	长袖袖口处的绳带扣紧时应完全置于服装内	
7	长至臀围线以下的服装，底边处的绳带不应超出服装下边缘。长至脚踝处的服装，底边处的绳带应该完全置于服装内	
8	除了第 1 项 ~ 第 7 项以外，服装平摊至最大尺寸时，伸出的绳带长度不应超过 140mm	
9	绳带的自由末端不允许打结或使用立体装饰物	
10	两端固定且突出的绳圈的周长不应超过 75mm；平贴在服装上的绳圈（如串带）其两固定端的长度不应超过 75mm	

注 非纺织附件的其他要求需符合国家相关法规和强制性标准。

4.5 其他要求。

4.5.1 婴幼儿及儿童纺织产品的包装中不应使用金属针等锐利物。

4.5.2 婴幼儿及儿童纺织产品上不允许残留金属针等锐利物。

4.5.3 对于缝制在可贴身穿着的婴幼儿服装上的耐久性标签，应置于不与皮肤直接接触的位置。

5. 试验方法

5.1　耐湿摩擦色牢度的测定按 GB/T 3920 执行。

5.2　重金属中总铅和总镉的测定按 GB/T 30157 执行。

5.3　邻苯二甲酸酯含量的测定按 GB/T 20388 执行。

5.4　燃烧性能的测定按 GB/T 14644 执行。

5.5　附件抗拉强力的测定按附录 A 执行。

5.6　附件尖端和边缘的锐利性测定按 GB/T 31702 执行。

5.7　绳带和绳圈的长度采用钢板尺或钢卷尺测定其自然状态下的伸直长度，记录至 1 mm。

6. 检验规则

6.1　从每批产品中按品种随机抽取有代表性样品，每个品种按不同颜色各抽取 1 个样品，样品的大小或数量应满足试验需要。

6.2　样品抽取后密封放置，不应进行任何处理。

6.3　单件样品判定：根据产品的类别进行评定，如果样品的测试结果全部符合相应类别的要求（含有 2 种及以上组件的产品，每种组件均符合相应类别的要求），则该样品符合本标准，否则为不符合。对儿童纺织产品中重量不超过整件制品 1% 的小型组件不考核 4.2 的项目。

6.4　批样判定：如果所抽取样品全部符合，则判定该批产品符合本标准。如果有不符合的样品，则判定该样品所代表的品种或颜色的产品不符合本标准。

附录四　GB/T 22704—2008《提高机械安全性的儿童服装设计和生产实施规范》（节录）

1. 范围

本标准规定了 14 岁以下儿童服装的材料、设计、生产的实施规范，以提高儿童服装的机械安全性。

本标准适用于 14 岁以下儿童穿着的服装。

2. 规范性引用文件

下列文件中的条款通过本标准的引用而成为本标准的条款。凡是注日期的引用文件，其随后所有的修改单（不包括勘误的内容）或修订版均不适用于本标准。然而，鼓励根据本标准达成协议的各方研究是否可使用这些文件的最新版本。凡是不注日期的引用文件，其最新版本适用于本标准。

GB/T 1335.3	服装号型	儿童	
GB/T 6529	纺织品	调湿和试验用标准大气	
GB/T 8685	纺织品	维护标签规范	符号法
GB/T 15557	服装术语		
GB/T 22702	儿童上衣拉带安全规格		
GB/T 22705	童装绳索和拉带安全要求		
FZ/T 80003	纺织品和服装缝纫形式		分类和术语
QB/T 2171	金属拉链		
QB/T 2172	注塑拉链		
QB/T 2173	尼龙拉链		

3. 术语和定义

GB/T 15557 确立的以及下列术语和定义适用于本标准。

3.1 填充材料（Filling Material）。

嵌入服装而成为服装组成部分的填料、泡沫等材料。

3.2 合体试验（Fit Trial）。

检查样衣的合体性。

3.3 外部部件（Foreign Objects）。

不属于服装产品本身的部件。

3.4 不可拆分服装部件（Non-detachable Components）。

在正常使用时，不可分开且附在服装上的部件。

3.5 局部缺血性伤害（Ischemic Injuries）。

由于血液循环受阻引起对身体部位的伤害。

3.6 花边（Motif）。

通常由面料制成，缝在服装上或粘在服装上的装饰性部件。

注：在本标准中，"花边"并不包括印花设计中直接运用到面料中的涂层或涂料。

3.7 四合扣（Snap；Press Fasteners）。

起固定作用的部件，通常由凸和凹两部分固定在服装相应的位置，对齐后运用外力扣紧。

3.8 重复后整理（Repeated Aftercare）。

符合洗涤标签的一系列后整理措施，反映了服装的用途和使用寿命。

3.9 危险（Hazard）。

对穿着者构成伤害的潜在因素。

3.10 风险（Risk）。

对穿着者构成伤害的可能性和伤害的严重程度。

3.11 风险评估（Risk Assessment）。

评估服装设计、结构、材料或部件对最终使用者产生机械性危害的过程。

3.12 尖锐物体（Sharp Objects）。

穿着时物体的边或角已经暴露或者可能会暴露，并对穿着者造成刺伤或刮伤的物件，通常包括锐利尖端、锐利边缘。

3.13 粘扣带（Touch and Close Fastener）。

由勾面和绒面的带子组成，勾面和绒面结合起到固定作用，也称魔术贴。

3.14 穿衣试验（Wear Trial）。

服装开发人员通过产品使用者试穿服装产品，获取服装穿着性能和特征信息的活动。

3.15 机械性危害（Mechanical Hazard）。

由服装非理化性能因素对穿着者构成的失足、滑倒、摔倒、哽塞、呕吐、缠绊、裂伤、血液循环受阻、窒息伤亡、勒死等伤害，参见附录 A。

4. 信息交流

4.1 概述。

设计与生产部门之间应进行信息交流，保证每个部门了解细节并向其他部门提供足够的信息，合作完成具有机械安全性的服装。信息交流包括可能发生的所有危险的评估结果，见 6.1。

4.2 设计细节。

设计师必须事先向采购部门和生产部门提供有关材料、部件的要求，可以采用文字、图片、样板或样衣的形式，包括：关于服装、设计意图、目标消费者年龄的描述；关于附在服装上所有纽扣或四合扣的位置和描述；关于附在服装上所有拉链的功能和描述；关于附在服装上所有粘扣带的位置和描述；关于嵌入服装中所有填充材料和泡沫的位置和描述；关于服装上所有松紧带的位置和描述；关于附在服装上所有有绒球、蝴蝶结或花边的位置和描述；关于附在服装上所有绳索或缎带的位置和描述；关于附在服装上风帽的描述；风险评估描述，见 6.1。

5. 材料和部件

5.1 概述。

服装材料和部件应从质量有保证的生产商处采购。按照 GB/T 8685 的规定正确选择护理标签。按照护理标签重复后整理后，部件不被损坏和破裂。评价服装安全性时需考虑后整理类别和频率，所有性能测试都应经过至少五次合适的后整理。

5.2 面料。

5.2.1 作为服装的组成部分，面料不应对穿着者产生机械性危险或危害。

5.2.2 用于支撑缝合部件（如纽扣）的面料在低负荷下不应被撕破，宜在部件缝合处使用加固材料。服装部件脱落强度的测试方法按照附录 B（详见 GB/T 22704—2008《提高机械安全性的儿童服装设计和生产实施规范》附录）。

5.3 填充材料。

用于衬里或絮料的填充材料不得含有硬或尖的物体。

5.4 线。

单丝缝纫线用于加工细薄织物或针织物，童装制作中不应使用单丝缝纫线。在低负荷下，缝合部件（如纽扣）的缝纫线不应被拉断，服装部件脱落强度的测试方法按照附录 B（详见 GB/T 22704–2008《提高机械安全性的儿童服装设计和生产实施规范》附录）。

5.5 不可拆分部件。

5.5.1 纽扣。

5.5.1.1 童装纽扣应进行强度测试，测试步骤按照附录 C（详见 GB/T 22704—2008《提高机械安全性的儿童服装设计和生产实施规范》附录）。两个或两个以上刚硬部分构成的纽扣，容易引发组件分离或脱离服装的危险，不应用于三岁及三岁以下（身高 90 cm 及以下）童装。注：在本标准中，儿童身高参考 GB/T 1335.3。

5.5.1.2 纽扣边缘不允许尖锐，防止造成危险。

5.5.1.3 与食物颜色或外形相似的纽扣不允许用于童装。

5.5.2 其他部件。

三岁及三岁以下（身高 90cm 及以下）童装不应使用绒球。花边、图案和标签不能只用胶黏剂粘贴在服装上，应保证经多次服装后整理后不脱落。

5.6 拉链。

拉链的采购应遵循 QB/T 2171、QB/T 2172、QB/T 2173。塑料拉链可减轻夹住事故的伤害程度。

5.7 松紧带。

松紧带的使用应避免给服装穿着者带来伤害，见 6.7。

6. 设计

6.1 概述。

设计时不仅要考虑产品的所有号型、各年龄阶段儿童的能力，还要考虑服装在各种情况下的机械性危害，包括失足、滑倒、摔倒、哽塞、呕吐、缠绊、裂伤、血液循环受阻、窒息伤亡、勒死等，参见附录 A（详见 GB/T 22704—2008《提高机械安全性的儿童服装设计和生产实施规范》附录）。应考虑每一种危险，并采取相应措施降低危险发生的可能性。

6.2 绳索、缎带、蝴蝶结和领带。

6.2.1 设计服装的绳索、拉带时，应符合 GB/T 22702、GB/T 22705 的规定。

6.2.2 三岁或三岁以下（身高 90cm 及以下）童装上的蝴蝶结应固定以防止被误食，且蝴蝶结尾端不超过5cm。缎带、蝴蝶结的末端应充分固定保证不松开。可运用恰当的工艺技术，包括套结、热封或在绳索上使用塑料管套。在绳索末端使用塑料管套应承受至少100N的拉力，测试步骤按照附录D（详见GB/T 22704—2008《提高机械安全性的儿童服装设计和生产实施规范》附录）。

6.2.3 五岁（身高100cm及以下）以下儿童服装不允许使用与成年人领带类似的领带。儿童领带应设计为易脱卸，防止缠绕，可在领圈上使用粘扣带或夹子。

6.3 絮料和泡沫。

6.3.1 带有絮料或泡沫的服装，其填充材料不得被儿童获取，保证安全可靠。

6.3.2 服装生产过程中应确保包覆填充材料的缝线牢固，防止穿着时缝线断、脱。

6.4 连脚服装。

室内穿着的连脚服装应增强防滑性，如在服装脚底面料上黏合摩擦面。

6.5 风帽。

6.5.1 三岁或三岁以下（身高90cm及以下）儿童的睡衣不允许带有风帽。

6.5.2 为童装设计风帽和头套时，应将影响儿童视力或听力的危害降至最低。

6.5.3 设计师应对勾住、夹住危险进行风险评估。凡发生问题的地方，应采取措施降低危害。

6.6 服装号型。

按GB/T 1335.3或其他合适的人体测量数据。

6.7 带松紧带的袖口。

袖口松紧带过紧或过硬会阻碍手或脚部的血液循环，特别是在婴儿服中需要注意，其设计应参照GB/T 1335.3。生产说明书中应包括伸缩性和弹性测试在内的面料使用记录、关键试验记录等。

6.8 男童裤装拉链。

6.8.1 五岁及五岁以下（身高100cm及以下）男童服装的门襟区域不得使用功能性拉链。

6.8.2 男童裤装拉链式门襟应设计至少2cm宽的内盖，覆盖拉链开口，沿门襟底部将拉链开口缝住。

7. 生产步骤

7.1 概述。

生产商应记录生产过程、步骤，详细记录与产品安全有关的所有环节，保证能随时查询。

7.2 松紧带。

生产说明书和松紧带缝合工序中应写明松紧带松弛状态的尺寸，见6.7。

7.3 尖锐物体。

服装生产过程中的针、钉或其他尖锐物与穿着者接触会造成严重伤害。生产商应尽量避免尖锐物的使用。

7.4 缝纫针。

7.4.1 生产商应注重厂房管理，记录各生产步骤，保证服装不受针或断针带来的污染。生产商宜引进缝针控制工序，包括：确定1人负责缝纫针的发放；保证只有指定的人才能接触缝纫针；保证收回旧缝纫针后方发放新缝纫针；回收所有断针碎片或处理断针服装；记录所有断针事件和处理办法。

7.4.2 书面记录所有工序和处理办法，可独立审查各环节。

7.4.3 上述方法同样适用于针织机针和套口机针。

7.5 金属污染。

7.5.1 金属探测。

7.5.1.1 使用服装金属扫描探测仪使服装免受金属污染，但不完全替代针控和其他程序。

7.5.1.2 每天进行金属探测装置的校准，应保证设备的灵敏度。

7.5.1.3 带有金属成分的部件在附入服装之前应进行金属探测。

7.5.1.4 缝针探测器和兼容仪器应在生产完成后使用。

7.5.2 服装分类。

应明确区分已检验、未检验或被退回的服装。

7.6 纽扣。

锁式线迹和手缝线迹的工序应得到有效控制，固定在服装上的纽扣应较牢固。链式线迹固定在服装上的纽扣易脱落，因此不适用于三岁或三岁以下（身高 90cm 及以下）童装。线迹分类类型参照 FZ/T 80003。

7.7 四合扣。

7.7.1 四合扣的使用说明应告知生产工序的操作人员，包括四合扣类型、位置等。

7.7.2 生产商应按照下列程序控制四合扣的牢固性，按照附录 E（详见 GB/T 22704—2008《提高机械安全性的儿童服装设计和生产实施规范》附录）对四合扣自身的牢固性进行测试：确认选择了合适的四合扣，见 5.1；确认机器金属模板和配置的精确性；设置机器检测路线和频率；设置服装检测标准；记录异常现象以便今后查询；明确标注或鉴别特殊的服装，与正常产品区分开；四合扣机夹持设置变动一次，至少检查和记录两次，保证四合扣的正确使用；预水洗的服装在水洗工序完成后安装四合扣。

7.8 絮料和泡沫。

处理絮料或泡沫的缝份时，保证足够的缝分量，见 6.3。

8. 材料、服装的检验和测试

8.1 概述。

8.1.1 检验和测试人员根据说明书、工作明细表及本标准，有效完成服装安全性检查工作。

8.1.2 服装制作过程中、制作完成后均应进行安全性检测。

8.2 组合部件。

不允许各部件由于面料破损（见 5.2.2）、缝线损坏（见 5.4）等原因，从服装上脱落，见附录 B 和附录 E（详见 GB/T 22704—2008《提高机械安全性的儿童服装设计和生产实施规范》附录）。

8.3 松线和浮线。

12 个月以下（身高 75cm 及以下）儿童服装，在手或脚处不应有松线和长度超过 1cm 的未修剪的浮线。

8.4 外部部件。

制作完成后进行服装检测，不允许与服装无关的部件隐藏在服装内。连脚服装应翻出，保证检测的进行。

8.5 对退回服装的处理。

退回的服装应做好明确标记，不与完好的服装混淆。由于安全问题被退回的服装只能在完全修正后出售。

附录五 国际环保纺织协会（Öko-Tex）生态纺织品标准 Oeko-Tex Standard 100 授权使用生态纺织品标准 100 标志的一般和特别条件（节录）

1. 目的

生态纺织品标准 100（Oeko-Tex Standard 100）是一个标准文件，由国际环保纺织协会出版，该协会所属的机构见附录一。

本标准规定了为获得授权粘贴附录二所示的生态纺织品标准 100 标志的纺织品应达到的通用及特别技术条件。

2. 适用范围

本标准适用于纺织品、皮革制品以及生产各阶段的产品，包括纺织及非纺织品的附件。

本标准不适用于化学品、助剂和染料。

3. 术语及定义

3.1　有害物质。

所谓有害物质，在本标准中是指存在于纺织品或附件中并超过最大限量，或者在通常或规定的使用条件下会释放出并超过最大限量，在通常或规定的使用条件下会对人们产生某种影响，根据现有科学知识水平推断，会损害人类健康的物质。

3.2　Oeko-Tex Standard 100 标志。

Oeko-Tex Standard 100 标志——"信心纺织品通过 Oeko-Tex Standard 100 标准对有害物质的检测"（以下简称"标志"），是指如果已经履行完通常及特别技术条件的授权手续，在产品中使用本标志已经被指定机构或属于国际环保纺织协会授权的认证机构，为纺织品或附件做标志的活动。

标志声明如下内容：粘贴本标志的产品执行本标准规定的技术条件，并且该产品及其按照本标准进行的符合性检测都在属于国际生态学纺织品研究与检测协会的机构的监控之中。

标志不是质量标签。本标志仅同纺织品的制成状态有关，而不涉及产品的其他性能，如使用的适合性、洗涤过程的反应、成衣的生理性能、在建筑物中使用的有关性能、燃烧性能等。

有害物质对于粘贴了本标志的单个产品的影响，包括运输和储存期间（和其后的洗涤过程）产生的损坏、促销活动中的包装与拿放污染（如香水沾染）以及不适当的销售展示（如室外陈列）引起的污染，本标志不做任何声明。

按照其重要性，标志作为一种商标而受到保护。可在世界范围内申请和注册该商标标签。为加强法律保护，不仅商标标签如此，还包括构成标志本身的不同的基础要素（如球形基础要素）和"Öko-Tex、Oekotex、Oeko-tex"字样的词句都要作为商标独立注册登记。

3.3　制造商。

纺织品和 / 或纺织品附件的制造商是指制造该产品的公司或其代理公司。

3.4　销售商。

纺织品和 / 或纺织品附件的销售商是指以批发或零售方式（百货公司、邮购商等）销售产品的公司。

3.5　品名。

品名是指制造商或销售商在其标签上给出的产品名称。

3.6　制品组。

一个制品基本上是指一个组中几个制品的组合，这些制品可以使用同一个认证证书，例如：以性能明确的基本材料制成，仅存在物理差别的纺织品；仅由经过认可的产品通过物理组合形成的制品；由同类的纤维材料（如由纤维素纤维、PES 和 CO 的混合体、合成纤维）制成，经过后整理的纺织品。

3.7　产品类。

产品类在本标准中是指一个按照它们的（将来）用途归类的不同制品的组合。在不同的产品类中，经后整理的制品、制品生产各阶段的组件（纤维、纱线、织物）及附件都可获得认证。产品类不同在产品必须满足的要求和所用的检测方法方面通常有所不同。

3.7.1　婴儿用品（Ⅰ类产品）。

本标准所指的婴儿用品是指供婴儿及 3 岁以下儿童使用的、除皮革服装以外的所有制品、基本材料和附件。

3.7.2　直接接触皮肤产品（Ⅱ类产品）。

直接接触皮肤产品是指穿着时其表面的大部分同皮肤直接接触的产品（如女衬衫、衬衫、内衣裤等）。

3.7.3　不直接接触皮肤产品（Ⅲ类产品）。

不直接接触皮肤产品是指穿着时其表面的小部分同皮肤直接接触的产品（如填充料等）。

3.7.4　装饰材料（Ⅳ类产品）。

本标准所指装饰材料是指所有用于装饰的初级产品和附件，如桌布、墙面覆盖物、家具用织物、窗帘、室内装饰织物、地板覆盖物和床垫等。

3.8　活性化学产品。

本标准所指活性化学产品，是指所有被加进纤维材料或对纺织品的后续加工中使用的半制品，以增加纺织产品的附加性能。使用该类活性化学产品的特定要求存在于下列定义说明中。

3.8.1　生物活性产品。

本标准所指生物活性产品是指为了消除、阻碍、使无害、防止反应，或对任何有机生物体发挥可控的作用，采用化学或生物手段被使用的，具有活性化学物质的那些产品。

3.8.2　阻燃剂产品。

本标准所指阻燃剂产品是指那些可用于降低燃烧能力的活性化学产品。

4. 条件

4.1　产品特别要求。

除了按照 Oeko-Tex Standard 100 认证所需的通常要求外，产品特别要求由附录四给出，每一组件都必须满足。对于新的或更严厉的要求，一个过渡性安排从 2008 年 4 月 1 日起生效。

4.2　关于使用生物活性物质的要求。

当使用生物活性成分时，应在有添加生物活性成分的纤维材料与含有生物活性成分产品的后续加工步骤之间加以区分识别。

4.2.1　具有生物活性特性的纤维材料。

具有生物活性特性的纤维材料因取得 Oeko-Tex 标准 100 认证而广受认可（对第Ⅳ类产品仅在 2009 年 1 月 1 日后适用），通过生态纺织品标准评估，则从人类生态学角度表明这些纤维不受限制即可使用。

4.2.2　具有主物活性成分的完成品。

同样，获得生态纺织品标准 100 认证的完成品也会广为接受（第Ⅳ类产品延迟至 2009 年 1 月 1 日起执行）。从人类生态学角度而言，如取得生态纺织品协会完全评估认可，则表明该产品制造商已经采纳生态纺织品标准的建议，相应产品对人类健康是绿色无害的。

4.3　关于阻燃剂的使用要求。

当使用阻燃剂成分时，在接受阻燃剂的纺纱半成品纤维与后续加工含阻燃剂的成品之间，应加以识别（标志）。

4.3.1　具有阻燃特性的纤维材料。

针对第Ⅰ类～Ⅲ类产品，由于通过生态纺织品标准 100 认证，则此类含阻燃成分的纤维材料会被广为接受。如获得协会完全评估认可，则从人类生态学角度表明该纤维材料可以无受限地使用。

4.3.2　具有阻燃成分的完成品。

针对第Ⅰ类～Ⅲ类产品，获得认证的完成品将会得到接受。从人类生态学角度而言，则表明该产品制造商已经采纳生态纺织品标准的建议，相应产品对人类健康是绿色无害的。